일본과 한국의
커피 장인들을 만나다

커피가 맛있는 카페의 로스팅 비밀

아사히야출판(旭屋出版) 편집부 편저
정영진 옮김

[특집 한국편] 정영진(웨일즈빈 대표) 취재

일본과 한국의 커피 장인들을 만나다

커피가 맛있는 카페의 로스팅 비밀

일본과 한국의 커피 장인들을 만나다

Ⅰ. 일본편

일본과 한국의 커피 장인들을 만나다

II. 한국편

이 책을 읽기 전에

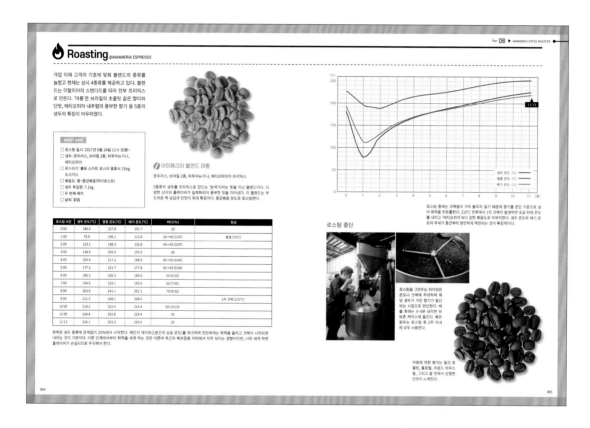

이 책은 취재한 카페의 로스팅 프로파일을 게재하고 있으므로 참고하시기 바랍니다.

데이터 항목은 각 점포에 비치된 로스터기의 종류 및 기종에 따라 다를 수 있습니다.

데이터는 생두 종류, 생두 투입량, 계절 및 날씨, 로스터기 설치 환경에 따라 매일 변동됩니다.

로스터기의 종류와 특성에 따라 온도 추이가 다릅니다. 따라서 취재 점포의 로스팅 프로파일대로 볶아도 같은 맛의 커피가 나오지는 않습니다. 어디까지나 취재 당시의 데이터로서 참고하시기 바랍니다.

각 점포의 로스팅 프로파일에 기재된 볶음도는 각 점포의 기준에 따라 기재한 것입니다. 또한, 본문에 등장하는 로스팅 관련 용어와 기계 및 커피 관련 명칭 등도 원칙적으로는 취재 점포가 부르는 명칭대로 기재하였습니다.

본서에 기재된 가게의 정보, 가격, 상품 등은 모두 2017년 9월 현재 기준입니다.

본서 내용의 일부는 《커피 배전의 기술》(아사히야출판, 2011년)의 내용을 큰 폭으로 가필 수정하고 다시 취재한 내용을 새로 엮은 것입니다.

자가 로스터리 카페·커피숍

유명 로스터의
로스팅 기술과 장인정신

\ 일본편 /

Shop 01 ▶ MARUYAMA COFFEE

마루야마 커피(丸山珈琲)

나가노현 고모로시

마루야마 커피 고모로점
나가노현 고모로시 히라하라 1152-1
전화 : 0267-31-0075
영업 시간 : 9:00~20:00 (연중 무휴)
Httl://www.maruyamacoffee.com

가루이자와에서 로스팅
하던 시절 사용하던 후지
로얄 로스터기. 현재는
입구에 전시용으로 설치
했다.

헤드 로스터:
미야가와 겐지(宮川 賢司)

대기업 커피 체인에서 아르바이트를 거쳐 2005년 마루야마커피 입사. 4년간 바리스타로서 근무 후 로스팅 팀으로 이동. 2014년 헤드 로스터에 취임한 이래 마루야마 커피의 로스팅을 책임지고 있다.

70kg과 35kg, 2대가 설치된 스마트 로스터기는 24시간 풀 가동. 성수기에는 하루 1톤에 달하는 생두를 볶기도 한다.

스마트 로스터기 2대로 하루 약 800kg을 로스팅
효율화와 품질 향상을 동시에 추구한다

1991년 나가노현 가루이자와에서 자가 로스터리 커피 전문점으로 오픈한 마루야마 커피. 창업 후 26년간 착실히 규모를 확대한 결과 나가노, 야마나시, 도쿄, 가나가와에 총 10곳의 지점과 도쿄에 세미나 룸 1곳을 경영하고 있다. 바리스타 경연대회에도 적극 참가하여 매년 일본 바리스타 챔피언십을 비롯해 SCAJ(일본스페셜티커피협회)가 주최하는 경연대회에는 거의 매번 당사 바리스타가 상위 입상자에 이름을 올리고 있으며, 2014년 당시 당사 바리스타였던 이자키 히데노리 씨가 아시아인으로서는 최초로 월드 바리스타 챔피언십에

서 우승한 것도 큰 화제를 불러일으켰다.

마루야마 커피의 로스터기도 규모 확대에 발맞추어 끝없이 버전 업을 반복해 왔다. 1991년 창업 당시에는 후지 로얄의 3kg 드럼으로 로스팅을 시작했으나 1998년에는 작업량이 증가함에 따라 7kg 드럼으로 변경한 데 이어 2003년에는 스페셜티 커피의 로스팅을 위해 프로밧의 12kg 드럼을 도입했다. 그리고 2009년 해를 거듭할수록 증가하는 로스팅 양을 고려해 나가노현 고무로시에 카페 겸 로스팅 공장을 설립해 현재까지 이곳에서 로스팅 작업을 하고 있다.

고무로 공장에 병설되어 있는 '마루야마 커피 고무로점'은 좌석을 여유 있게 배치한 널찍한 공간에서 커피와 가벼운 식사를 제공한다. 바로 옆에 있는 로스팅 공장의 모습을 유리 너머로 볼 수 있다.

공장 설립을 계기로 로스터기를 35kg짜리 스마트 로스터기로 바꾸었고, 2014년 3월에는 70kg짜리 스마트 로스터기를 도입해 현재는 70kg과 35kg 드럼 2대의 시스템으로 로스팅 작업을 한다.

1일 로스팅 횟수는 약 30배치, 그 양은 700~800kg에 달한다. 가루이자와 등의 관광지에 지점을 소유한 마루야마 커피의 성수기는 골든위크나 8월인데, 해당 시기에는 하루 작업량이 1톤을 넘을 때도 있다. 주로 70kg 드럼에는 많은 양을 필요로 하는 블렌드용 생두를, 35kg 드럼에는 비교적 많은 양을 필요로 않는 생두를 로스팅한다. 로스팅한 원두는 자사에서 소비하고, 또한 전국의 많은 커피 판매점과 카페에 납품한다. 이 정도로 방대한 양의 생두를 로스팅하면서도 원두의 품질은 정평이 났다. 그 로스팅 비결에 대해 헤드 로스터로 일하는 미야가와 겐지 씨에게 물었다.

로스팅의 핵심은 '향'. 향의 변화에 따라 화력을 조절한다.

"생두가 가진 캐릭터를 살리는 것, 그것이 저희가 로스팅에서 가장 중시하는 테마입니다."라고 미야가와 씨는 말한다. 마루야마 커피가 사용하는 생두는 모두 자사에서 들여온 것인데, 대표이사인 마루야마 겐지로 씨가 직접 커피콩 산지로 가서 생산자로부터 생두를 매입한다. 그렇게 들여오는 생두는 언제나 100종류 이상에 달한다. 어느 것 하나 빠짐없이 생산자와 직접 커뮤니케이션을 거쳐 현지를 둘러보고 엄선한 고품질 상품들이다. 각각의 생두가 가진 개성을 파악하고 그것이 최대한 발휘될 수 있도록 로스팅하는 것이 이들 로스팅 팀의 사명이다.

그러기 위해서 가장 중요하게 생각하는 요소가 '향'이라고 한다. "로스팅의 완성도를 결정하는

원두 안내

2017년 8월 1일 작성

○ **볼리비아 이그조틱 로트** 다양한 볼리비아 커피 중에서 특별한 로트 소개

신상품	이투랄데 자바	볼리비아	구아바, 서양 배, 라임의 풍미와 이국적인 달콤한 스파이스 향. 복잡하고 명확한 맛이 이어지는 뒷맛	중볶음
신상품	페드로 게이샤 허니 아라시타스	볼리비아	트로피칼 후르츠, 멜론, 스트로베리의 풍미와 향수 같은 향. 부드럽게 혀의 감촉, 명확하고 투명한 느낌의 여운	중볶음
신상품	이투랄데 카투아이	볼리비아	파파야, 라즈베리, 허브, 포도의 풍미. 촘촘한 혀의 감촉과 견고하고 긴 여운	중볶음
매진임박	페트로 게이샤 코코 내추럴	볼리비아	석류, 건포도, 망고, 카라멜의 풍미. 걸쭉한 질감과 달콤하고 화려한 뒷맛	중볶음

○ **CSC 시리즈** 바이어 마루야마가 "지키고 싶다"고 생각하는 생산자, 농원의 커피를 소개하는 시리즈

신상품	CSC 페르난도 리마	엘살바도르	오렌지, 카라멜, 너츠의 풍미. 매끄럽고 감촉, 산뜻한 뒷맛	중볶음

○ **그랑크뤼 시리즈** 각국 생산지 중에서 특히 우수한 농원, 생산자의 로트를 소개하는 시리즈

신상품	루이스 파울로 내추럴	브라질	체리, 오렌지, 플럼, 브라운 슈거의 풍미. 부드러운 입맛과 기분 좋은 뒷맛	중볶음
신상품	엘리어스 오멜	에티오피아	베르가모트, 레모네이드, 트로피칼 후르츠, 카시스의 풍미와 꽃 향기. 입안에 퍼지는 달콤함과 화려한 뒷맛	중볶음
신상품	로메로 아기알 2016년 브라질 내추럴 COE 1위	브라질	화이트와인, 파인애플, 허브의 풍미와 꽃 향기. 부드럽게 느껴지는 질감과 깨끗한 뒷맛	중볶음
	카푸지	브룬디	라즈베리, 허브, 그레이프 후르츠, 서양 배의 풍미. 입안에 느껴지는 버터 질감과 달콤한 여운	중볶음
	와하나 라스나 내추럴	인도네시아	허브, 체리, 청사과, 네온의 풍미. 벨벳 같은 질감과 스아이시한 여운	중볶음
	니에리힐	케냐	재스민 향, 그레이프 후르츠, 화이트와인, 리치의 풍미. 고상하고 화려한 맛과 길게 이어지는 감미로운 여운	강볶음
	이투랄데 티피카 강볶음	볼리비아	다크초콜릿, 카라멜, 트로피칼 후르츠의 풍미. 크림 같은 질감과 길게 이어지는 감미로운 여운	중볶음
	이투랄데 티피카	볼리비아	피치, 라즈베리, 카라멜, 트로피칼 후르츠의 풍미. 매끄러운 혀의 감촉과 길게 이어지는 감미로운 뒷맛	중볶음

○ **싱글 시리즈** 개성 있는 단일 농원과 생산 처리장의 커피콩 (브랜드화되지 않은 커피콩)

신상품	수마트라 세미워시드 강볶음	인도네시아	비타카라멜, 카카오, 시가의 풍미. 크림 같은 혀의 감촉과 길게 이어지는 스파이시한 여운	강볶음
신상품	조바니 라모스	콜롬비아	오렌지, 청사과, 밀크카라멜의 풍미. 두터운 입맛과 감미로운 여운	중볶음
신상품	키벤가	브룬디	허브, 체리, 만다린오렌지의 풍미. 섬세하고 매끄러운 질감과 상쾌한 여운	중볶음
매진임박	리렝게 강볶음	브룬디	카카오, 블랙허니, 자두의 풍미. 매끄러운 혀의 감촉과 길게 이어지는 화려한 여운	강볶음
매진임박	카를로스 마리아카 부르봉	볼리비아	오렌지, 꿀, 너츠의 풍미. 매끄럽고 두터운 혀의 감촉과 밸런스가 좋은 맛	중볶음

○ **디카페인 시리즈**

신상품	디카페인 산 아구스틴	콜롬비아	사과, 카라멜, 그레이프 후르츠의 풍미. 부드러운 혀의 감촉과 산뜻한 맛	중볶음
	디카페인 브렌드 강볶음		초콜릿, 아몬드의 풍미. 크림 같은 혀의 감촉과 밸런스가 좋은 맛	강볶음
	디카페인 캉구알 강볶음	온두라스	비타초콜릿, 카라멜, 다크체리의 풍미. 크림 같은 질감과 감미로운 여운	강볶음
	디카페인 주스타	볼리비아	밀크초콜릿, 체리, 오렌지의 풍미. 크림 같은 질감과 부드러운 맛	중볶음

○ **인증 커피** 제3의 기관에 의해 일정한 심사기준을 충족하는 커피

신상품	유기농 커피 코파카바나	볼리비아	오렌지, 너츠, 밀크카라멜의 풍미. 매끄러운 혀의 감촉과 달콤하고 푸시한 맛	중볶음
신상품	공정무역 커피 알렉산드로 알베이스 내추럴	브라질	키위 후르츠, 시트러스, 아세롤라, 블루베리의 풍미. 풍부한 단맛과 오래 이어지는 여운	중볶음

상시 100종 이상의 원두를 취급하고 그때그때의 상품 라인업을 표로 정리해 배부한다. 각각의 커피를 소개하는 코멘트는 마루야마 커피의 로스터가 정성껏 적어 낸다.

공장 내에 위치한 생두 보관 창고. 트럭으로 운반된 생두를 비축한다. 이곳에 없는 생두는 요코하마의 정온(定溫) 창고에 보관한다. 생두는 자사 구매한 것이다.

요소는 원두의 빛깔이나 모양 등 다양하지만 무엇보다 저희는 로스팅 과정에서 향의 변화를 좇는 것을 가장 중시합니다. 향의 변화에 따라 화력을 컨트롤하는 것이지요.

처음에는 생두에서 수분이 빠지며 풋내가 나기 시작합니다. 다음으로 점차 태국 쌀 같은 향으로 번지고 로스팅이 진행될수록 고소한 냄새로 변해갑니다. 톡 쏘는 강한 향이 나지 않도록 주의를 기울입니다."라고 미야가와 씨는 말한다. 로스팅 중에는 테스트 스푼을 사용하여 끊임없이 향의 변화를 체크하며 그에 따라 화력을 조절한다. 그렇게 로스팅한 원두는 반드시 그 자리에서 커핑해 적절히 로스팅되었는지를 확인한다.

"특히 신경 쓰는 부분은 질감과 끝 맛입니다. 마셨을 때 입안에 감기는 부드러움과 기분 좋게 여운이 남는 애프터 테이스트가 중요합니다."(미야가와 씨).

직원들에게 로스팅 교육을 할 때도 무엇보다 향에 대한 감각 공유를 중시한다고 한다. 향과 화력의 관계성을 파악해 적절한 판단을 하게 되기까지는 다년간의 경험이 필요하다. 실제로 로스팅을 할 때도 의도한 대로 완성되었는지 여부는 커핑을 해야만 알 수 있다는 점에서 어려움이 있다고 한다.

현재 로스팅 스태프는 7명이다. 마루야마 커피는 원두를 '블렌드', '싱글', '그랑크뤼' 등의 카테고리로 나누어 판매하고 있는데, 그중에서도 '그랑크뤼'는 COE(커피 오브 엑설런스) 등 품질이 특히 좋은 싱글 오리진 원두다. 로스팅에 있어서도 섬세한 플레이버를 표현하는 것이 매우 어렵기 때

그날 로스팅하는 생두 종류를 정리한 스케줄표. 매일 재고가 적은 것부터 우선적으로 순번을 정해 로스팅한다.

독자적 사이클론 버너는 배기를 연소시켜 정화하고 그 열을 로스팅에 재활용하는 시스템이다. 배기가 깨끗하며 부착물도 적게 나온다.

70kg 드럼 로스터기의 경우 1배치당 약 60kg을 투입한다. 생두는 전용 카트에 넣어 투입구까지 빨아올린다.

로스팅 중의 조작은 터치 패널로 이루어진다. 설정한 프로파일에 따라 자동으로 볶는 것도 가능하지만, 마루야마 커피에서는 원두의 상태를 관찰하며 화력을 모두 수동으로 컨트롤한다.

문에 경험이 풍부한 미야가와 씨와 다른 한 명(도미다 씨)의 스태프만이 로스팅을 담당하고 있다.

화력의 가동 범위가 넓어 섬세한 맛을 표현할 수 있는 스마트 로스터기를 도입

스마트 로스터기에 대해 "화력의 범위가 넓은 것이 매력입니다. 버너를 20~100% 사이에서 세밀하게 컨트롤할 수 있기 때문에 다양한 품종과 생산 처리 방식의 생두에 알맞은 로스팅이 가능합니다."라고 미야가와 씨는 말한다. 댐퍼는 자동 제어라 조작이 불필요하다. 배기 시스템은 셀프 클리닝 기능을 갖추고 있어 청소에 드는 수고가 적고 유지가 쉬운 것이 장점이다. 또한, 로스터기에 따라서는 로스팅을 거듭할수록 드럼이 열을 머금게 되어 볶음도의 결과에 영향을 미치는 경우가 있기 때문에 로스팅하는 생두의 성질과 투입량을 고려해 순번을 정할 필요가 있다. 그러나 스마트 로스터기는 열풍식인 데다 로스팅이 마무리되면 드럼의 온도가 금방 내려가기 때문에 순서를 정하지 않아도 된다.

이 공장에서는 그날그날 로스팅해야 하는 생두의 종류와 양을 계산해 출하 상황에 따라 로스팅 순번을 정한다. 방대한 수요에 맞춰 원두가 출하될 수 있도록 2대의 로스터기를 거의 온 종일 풀가동한다. 이 때문에 조금이라도 효율적인 스케줄이 요구된다. "출하 상황에 맞춰 로스팅 스케줄을 짤 수 있는 데서 오는 메리트는 큽니다."라

로스팅 중 향의 변화를 그때그때 확인
한다. 향의 변화에 따라 터치 패널로
화력을 미세하게 조정한다.

로스팅 중의 조작은 터치 패널로 이루어진다. 설정
한 프로파일에 따라 자동으로 볶는 것도 가능하지
만, 마루야마 커피에서는 원두의 상태를 관찰하며
화력을 모두 수동으로 컨트롤한다.

고 말하는 미야가와 씨.

이런 점에서도 하루에 많은 양의 로스팅을 소
화해야 하는 동사에 있어 스마트 로스터기는 매
우 편리한 기계라고 할 수 있다. 기계 제어에 맡
길 수 있는 부분은 맡기고 로스터는 향의 변화 등
사람이 판단할 수 있는 부분에 집중함으로써 높
은 품질의 원두 생산을 실현하고 있다.

증가하는 수요에 대응하기 위해 효율성을 추구하고 맛의 퀄리티 향상에도 게을리하지 않는다.

마루야마 커피는 실적 호조로 인해 원두 수요
가 날로 증가하고 있기 때문에 조금이라도 많은

생두를 로스팅하기 위해 로스팅 작업의 효율화를
적극적으로 도모하고 있다. 그 일환으로 로스팅
전의 생두에서 불순물을 제거하기 위해 2012년
부터 선별기를 도입하여 활용하고 있다. 이전에
는 로스팅을 마친 원두는 체로 걸러 불순물을 제
거했었다. 현재는 쌀을 운반하는 용도의 라이스
리프트를 사용해 생두를 선별기에 넣어 자석의
힘으로 불순물을 선별한다. 자력으로 다 선별하
지 못한 것은 체에 걸러 핸드픽하는 경우도 있지
만 예전의 수고를 크게 줄였다.

마루야마가 기본적으로 추구하는 사상은 앞서
말했듯 '생두의 개성을 살리는 로스팅'이지만 보
다 이상적인 로스팅을 실현하기 위해 매일 작은
부분까지 브러시업을 게을리하지 않는다.

로스팅한 원두는 포장하고 블렌드 커피용은 블렌더에 돌려 블렌딩한다.

로스팅 후에는 커핑을 실시해 품질을 체크하고 로스트 애널라이저로 원두의 명도를 측정하여 수치화된 데이터를 집계한다. 이때 원두 상태와 가루 상태를 각각 측정하며, 이를 참고로 하여 로스팅의 진행 방향을 결정한다.

"커핑은 사람의 미각에 의존하는 방법이므로 아무래도 그날의 컨디션 등에 좌우될 수 있습니다. 수치화된 데이터를 축적함으로써 보다 안정적이고 정확한 로스팅을 지향하고 있습니다."(미야가와 씨)

또한, 커핑에 사용하는 물도 개선점을 모색한 것 중 하나다. 이전에는 고무로 공장의 정수를 사용했지만 "고무로 공장의 물은 경도가 매우 높아서 커피의 풍미가 잘 느껴지지 않았습니다. 이 때문에 커핑을 할 때는 커피 맛을 잘 끌어낼 수 있는 물을 사용하기로 했습니다. 지역에 따른 수질 차이로 인해 커피 맛이 상이해지는 것을 막고 로스팅의 정밀도를 올렸습니다."(미야가와 씨)

현재 마루야마 커피의 로스팅 테마는 '품질 향상의 추구'와 '효율화'라고 할 수 있겠다. 스마트 로스터기를 2대로 증설한 지금도 이미 생산 가능한 양보다 더 많은 양의 주문이 밀려들고 있다. 이러한 수요에 발맞춰 어떤 원두를 공급해 갈지가 앞으로의 과제다.

상품화 과정

현지 커핑 · 구매

마루야마 씨가 생산지를 직접 방문해 샘플 원두를 커핑하고 구매할 생두를 선정한다.

샘플 원두의 샘플 로스팅 및 커핑

현지에서 배송된 생두를 소형 로스터기 '디스커버리'로 로스팅하여 생두가 생산국에서 국내로 배송되기 전의 상태를 확인한다.

일본에서 테스트 로스팅 · 커핑

생두가 도착하면 다시 디스커버리로 샘플 로스팅한다. 품질의 상태나 배송 중 생두에 변화가 있었는지 등을 체크한다. 볶음도를 어떻게 할지, '그랑크뤼', '싱글', '블렌드' 중 어떤 카테고리의 상품으로 할지를 이 단계에서 결정한다.

본 로스터기에서 로스팅 · 커핑

실제 상품과 같이 스마트 로스터로 로스팅해 최종 조정한다. 그 뒤 로스팅 팀에서 커핑하고 판매를 위한 향미 코멘트를 작성한다.

고객의 의견에 대응

"고객이 맛에 대한 의견을 제시해 올 경우 원두를 공장에 보내 커핑과 추출을 거쳐 검증합니다."(미야가와 씨) 로스팅하면서 얻은 로스트 애널라이저 값 등을 참고해 검증 결과를 메일이나 전화로 설명한다.

마루야마 커피의 커피 제조

로스팅 후에는 커핑과 동시에 로스트 애널라이저를 사용해 원두의 색깔을 측정 기록한다.

로스팅 후 바로 커핑하지 않고 로스팅이 잘 되었는지 확인한다. 블렌드 커피용 원두도 종류에 따라 블렌딩된 후의 맛을 확인한다.

원두를 블렌더에서 꺼내는 모습. 블렌딩 또한 로스팅 팀의 일이다. 마루야마 커피의 원두 매출은 블렌드가 약 80%를 차지한다.

샘플 로스트용 소형 로스터기인 '디스커버리'. 산지에서 직송된 생두의 테스트 로스팅에 사용된다.

Roasting @MARUYAMA COFFEE

마루야마 커피가 특히 많이 로스팅하는 생두 중 하나인 '볼리비아 인키시비'. 싱글 오리진으로 판매하진 않고 간판 메뉴인 블렌드나 거래처의 오리지널 블렌드용으로 사용한다. 스마트 로스터기의 70kg 드럼을 사용해 60kg 용량을 투입해 중볶음으로 로스팅한다.

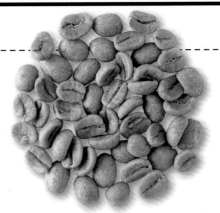

볼리비아 인퀴시비 (Inquisivi)

- □ 지역 라파스주 인퀴시비
- □ 크롭(수확 연도): 2016년
- □ 산지고도 1750~1900m
- □ 품종 티피카(주), 카투라
- □ 정제법 워시드. 아프리칸 베드에서 7~9일간 건조

섬세하고 풍부한 플레이버를 지닌다. 산미가 있으면서도 밸런스를 갖춘 맛이 특징이다. "생두가 비교적 단단해 가열하는 데 시간이 걸립니다. 로스팅할 때 표면뿐 아니라 안쪽까지 제대로 익히는 것이 핵심입니다." (미야가와 씨)

ROAST DATA

- □ 로스팅 일시: 2017년 6월 27일
- □ 생두: 볼리비아 Inquisivi
- □ 로스터기: 스마트 로스터RL 열풍식 70kg 드럼 프로판가스
- □ 생두 투입량: 60kg
- □ 볶음도: 중볶음
- □ 여섯 번째 배치
- □ 날씨: 맑음

로스팅 시간	생두 온도(℃)	배기 온도(℃)	열풍 온도(℃)	버너(%)	현상
0:00	180	210	275	20	
0:30	47.8	162.2	270.6	20	중점
1:00	58.9	154.4	266.7		
1:30	72.2	153.9	263.3		
2:00	83.9	155	260.6		
2:30	94.4	157.8	257.8		
3:00	103.3	160	255.6	30	
3:30	111.7	163.3	254.4	40	
4:00	118.9	167.2	255	50	
4:30	125	171.1	256.7		
5:00	132.8	175	258.3		
5:30	137.2	177.2	259.4		
6:00	142.2	180	260.6		
6:30	146.7	182.8	262.2	60	
7:00	151.1	187.2	265.6	70	
7:30	155.6	191.1	269.4	80	
8:00	160.6	195.6	274.4		
8:30	166.1	200	278.9	90	
9:00	171.1	204.4	283.9		
9:30	176.1	208.3	288.3		
10:00	181.1	211.7	292.2		
10:30	186.1	215.6	296.1		
11:00	191.1	219.4	299.4		
11:30	195.6	222.8	302.8		
12:00	201.1	226.1	306.1		
12:30	206.1	228.3	308.3	70	1차 크랙(207℃/12:34)
13:00	211.1	229.4	306.7	50	
13:30	214.4	229.4	305		
14:00	216.7	231.1	305		
14:12	218.3	231.7	305		로스팅 종료

열풍의 풍량 조절은 자동 제어되므로 화력 버너만 조작한다. 20~100% 사이에서 조절이 가능하다. 향 변화에 따라 화력을 조절한다.

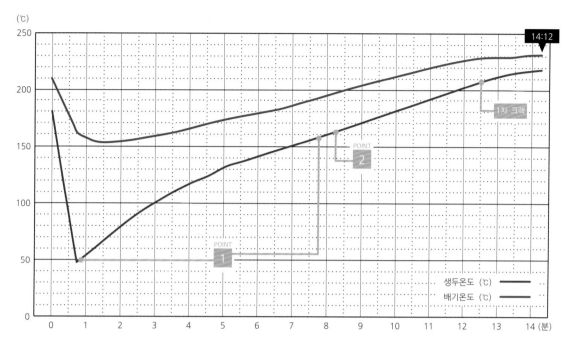

생두 투입 후 50℃까지 생두 온도가 떨어진다. 이후 안쪽까지 열이 전달되게 하면서 향 변화를 보아가며 화력을 올린다. 12분 30초, 약 200℃에서 1차 크랙이 시작된다. 2차 크랙이 일어나기 전인 14분 12초에 로스팅을 중단하고 중볶음으로 마무리한다.

POINT 1 크랙이 발생하기 전까지 향의 변화를 관찰한다.

생두를 투입하고 나면 향 변화를 체크한다. 수분이 빠지면서 나는 풋내는 점차 고소하게 볶아지는 냄새로 변한다. 향의 변화가 의도한 대로 이루어지고 있는지 확인하며 필요에 따라 버너를 조절한다.

로스트 애널라이저의 L 값은 원두 상태가 71.3, 가루 상태가 74.5(수치가 높을수록 색이 밝고 볶음도가 낮다).

POINT 2 최대 화력으로 맛을 형성한다.

수분이 다 증발하면 화력을 올려 본격적으로 가열한다. 1차 크랙이 발생하면 화력을 점차 줄여 마무리한다.

Roasting @MARUYAMA COFFEE

이번 생두로 많은 양을 로스팅하는 '브룬디 부베지'다. 앞 페이지의 '볼리비아 인퀴시비'와 같이 블렌드용 재료로 사용한다. 볼리비아에 비해 단단함이 덜해 동일한 볶음도일지라도 로스팅 시간과 로스트 커브가 다르다는 점에 주목하자.

부룬디 부베지 (Bubezi)

□ 지역 : 카얀자주 카얀자 부베지
□ 크롭 (수확 연도): 2016 년
□ 생산 : 고도 1802m
□ 정제소 : 무반가 워싱 스테이션
□ 품종 : 버본
□ 정제법 : 프리워시드 (싱글 퍼멘테이션), 아프리카 베드에서 자연 건조 (피라미드식)

아프리카 커피 특유의 산미가 특징. 플로럴한 향미도 느껴진다. 생두 성질상 열전도가 좋아 표면이 쉽게 타기 때문에 표면 그을음에 주의하며 로스팅하는 것이 포인트다.

ROAST DATA

□ 로스팅 일시: 2017년 6월 27일
□ 생두: 부룬디 부베지
□ 로스터기: 스마트 로스터 열풍식 70kg 드럼
　　프로판가스
□ 생두 투입량: 60kg
■ 볶음도: 중볶음
□ 다섯 번째 배치
□ 날씨: 맑음

로스팅 시간	생두 온도(℃)	배기 온도(℃)	열풍 온도(℃)	버너(%)	현상
0:00	175	192	277	20	
0:30	86.2	165.2	271.6		
1:00	84.4	162.8	268.3		
1:30	83.3	159.4	265		중점
2:00	88.9	159.4	262.2	40	
2:30	97.2	162.8	261.7	50	
3:00	106.7	167.2	262.2	60	
3:30	116.1	172.2	263.9	70	
4:00	126.3	176.4	265.3		
4:30	132.8	181.1	268.9		
5:00	140	185	271.1		
5:30	147.2	188.3	273.3		
6:00	154.4	192.8	275.6		
6:30	158.9	195	277.8		
7:00	165	198.9	280		
7:30	169.4	201.1	281.7		
8:00	173.9	204.4	283.9		
8:30	178.9	207.2	286.7		
9:00	183.3	210.6	288.9		
9:30	187.8	213.3	291.1		
10:00	192.2	216.7	293.9	80	
10:30	197.2	220.6	297.8	85	
11:00	202.8	224.4	301.7	70	
11:30	207.2	225.6	300.6	50	1 차 크랙(208.8℃／11:50)
12:00	209.4	224.4	298.3		
12:30	211.3	225.6	298.6		
13:00	213.3	227.2	298.9		
13:30	216.7	229.4	301.1		
13:54	218.9	230.6	302.2	40	로스팅 종료

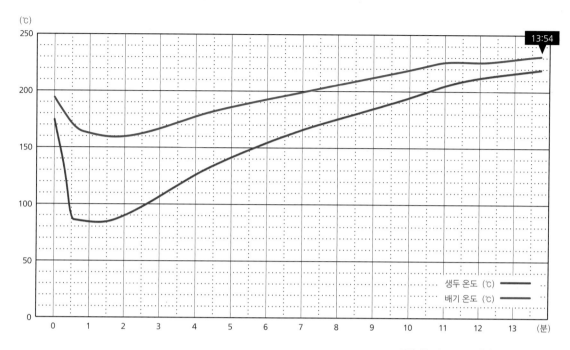

투입 온도는 200℃이며 중점은 약 83℃다. 화력을 올리기보다 중반에 걸쳐 열이 충분히 전달되도록 한다. 1차 크랙 이후에는 온도 진행을 보다 완만하게 하고 2차 크랙 전인 13분 54초에 로스팅을 중단한다.

마무리

마무리 전 휘발되는 향을 시시각각 체크하며 해당 생두가 가진 특징적인 향이 최대치에 달한 시점에 원두를 배출한다. 로스팅 후에는 더 이상 열이 돌지 않도록 10분 정도 냉각한다.

로스트 애널라이저의 L값은 원두 상태가 68.1, 가루 상태가 68.4. 볼리비아보다 색이 약간 짙다.

-
  02 ▶ # CAFEHANZ
  카페 핸즈

- -

가나가와현 요코하마시

가나가와현 요코하마시 나오쿠 네기시호 3 -143
전화 : 045-625-3922
영업 시간 : 11:00~20:00
정기 휴일 : 목요일 , 3 번째 수요일
http://www.cafehanz.com

이 카페에서 가장 인기 있는 메뉴인 '핸즈 블렌드' 450엔. 브라질 등 4종을 블렌드 하여 신맛과 쓴맛의 조화가 훌륭하다. 한 잔씩 핸드 드립으로 내린다.

대표:
사토 마도카(佐藤円)

대기업 커피 회사에서 상품 개발 등을 담당한 경험이 있다. '카페 바흐'를 경영하는 다구치 마모루 씨의 저서에 감명받아 회사원을 겸업하며 바하 그룹에서 수학했다. 2008년 아내인 마사미 씨와 자가 로스터리 카페 '카페 핸즈'를 개업했다.

핸드픽과 기계 청소 등 맛의 재현성을 높이는
정성과 고객 유치가 지역 명소로 사랑받게 된 비결

JR 네기시역에서 도보로 6분. 공업 지대와 주택가 사이에 있는 산업도로 변에 위치한 '카페 핸즈'는 사토 가즈/마사미 씨 부부가 운영하는 자가 로스터리 커피숍이다. 사토 씨는 대기업 커피 회사에서 근무했는데, 도쿄 미나미센주에 위치한 노포(老舖), 자가 로스터리 커피숍 '카페 바흐'의 커피에 감명을 받고 오너인 다구치 마모루 씨 밑에서 수학했다. 회사원을 겸업하며 로스팅을 비롯해 커피에 관한 업무 전반을 배웠다. 그리하여 2008년에 카페 핸즈를 개업했다. 35평 남짓한 가게의 안쪽 15평에 로스팅실을 두고 남은 20평은 카페 공간으로 하여 19개 좌석을 배치했다. 카페에서는 커피는 물론 가벼운 식사와 런치 세트를 제공하여 동네 주민들이 많이 찾는다. 또 계산대 옆에는 원두를 비치하고 소매에도 힘을 쏟는다. 항상 23종류의 라인업을 구비해 둔다.

로스팅은 (주)다이와철공소와 '카페 바흐'가 협동 개발한 로스터기 '마이스터'의 5kg 드럼을 사용한다. 항상 신선한 원두를 제공하기 위해 정기 휴일을 빼고 거의 매일 재고 상황에 따라 조금씩 로스팅하고 있다.

"제가 지향하는 건 신선하고 잡미가 없는 커피입니다. 그러기 위해서는 핸드픽이나 로스터기 청소와 같이 평범하지만 가장 기본적인 작업이 필수적입니다. 이런 것들을 소홀히 하지 않는 정직한 작업을 중요하게 여깁니다."라고 사토 씨는 말한다. '카페 바흐'에서 배운 로스팅 기술과 경영인의 자세를 바탕으로 매일 로스팅에 정진한다.

카페 핸즈가 사용하는 '마이스터'는 축열성이 높고 드럼 내부에 전달되는 공기의 온도가 일정한 것이 특징이다. 또한, 터치 패널 조작판에 로스팅 진행에 따른 배기 팬의 회전수를 미리 설정할 수 있어 수치 데이터에 기반한 정확한 볶음도 컨트롤이 가능하다.

한편 로스팅을 중단하는 시점은 사람이 판단하게 되어 있어 수치에 기반한 정확도 높은 로스팅이 가능함과 동시에 로스터의 감각 또한 살릴 수 있는 로스터기라 할 수 있다.

이러한 조건 속에서 카페 핸즈는 기본적으로 댐퍼나 가스 압력 설정은 생두 종류에 상관 없이 고정해 두고 있다. 작업량이 1kg이라면 180℃에서 생두를 투입하고 송풍 팬은 800rpm으로 세팅한다. 로스팅할 kg 수에 맞춰 설정을 바꾸는 것이 기본이다.

로스팅 중의 조작도 온도 진행에 따라 정해져 있다. 예열은 불을 지피고 약 20분에 걸쳐 드럼 온도를 200℃까지 올린 다음 140℃까지 내린다. 다시 버너를 점화해 180℃가 되면 첫 배치를 로스팅하기 시작한다. 그 뒤로도 투입 온도 180℃ 전후를 유지하며 로스팅한다. 1kg을 로스팅할 경우 3분 30초~4분 30초 구간은 송풍 팬을 완전히 열어 2,000rpm으로 설정한다. 드럼 내부의 수증기와 채프를 날리기 위해서다. 이후 다시 800rpm으로 되돌린 다음, 작업 후반에 걸쳐 다시 풍량을 높여 간다.

로스팅 중단 시점에 대해 사토 씨는 "원두의 색, 크랙음, 온도 등 다양한 요소를 요소를 종합적으로 보고 판단합니다. 테스트 스푼을 빈번하게 사용하게 되면 드럼 내 온도가 내려가기 때문에 마지막에 두세 번 확인하는 것 외에는 원칙적으로 사용하지 않습니다."라고 말한다.

로스터기를 가동시킨 직후에는 드럼 내부의 열이 불안정한 관계로 첫 번째와 두 번째 배치는 강볶음으로 로스팅하는 경우가 많다. 강볶음의 경우 날씨나 계절 변동 등으로 드럼 상태가 불안정해도 도중에 수정할 수 있기 때문이다. 덧붙여 취재 당시 첫 번째 배치에는 '페루 엘 파르고 마운틴'을, 두 번째 배치에는 '에티오피아 이르가체페'를 사용하여 강볶음에서 비교적 안정적으로 로스팅할 수 있는 생두를 선택했다. 세 번째 배치부터는 드럼 상태가 안정기로에 들어서기 때문에 약볶음이나 섬세한 플레이버를 내는 품종을 로스팅하기 시작한다.

후지커피의 제연기 '로얄클린'을 도입했다. 연기 입자를 2중, 3중 필터로 제거해 전극판에 흡착시키는 원리다.

두 번의 핸드픽과 꼼꼼한 청소로 '잡미 제로 커피'를 실현한다.

카페 핸즈의 로스팅에서 가장 중요한 맛의 비결은 로스팅 전후 총 두 번에 걸친 핸드픽이다. 핸드픽은 시간을 들이는 수고로운 작업이지만 거르지 않고 모든 원두에 대해 실시한다. "결점두는 한 알만 혼입되어도 맛을 크게 해칩니다. 맛에 영향을 주는 원두를 걸러내는 건 말할 것도 없지만 로스팅 후의 핸드픽에서는 이따금 맛에 지장은 없어도 모양이 좋지 않은 것이 눈에 띄곤 합니다. 상품으로

로스터기의 배기관은 가게 뒤쪽에 있으며 지붕까지 뻗어 있다. '주택가에 있기 때문에 연기가 이웃에 가지 않도록 하는 게 원칙'이라는 생각에 연기 제거 장치를 완비했다.

서 값을 치뤄 주시는 만큼 저희는 그러한 원두도 걸러낸 뒤 손님에게 제공합니다."라고 사토 씨는 말한다.

또한, 매일의 로스팅 업무에 빼놓을 수 없는 것이 청소다. 예를 들어 제연 장치의 필터는 마감 후 반드시 청소기로 먼지를 빨아들이고 일주일에 한 번은 세제로 물 청소를 한다. 그 외에도 배연 덕트 청소는 월 1회, 사이클론은 2개월에 한 번 실시한다. 핸드픽과 함께 배기 설비의 꼼꼼한 청소를 통해 연기가 잘 배출되게 함으로써 원두가 연기를 흡수하지 않게 하는 등 로스팅 환경이 되도록 일정하게 유지될 수 있도록 청소를 게을리하지 않는

로스팅 과정은 액정 터치 패널로 확인할 수 있다. 로스팅 포인트별로 배기 팬 회전수를 설정할 수 있어 로스팅 작업을 간략하게 할 수 있다.

가스압 조절 핸들은 닫힘에서 열림까지 회전으로 조작할 수 있어 미세한 조절이 가능하다(상단 이미지). 하단 이미지는 부 댐퍼의 아로마 미터. 인버터 제어 형식의 배기 팬과 아로마 미터의 두 가지 배기 조절로 정밀한 로스팅이 가능하다.

'마이스터 5'는 반열풍식 5kg 드럼으로 도시가스를 사용한다. 로스팅과 냉각의 배기 장치가 독립되어 있어 연속 로스팅이 가능하다. 드럼의 단열 커버가 이중 구조라 축열성이 높다. 연소에 쓰이는 1차 공기는 이중 구조 사이를 통과해 연소실에 들어가므로 안정된 공기 온도로 로스팅할 수 있다.

출입문 앞에 있는 원두 판매
공간. 카페와 원두 판매의
매출 비율은 4:6이다. 상시
23종류를 비치하고 있으며
커피 추출 기구도 판매한다.

이 주의 추천 커피를 매주 1종류씩 준비하고 10%
증량한 110g을 같은 가격에 판매한다. 그 외에도 계
절 한정 프리미엄 원두 등을 갖추어 식상하지 않은
새로운 맛을 제공한다.

것이 사토 씨가 지향하는 '잡미 제로 커피'를 만드는 포인트
다. 이렇듯 정성 들여 질 좋은 커피를 제공하는 것으로 차별
화를 꾀하고 있는 것이다.

"저희 가게가 위치한 네기 혼모쿠 지역에는 약 10곳의 자
가 로스터리 커피숍이 있지만, 아마 저희 가격대가 가장 높
을 겁니다. 가격이 비싸다는 건 그만큼 높은 지향점을 가진
손님이 대상이 된다는 것이고, 그에 걸맞은 품질이 요구되기
때문에 타협은 용서되지 않습니다."

'커뮤니케이션 노트'로 고객을 관리하고,
로스팅 원두의 수요 예측에 활용한다.

카페 핸즈가 위치한 곳은 역에서 떨어진 주택가. 낮에도
통행량이 많지 않아 음식점이 들어서기 어려운 입지다. 실제
로 개업하고 얼마간 고객 유치에 고전한 사토 씨는 자가 로
스터리 카페로서 할 수 있는 다양한 수단으로 노력해 왔다.

전단지나 포인트 카드 제작, 런치 영업을 통해 커피의 매
력을 전달하려는 시도 등, 커피 애호가를 불러들이기 위한
다양한 마케팅을 펼쳐 왔지만 그중에서도 고객 유치의 저력
이 된 것은 다름 아닌 개업 초부터 쓰고 있는 영업일지다.

날짜와 시간 아래에는 고객이 구매한 상품과 고객의 특징,
대화 내용 등이 적혀 있다. 재방문한 고객과의 커뮤니케이션
에 도움이 되는 것은 물론, 고객 데이터를 축적함으로써 지
역의 커피 수요를 어느 정도 예측할 수 있게 되었다.

원두는 100g부터 판매하는데 많은 고객들이 100g씩 소포장된 것을 그때그때 사러 온다. 신선도가 커피 맛에 직결된다는 것을 고객들도 이해하고 있는 것이다.

개업 당시부터 작성해 온 '영업일지'. 고객이 구매한 상품과 당시의 상황, 대화 내용 등을 적은 노트가 지금에 와서는 몇십 권에 달한다. 이러한 꾸준함이 지역 마케팅으로 이어져 고객 유치를 뒷받침하고 있다.

가게의 매력을 어필하고자 제작한 전단지. 핸드픽과 원두의 퀄리티, 신선도 등 나름의 고집들을 상세하게 풀어냈다.

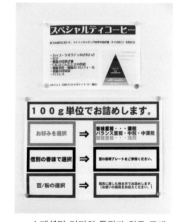

스페셜티 커피의 특징과 원두 구매를 돕기 위한 가이드라인을 POP로 만들었다. 고객이 커피에 흥미를 가질 수 있도록 노력을 기울인다.

실제로 카페 핸즈에서 원두를 사 가는 사람 중에는 단골 비율이 높은데, 이들의 취향이나 구매 사이클을 대강 예측해 로스팅 스케줄을 짠다고 한다. 그 밖에 전년도 같은 시기와 매출을 비교할 때도 영업일지를 활용한다.

수년 전 근처에 맞춤형으로 로스팅한 원두를 판매하는 경쟁 업체가 생겼을 때는 '브라질 스트레이트 블렌드'라는 신상품을 출시했다. 동일한 브라질 생두를 중볶음과 중강볶음으로 볶음도를 다르게 로스팅한 것을 절반씩 혼합한 블렌드다. 같은 생두여도 볶음도가 다른 것을 섞으면 한층 더 깊은 향미를 낸다는 독자적 아이디어가 빛나는 상품이다.

주문별로 로스팅하는 경쟁 업체의 방식에 따르면 블렌드 상품은 '프리 믹스'가 된다. 조금 수고롭더라도 각각의 생두에 가장 적합한 볶음도로 로스팅한 원두를 사

포인트 카드도 단골 확보에 공헌했다. 500엔당 스탬프 한 개, 20개 모이면 500엔 할인이다.

후에 블렌딩하는 '애프터 믹스'의 장점을 전면에 내세운 것이 '브라질 스트레이트 블렌드'인 것이다. 찾아주는 고객에게도 프리 믹스와 애프터 믹스의 차이를 설명하며 어필한 결과, 디스플레이된 23종의 원두 중 3~4번째로 잘 나가는 인기 상품으로 성장했다.

인터넷 판매에 주력하며, 재구매율은 70%를 넘는다. 사이트를 정비해 고객을 확보한다.

카페 핸즈는 인터넷을 통한 원두 판매에도 적극적이다. 소매 매출 중 20%를 인터넷 판매가 차지한다. 카드 결제가 가능한 웹사이트 폼을 활용해 원두 쇼핑몰을 오픈했다. 인터넷 판매의 재구매율은 70%에 달하는데, 지금까지 80번 넘게 구매한 손님도 있을 정도다.

인터넷에서 특히 인기 있는 상품은 '블루마운틴'이다. 가격이 있는 편이지만 연령대가 높은 고객들에게 예로부터 인지도가 높아 선물용으로 수요가 꾸준하다. 그러나 현재에 이르러서는 취급 점포가 적어진 탓에 인터넷 검색을 통해 카페 핸즈로 주문이 들어오고 있다. 그 밖에도 '바흐 수업' 등의 검색 키워드로 유입되는 바흐 커피 애호가가 많다. 몇 곳의 '바흐' 출신 가게 중에서도 카페 핸즈는 인터넷 쇼핑 환경이 정비되어 있는 편이라 많은 이용자를 확보할 수 있었다.

"회사원 시절에는 회사가 시키는 대로만 하면 월급을 받았지만 창업한 이상 상황이 다릅니다. 매일 하기로 결심한 것은 아무리 몸이 피곤해도 거르지 말자고 개업 당시에 맹세했습니다. 매일의 루틴을 착실히 수행하는 것이 자가 로스터리 커피숍을 유지하기 위한 열쇠라고 생각합니다." (사토 씨)

이러한 자세가 원두의 품질 향상으로 이어지고, 나아가 고객 감동과 견고한 마니아층을 형성하는 비결일 것이다.

[예열]
▼

버너를 점화하고 드럼 온도를 180℃까지 올린다. 매번 동일한 가스압과 배기 팬 설정으로 예열하는 데는 통상 20분 정도 소요된다. 온도 상승이 더딘 것은 기온 혹은 기압이 낮은 증거로 볼 수 있어 온도 상승에 걸리는 시간은 로스팅 시의 판단 재료 중 하나이다. 180℃가 되면 첫 번째 배치를 투입한다.

[로스팅 스케줄]
▼

예전에는 영업이 종료된 밤 시간에 로스팅 작업을 했지만, 몸의 피로와 주변 주택가의 생활 환경을 감안해 이른 아침으로 작업 시간을 변경했다. 아침 6시 반부터 예열을 시작해 보통 10시 반까지 작업한다. 한 번에 볶는 양은 3~5kg 정도로 하루 5~10배치를 로스팅한다.
첫 번째와 두 번째 배치는 드럼 내부 온도가 불안정하기 때문에 강볶음으로 할 생두부터 볶는다. 첫 번째 배치는 강볶음 '페루 엘 파르고 마운틴', 두 번째 배치는 중볶음 '에티오피아 이르가체페' 등으로 하는 경우가 많다. 이후에는 상태가 안정되기 때문에 약볶음이나 섬세한 플레이버의 생두를 로스팅한다.

[청소, 유지 보수]
▼

'생두의 상태나 기온, 날씨 등을 빼고 로스터가 컨트롤할 수 있는 부분은 항상 똑같은 상태일 것'. 이것이 사토 씨가 지향하는 잡미 제로 커피에 필수 불가결한 지침이다. 거기서 중요시하는 것이 매일 거르지 않는 청소다. 제연기의 프리 필터는 매일 반드시 청소기로 먼

CAFE HANZ 의
커피 제조

지를 제거하고(하단 이미지), 정기 휴일 전날에는 세제를 사용해 씻는다. 사이클론은 2개월에 한 번 청소하는 등 꼼꼼한 청소 규칙을 철저히 지킨다.
세세한 청소를 규칙적으로 철저히 하고 있다.

[핸드픽]
▼

[핸드 드립으로 체크]
▼

로스팅한 원두는 페이퍼 드립으로 추출해 갓 내린 것과 조금 식은 상태의 것을 각각 마셔 보고 맛을 확인한다. 만약 처음 마셨을 때 위화감이 들면 다시 한번 내리고, 그래도 맛이 이상하다면 고객에게 제공하지 않는 것이 원칙이다.

잡미 없는 커피 맛을
지향하는 데 있어 가장 중요시하는 것이 핸드픽이다. 카페 핸즈는 생두는 바하 그룹의 상위 등급 생두를 들여오고 있는데, 모든 종류의 생두를 대상으로 로스팅 전후 총 2번의 핸드픽을 실시한다. 로스팅 전인 생두의 핸드픽은 전날까지 끝낸다. 로스팅 후의 핸드픽은 다른 것과 비교해 색깔이 얼룩덜룩한 것이나 최초 핸드픽에서 걸러지지 않은 결점두, 모양이 좋지 않은 것 등을 집어 낸다. 핸드픽에 의해 제외되는 결점두의 비율은 5~10% 정도다.

[프로파일 작성]
▼

꼼꼼한 청소 등으로 일정한 로스팅 환경을 정비하고 로스팅 데이터를 매일 자세히 기록한다. 로스팅 작업에서 향미가 변했다고 느낄 때의 참고 자료로서 활용하기 때문에 꼼꼼히 체크한다.

Roasting @CAFE HANZ

로스팅 과정에서 너무 복잡한 조작이 가해지지 않도록 화력을 일정하게 유지하고 팬의 송풍 타이밍 등은 자동 제어에 맡긴다. 이로써 커피 맛의 재현성을 높이고 작업 효율성도 높인다. 로스팅을 중단하는 타이밍은 원두의 색과 소리, 온도 등을 바탕으로 종합적으로 판단한다. 쓴맛과 신맛의 밸런스를 갖춘 향미를 실현한다.

ROAST DATA

- □ 로스팅 일시: 2017년 7월 3일
- □ 생두: 콜롬비아 수프리모 나리뇨 타미낭고
- □ 로스터기: 마이스터 5(반열풍식 5kg) 도시가스
- □ 볶음도: 중강볶음
- □ 생두 투입량: 1.27kg
- □ 네 번째 배치
- □ 온도: 29.5도
- □ 습도: 61%
- □ 날씨: 맑음

🜂 콜롬비아 수프리모 나리뇨 타미낭고

- □ 산지: 나리뇨주 타미낭고 지역
- □ 산지고도: 1800~2200m
- □ 스크린: 18UP
- □ 정제법: 워시드

콜롬비아 화산 기슭의 급경사면에서 유기 비료를 사용해 전통 방식으로 재배한 최상급 생두다. 풍부한 향미와 쓴맛 속에서 고급스러운 산미가 느껴진다.

시간 (분)	생두 온도 (℃)	배기 온도 (℃)	송풍팬	현상
0:00	180	226	800	
1:00	112.0	213.0		중점 (108℃/1:30)
2:00	113	211		
3:00	123	213		
4:00	135	216	2000 (3:30〜4:30)	
5:00	145	212	800	
6:00	154	215		
7:00	161	224		
8:00	168	228		
9:00	175	229	1100	1차 크랙
10:00	181	229		
11:00	185	231		
12:00	190	231		
13:00	198	232	1300	2차 크랙 (200℃／13:14)
13:38	204	232		로스팅 종료

가스압은 0.64kPa. 아로마 미터는 7로 고정한다. 터치 패널로 미리 입력한 수치를 바탕으로 팬의 송풍이 이루어지고 후반에 걸친 온도 진행이 변화한다.

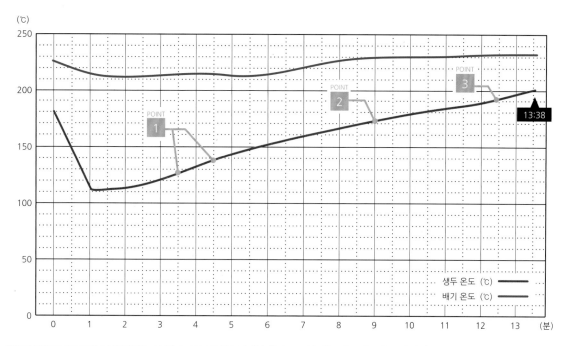

중점인 108℃부터 150℃ 부근까지는 1분간 9~10℃씩 온도가 상승한다. 그 이후에는 팬 조절 등을 통해 완만한 온도로 진행된다.

POINT

1 팬 완전 개방

3:30~4:30에 걸쳐 1분간 송풍 팬을 완전 개방해 2000rpm 으로 맞춘다. 일단 드럼 내 수증기나 채프를 날리고 콩의 중심부까지 열이 전달되도록 한다.

POINT POINT

2 3 풍량을 서서히 올린다.

1차 크랙이 발생하는 174℃, 2차 크랙이 발생하는 198℃ 지점에서 각각 1100, 1300rpm으로 회전수를 올린다. 연기를 완전히 배출시킴으로써 잡미 없이 깔끔한 커피가 완성된다.

중강볶음으로 로스팅했다. 중심부까지 완전히 열이 전달되어 표면 주름도 깨끗하게 펴졌다.

로스팅 종료 시점은 종합적으로 판단한다.

2차 크랙이 시작되고 액정 패널의 '로스팅 판단' 버튼을 누르면 수동 조작으로 넘어간다. 샘플 원두를 준비하고 스푼으로 커피콩을 여러 번 퍼서 색과 질감을 샘플과 비교한다. 색이 일치하는 타이밍을 가늠해 배출구를 연다. 2차 크랙의 소리 변화도 참고한다.

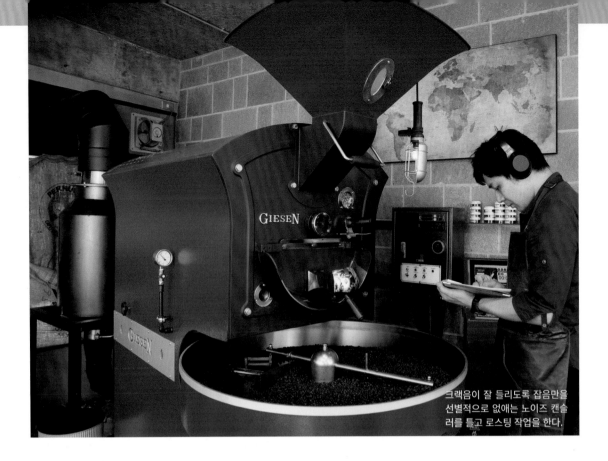

크랙음이 잘 들리도록 잡음만을
선별적으로 없애는 노이즈 캔슬
러를 틀고 로스팅 작업을 한다.

Shop
03 ▶ # TOKADO COFFEE
도카도 (豆香洞) 커피

후쿠오카현 오노조시

후쿠오카현 오노조시 시라키바루 3-3-1
전화 : 092-502-5033
영업 시간 : 11:00~19:30
　　　　　　일요일 11:00~18:00
정기 휴일 : 수요일 , 2 번째 · 4 번째 목요일
http://www.tokado-coffee.com

도카도 블렌드
420엔

매일 마셔도 질리지 않는 강볶음 커피. 뉴기니를 메인으로 브라질, 콜롬비아, 과테말라를 블렌딩했다.

주택가에 위치해 주로 주민들을 대상으로 한 원두 판매도 인기다.

점주:
고토 나오키
(後藤 直紀)

JCQA 커피 감정사, SCAJ 커피 마이스터, CQI Q그레이더 자격을 보유했다. 다양한 대회에 적극적으로 참가해 2013년 월드 커피 로스팅 챔피언십(로스팅기술경기세계대회)에서 우승을 거뒀다.

매일 마셔도 질리지 않는 '가정에서 즐기는 커피'를 재현성을 중시하고 심플한 로스팅에 유의한다

후쿠오카시의 베드타운으로 발전된 도시인 후쿠오카 오노조시 시라키바루역 부근에 2008년 오픈한 '도카도 커피'. 주민들의 기호에 맞춘 상품 라인업이 인기인 가게 한쪽에 로스팅 코너가 마련된 카페에는 단골 주민들의 발길이 끊이지 않는다. 인터넷 판매도 운영 중이며 2015년에는 하카타 중심가에 소매 중심의 하카타 리버레인 점을 개점할 정도로 호평을 받고 있다.

로스팅할 때는 에어 플로우를 사용해 섬세한 뉘앙스를 표현한다.

점주인 고토 나오키 씨는 예전부터 로스터를 동경해 얼마간 독학으로 배웠다. 그 후 '카페 바흐'의 트레이닝 센터에 3년간 다니며 로스팅 기술과 경영을 배웠고, 마침내 개업에 성공했다.

개업 이래 사용해 온 기계는 야마토 철공소의 '마이스터 5'였다. 하지만 작업량이 늘어남에 따라 새로운 기계 도입을 검토했다. 원래 사용하던 기계가 만들어 내던 원두 맛을 충족시킬 수 있는 성능을 가질 것, 그리고 가게의 중심 라인업인 강볶음에 맞게 2차 크랙 이후에도 로스팅할 수 있는 것을 조건으로 했다. 로스팅 세계대회의 공식 머신이자 대회에 참가했을 때 조작감이 좋았던 15kg 드럼 'Giesen(기센) W15A'를 2015년 도입했다.

현재는 2대의 로스터기를 운영해 하루 총 14~15배치 분량을 로스팅한다. 고토 씨는 주로 대용량인 'Giesen(기센) W15A'을 사용한다. "축열성이 탁월한 오래된 회사의 머신답게 높은 안정성과 다수의 전자 디바이스로 실현된 복잡하고 치밀한 제어가 매력입니다. 비례 제어식 화력과 풍력 컨트롤은 잘만 사용하면 무척 편리합니다." (고토 씨)

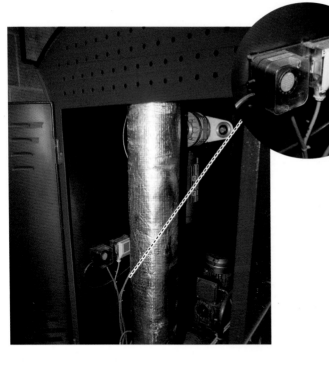

'Giesen(기센) W15A'은 압력 센서에 의한 에어 플로우 컨트롤이 가능하다. 기압 센서와 팬으로 비례 제어를 해 직접 공기의 압력과 흐름을 컨트롤한다. 압력을 '●●Pa(파스칼)'(화면 좌측)로 설정하면 자동으로 팬이 가동되어 설정한 수치를 유지해 준다.

드럼의 회전수도 조절 가능하다. 열풍으로 인해 향이 날아가지 않도록 2차 크랙 이후에는 회전수를 줄이는 등 회전수를 통해 맛을 미세하게 조절한다.

"가변식 드럼도 교반(攪拌)을 컨트롤해 열이 균형 있게 전달되도록 제어할 수 있습니다. 함께 사용 중인 '마이스터 5'와 같은 맛을 구현할 수 있고 높은 축열 성능을 활용하면 더욱 폭넓은 향미를 내는 것도 가능합니다." 라고 고토 씨는 말한다.

또한, 압력 센서에 의한 에어 플로우 컨트롤이 있는 것도 이 로스터기를 선택한 요인 중 하나다. "영업용 로스팅에서는 재현성이 중요합니다. 로스팅은 균형을 잡아 가는 작업이기 때문에 특히 무엇을 가장 중시하고 있는지는 말할 수 없지만, 파악하기 쉽지 않고 향미에 미치는 영향도를 생각한다면 가장 중요하게 의식하고 있는 것은 '에어 플로우'일지도 모릅니다. 먼저 '깔끔한 맛'을 내야 합니다. 당연한 말이지만, 로스팅 과정에서 좋지 않은 향이 배지 않는 것이 중요합니다. 또 소재 고유의 맛은 '내는' 것이 아니라 제거한 끝에 남는 것, 느껴지는 것이라고 생각합니다. 이러한 사고를 바탕으로 맛의 대략적인 디자인을 결정하는 것이 화력과 볶음도입니다. 맛과 향을 자아내는 법(남기는 법) 등 섬세한 뉘앙스를 표현하는 것이 에어 플로우라고 생각합니다." (고토 씨) 컵 테스트를 통해 맛을 신중하게 음미하고 최종적으로 내고자 하는 맛의 프로포션을 떠올리며 에어 플로우를 세세하게 조정해 맛을 결정한다.

'감동'의 레벨을 컨트롤해 싫증나지 않는 커피 맛을 만든다.

'도카도'가 지향하는 커피는 기본적으로 '가정에서 즐기는 커피'다. 먼저 편리한(내리기 쉬운) 커피일 것, 그리고 구매 후 한 달 정도는 즐길 수 있도록 시간에 따른 맛 변화를 최소화하기 위해 노력한다. 이 때문에 로스팅 할 때는 기본적으로 천천히 칼로리를 부여하고 시간을 들여 생두를 팽창시킨다. 이렇게 하면 로스팅한 원두의 맛의 천천히 변해 긴 시간 즐길 수 있다고 한다.

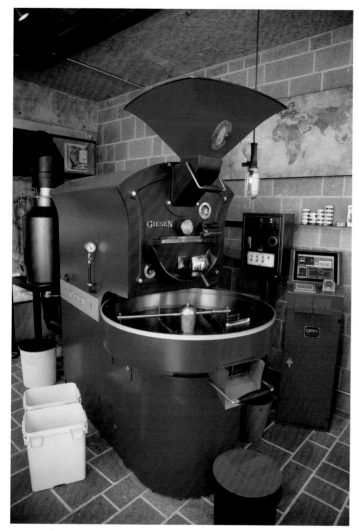

로스팅 중에는 주로 계기
판을 체크한다. 생두 온
도와 배기 온도 상승을
에어 컨트롤러와 화력으
로 조정한다.

15kg 드럼의 'Giesen(기센)
W15A'. 2015년에 구매해 메인
로스터기로 사용 중이다.

또한, 맛을 만드는 데에는 '감동(좋은 맛) 컨트롤'에 유의한다. "가정에서 내리는 커피는 매일 마시는 커피입니다. 매일 마시는 것, 몇 잔이고 반복적으로 마시는 것에는 '아무리 먹어도 질리지 않음'이 요구됩니다. 따라서 '너무 세지 않은 감동'이 필요하다고 생각합니다."라고 고토 씨는 말한다. 바리스타로서 입에 대는 순간 '맛있다!'라는 외침이 새어 나오는 한 잔을 선보이고 싶은 마음을 억누르고 "음, 맛있네!" 정도의, 잔을 비워감에 따라 매력이 더하는 커피를 목표로 로스팅을 한다. 그러기 위해서는 먼저 '높은 퀄리티'의 생두를 선정하고, 로스팅의 질을 높이는 것이 관건이다. 한편으로는 '특출나게 맛있는' 커피가 되지 않도록 유의한다. 좋은 소재를 골라 정성스레 품을 들이면서도 과도한 표현을 삼가고 어디까지나 일상 속에서 꾸준히 즐길 수 있는 맛을 로스팅 과정에서 디자인해 낸다.

프로파일을 중시하고 측정 중심으로 심플한 로스팅

생두는 그때그때 좋은 것을 들여오기보다 고객이 선호하는 메뉴를 구성하고 그에 적합한 것을 구매하는 경우가 많다.

로스팅한 원두는 곧바로 농업용 석발기(돌 걸러내는 기계)에
걸러 돌이나 이물질을 제거한다.

또한, 제아무리 좋은 생두라 한들 기존에 가게에서 제공하고 있는 것 중에 비슷한 향미와 스토리를 가진 것이 있다면 고객 혼란을 야기할 수 있기에 사용하지 않는 것이 원칙이다.

가게에 비치한 상품은 현재 가장 잘 나가는 블렌드 3종류와 스트레이트 15종류다. 개업 당시에는 약볶음에서 강볶음에 이르기까지 다양한 원두를 구비했지만 단골 고객들의 요구를 반영하기 시작하면서 강볶음의 비율이 늘어났다고 한다. 따라서 강볶음에 버틸 수 있는 특성을 가진 생두를 항상 중점적으로 찾고 있다.

자기 자신을 표현할 때도 "순간의 아이디어나 감각으로 생두의 상황에 맞게 볶는 '아티스트' 타입이 아니라 계획을 세우고 경과를 관찰하는 '공장장' 타입입니다."라고 고토 씨는 밝힌다. 로스팅 중에는 되도록 감각적인 판단 기준을 배제하고 계기판의 측정치와 데이터를 바탕으로 판단한다. 한편 마무리와 로스팅 후의 체크 단계에서는 오감을 최대한 곤두세워 데이터를 측정한다.

상품 제조에 있어서는 효율성과 재현성을 가장 중요시한다. 먼저 무리하지 않는 선에서 안정적으로 로스팅할 수 있는 환경을 조성하고 로스팅 공정은 가능한 한 심플하게 구성한다.

기계로 거른 후 핸드픽으로
더블 체크한다.

카페 옆에 로스팅 공방이 있다. 굴뚝은 건물 위까지 높이 뻗어 있다.

커피와 원두를 판매하는 '도카도 커피' 본점. 점 내에서는 페이퍼 드립으로 커피를 추출한다.

로스팅 중에는 프로파일을 중시하면서 꼼꼼한 계기판 체크를 통해 공정대로 진행되고 있는지를 확인한다. 'Giesen W15A'는 매우 안정적인 로스팅이 가능해 재현성이 높다. 이상적인 라인에 안착하면 예정대로 프로파일을 구축하는 일만 남는다. 여열(餘熱)을 고려해 라인에 잘 안착시키는 것이 포인트다. 생두를 투입하고 나면 바텀 온도와 바텀에서부터 상승하는 온도 추이를 체크하고 생두 온도와 배기 온도의 상승 곡선이 예정된 프로파일과 일치하도록 에어 컨트롤러와 화력으로 조절한다.

측정 이외의 요소로는 소리를 가장 중시한다. 크랙음의 강도와 간격을 캐치해 미세 조정을 하기 때문에 잡음을 없애는 노이즈 캔슬러를 사용하면서 작업한다. 또한, 로스팅 전후 몇 차례 핸드픽을 실시하거나 로스팅 직후 및 다음날 커핑 테스트를 하는 등 기본적인 품질 관리를 게을리하지 않는다. 거기에 로스팅 전 생두의 밀도와 수분량을 측정해 그 결과를 로스팅에 반영하는 등 독자적 기술을 개발해 매일 품질 향상에 힘쓰고 있다.

그 외에도 고토 씨는 다양한 콘테스트에 적극적으로 참가해 기술과 경험을 갈고 닦았다. 'World Coffee Roasting Championship' 2013년에는 일본 대표로 참가해 보란 듯이 우승을 차지했다. 동업자와의 교류도 활발해 스터디나 교류회에 적극적으로 참가하면서 연구에 매진하고 있다. 또한, 가게에서는 일반 고객을 대상으로 커피 교실을 빈번이 개최하는 등 지역과 공생하며 지역의 커피 문화를 풍성하게 하고 있다.

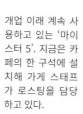

개업 이래 계속 사용하고 있는 '마이스터 5'. 지금은 카페의 한 구석에 설치해 가게 스태프가 로스팅을 담당하고 있다.

TOKADO COFFEE 의
커피 제조

[상품화의 흐름]
▼

주류인 강볶음을 중심으로 카페 고객층에 알맞은 생두를 찾는다. 샘플 로스터로는 후지고키(富士珈機)의 '디스커버리' 250g을 사용한다. 먼저 이 기계로 로스팅하여 맛을 확인하고 각각의 생두에 맞는 로스팅 계획을 세운다.

[핸드픽]
▼

향미를 해치는 원인인 벌레 먹은 생두나 발효두 등을 철저하게 제거한다. 로스팅 전 생두의 핸드픽과 로스팅 후의 기계 필터링, 핸드픽은 필수다.

[로스팅 스케줄]
▼

'Giesen W15A'와 '마이스터 5', 2대의 로스터기를 사용해 매일 작업한다. Giesen W15A는 고토 씨가 담당해 1일 7~8배치 분량을 로스팅한다. 마이스터 5는 다른 로스팅 담당 직원이 1일 6~7배치 분량 작업한다. 로스팅을 한 원두는 10일 이내에 판매한다.

[예 열]
▼

Giesen W15A는 축열성이 뛰어나 로스팅 결과가 여열 관리에 크게 좌우된다. 첫 여열은 80kp、화력 30%로 약 40분간 가열한다. 배기 온도가 228 ～230℃로 안정되면 로스팅을 시작한다.

[생두 밀도 측정]
▼

밀도계를 사용해 매일 로스팅 전에 생두 밀도와 수분량을 측정해 데이터를 남긴다. 특히 밀도는 해당 생두를 얼마만큼 팽창시키고 칼로리를 부여할지에 참고가 되는 정보이다.

[생두의 밀도와 경도]
▼

밀도가 낮음 ◄──────────────► 밀도가 높음

부드러움   단단함

부드러움	단단함
향미가 금방 빠지고 쉽게 타기 때문에 초반에 화력을 천천히 올린다. 부드러운 생두는 처음부터 고온으로 로스팅하면 향미가 손실된다. 저온에서 투입해 높은 칼로리로 빠르게 라인을 잡는다.	평범하게 볶으면 중심부가 덜 익거나 충분히 부풀지 않는다. 초반부터 화력을 올려 칼로리를 확실히 부여한다. 하지만 처음에 화력을 올려버리면 수분이 잘 빠지지 않게 된다. 화력을 올리면 진행도 빨라지기 때문에 축적되는 열을 잘 활용한다. 높은 온도에서 투입하지만 낮은 화력으로 장시간 볶는다.

[크랙음을 중시]
▼

[데이터 기록]
▼

[커핑으로 경향 체크]
▼

매번 빠짐없이 자세한 데이터를 기록해 당일과 로스팅 전후와 다음날 커핑을 실시한다. 특히 첫 배치의 로스팅 전후에 이루어지는 커핑은 기온과 날씨 등의 영향을 고려하고 그날의 로스팅 경향을 체크해 두 번째 배치 이후에 활용한다.

로스터기 작동음 등의 소음을 배제하기 위해 노이즈 캔슬러나 청진기를 사용하여 크랙음을 확인한다. 크랙음의 크기와 간격을 확인하여 화력 조정 등의 척도로 삼는다.

[로스팅 종료]
▼

로스팅 종료 직전에는 샘플 스푼으로 원두 상태를 확인, 컬러 샘플과 색상을 비교한다. 강볶음의경우 2차 크랙 이후 여러 번에 걸쳐 색상을 대조해 본다.

Roasting @TOKADO COFFEE

이번 로스팅에 사용된 생두는 브라질에서는 높은 고도에서 자라서 신맛이 남는 타입이기 때문에 표준보다 1차 크랙 이후의 ROR(온도 상승률)을 조금 낮추어 신맛의 강도를 부드럽게 조절했다. 풍력은 비교적 적극적으로 맛이 빠지도록 세팅했다.

ROAST DATA

- ☐ 로스팅 일시: 6월 29일 12시~
- ☐ 생두: 브라질 세라다스 트레스 바라스 농원
- ☐ 로스터기: Giesen(기센)W15A(반열풍식 15kg 드럼) 프로판
- ☐ 볶음도: 중볶음
- ☐ 생두 투입량: 7kg
- ☐ 네 번째 배치
- ☐ 날씨: 흐림

브라질 세라다스 트레스 바라스 농원 PN

- ☐ 산미: 카모 데 미나스
- ☐ 생산자: 세라다스 트레스 바라스 농원
- ☐ 산지 고도: 1,000~1,450m
- ☐ 품종: 옐로우 버본
- ☐ 정제법: 펄프드 내추럴
- ☐ 밀도: 854g/L
- ☐ 수분량: 9.6%

시간 (분)	생두 온도 (℃)	배기 온도 (℃)	가스 (%)	에어플로 (Pa)	드럼 스피드 (Hz)	현상
0:00	215	220	40	88	43	
1:00	130	170				중점(100℃/1:30)
2:00	104	163	90			
3:00	112	186				
4:00	126	196				
5:00	138	204				
6:00	150	212				
7:00	161	220				
8:00	172	227				
9:00	180	233	10~60	92(190℃/9:46)	40(190℃/9:46)	
10:00	192	232				1차 크랙(194℃/10:15)
11:00	199	232				
12:00	204	232				
12:39	207	233				로스팅 종료

약볶음이나 중볶음, 또한 산(酸)이 강한 생두는 산을 얼마나 남기는지가 관건이다. 후반에 향미를 정돈하는 단계에서 화력을 컨트롤해 ROR(온도 상승률)을 목표하는 향미에 맞는 설정치로 낮춘다. 여기서 만든 밸런스를 유지하면서 바디를 미세 조정할 경우 드럼 회전수를 바꾼다.

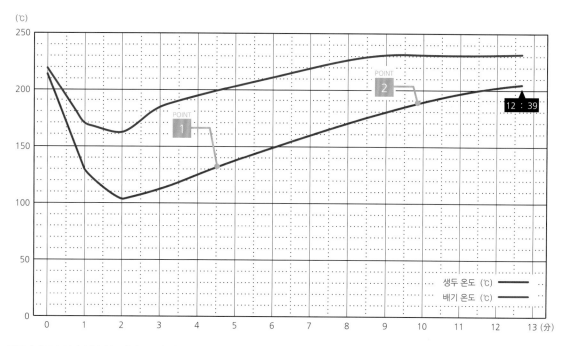

중점까지 로스팅의 일부라는 생각으로 축열을 이용해 약 2분 만에 중점에 도달하도록 조정한다. 중점 이후 오버 로스팅에 주의하며 화력을 올려 온도를 서서히 상승시킨다.

POINT 1 애프터 버너 점화

애프터 버너는 수분이 나오면서 수증기가 올라오는 시점에서 '약(弱)'으로 점화한다. 배기는 설정치로 자동 컨트롤되므로 애프터 버너의 점화 타이밍은 로스팅 프로파일 자체에는 영향을 주지 않는다.

브라질 중에서는 비교적 높은 고도에서 생산되는 커피. 브라질 커피 특유의 견과류 향과 고소한 향, 단맛이 있으면서도 뒤끝 없이 상쾌한 신맛을 즐길 수 있다.

POINT 2 190℃로 설정 변경

향미를 결정짓는 후반의 미세 조정을 1차 크랙 이후 이 타이밍에 실시한다. 이번 로스팅에서는 표준보다 1차 크랙 이후의 ROR(온도 상승률)을 조금 낮추고 드럼 스피드도 다운시킨다.

Roasting @TOKADO COFFEE

이 생두가 가진 초콜릿 같은 고소한 쌉쌀함을 내기 위해서는 비교적 후반에도 화력을 유지하며 향미 볼륨을 유지한다. 최종 마무리 단계에서 ROR(온도 상승률)과 드럼 회전수를 낮추고 뜸들이는 듯한 상태로 부드러운 쓴맛을 가미했다. 풍력은 매캐함이 남지 않는 선에서 가볍게 빠져나가는 정도로 설정한다.

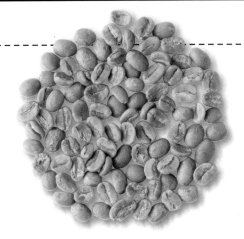

ROAST DATA

- ☐ 로스팅 일시: 6월 29일 12시30분~
- ☐ 생두: 과테말라 라스로사스
- ☐ 로스터기: Giesen(기센) W15A(반열풍식15kg 드럼) 프로판
- ☐ 볶음도: 중볶음
- ☐ 생두 투입량: 10.5kg
- ☐ 다섯 번째 배치
- ☐ 날씨: 흐림

과테말라 라스로사스 농원

- ☐ 산지: 우에우에테낭고
- ☐ 생산자: 라스로사스 농원
- ☐ 산지 고도: 1,400~1,600m
- ☐ 품종: 버본
- ☐ 정제법: 프리 워시드
- ☐ 밀도: 889g/L
- ☐ 수분량: 10.6%

시간 (분)	생두 온도 (°C)	배기 온도 (°C)	가스 (%)	에어플로 (Pa)	드럼 스피드 (Hz)	현상
0:00	220	228	50	88	42	
1:00	130	170				중점(90°C/1:30)
2:00	96	160	100			
3:00	100	177				
4:00	111	188				
5:00	123	199				
6:00	135	208				
7:00	147	217				
8:00	158	226				
9:00	168	232				
10:00	180	240				
11:00	190	236	10~60	92(190°C)		1차 크랙(196°C/11:40)
12:00	198	233				
13:00	203	233				
14:00	207	232			38(210°C/14:32)	
15:00	212	232				2차 크랙(216°C/15:38)
16:00	217	232				
16:36	221	231				로스팅 종료

생두 투입 온도는 기본 라인을 바탕으로 볶는 양과 환경(기온과 온도, 축열 상태)을 고려해 조정한다. 높은 화력으로 볶는 것과 재현성을 중시하기 때문에 칼로리는 되도록 수분량이 많은 초반부터 부여한다.

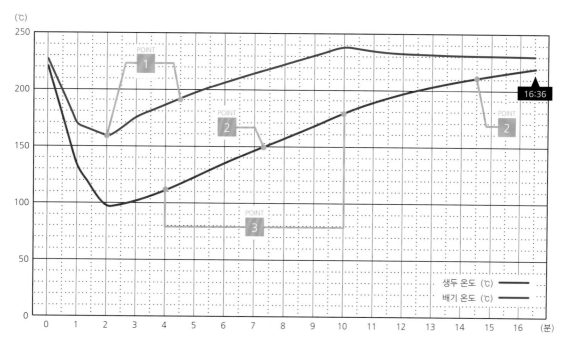

천천히 시간을 들여 2차 크랙 이후까지 가는 중볶음으로 마무리한다. 후반에도 다소 화력을 높여 골고루 열을 입힌다.

POINT 1 중점부터는 풀 화력으로

초반에 적극적으로 칼로리를 부여해 수분을 뺀다. 특히 밀도가 높은 생두는 축열까지 이용해 초반부터 칼로리를 응축시킨다.

POINT 2 애프터 버너를 2회 점화

애프터 버너는 수증기가 많이 나오는 150℃ 포인트에서 '약(弱)'으로, 연기가 많이 나오는 210℃ 포인트에서 '강(强)'으로 점화한다.

프루티하고 강한 신맛이 난다. 중볶음 이후에는 향긋한 초콜릿과 같은 뉘앙스다.

POINT 3 세트 포인트로 미세 조정

중반은 많은 조작을 가하지 않고 화력과 열풍 온도를 컨트롤하는 세트 포인트 기능을 이용해 목표한 반열에 안정적으로 오를 수 있도록 한다.

Shop 04 ▶ CAFE MAPLE
카페 메이플

- -

도쿄 핫쵸보리

도쿄도 주오구 핫쵸보리 2-228 내외빌딩 1층
전화 03-3553-1022
영업 시간: 월~금 : 00~18:30, 토 10:00~17:30
정기 휴일: 일요일, 공휴일
http://www.cafe-maple.com

도쿄 메트로 핫초보리 역에서 도보 1분 거리에 위치해 있다. 2014년에 내부 인테리어를 카페풍으로 리모델링했다. 매장 내에 가판대를 두고 원두도 판매한다. 최근에는 드립백도 개발했다.

대표:
세키구치 요시나리 (関口 善也)

로스팅을 시작할 즈음 스페셜티 커피를 조우하고 깊은 매력에 사로잡혔다는 세키구치 씨. 'Japan Roasters Network'의 동료들과 함께 여러 산지를 방문해 생두를 들여오고 있다.

커핑 스킬을 연마하고 향의 변화를 잡아내는 로스팅으로 스페셜티 커피의 매력을 전한다

'카페 메이플'은 도쿄 핫초보리에 1997년 개업한 지역 거점 카페이다. 서민 골목과 오피스 거리가 혼재하는 입지로 정오 무렵에는 가족 단위 고객과 인근에 근무하는 회사원 고객으로 카페 안이 붐빈다. 애연가가 많은 비즈니스 지역에서 '전 좌석 금연'을 표방함에도 불구하고 '맛있는 스페셜티 커피를 600엔에 마실 수 있다'는 점이 커피 애호가들을 사로잡았다.

카페 메이플은 프렌치 프레스를 사용하는 카페로도 알려져 있다. 개업 초기에는 페이퍼 드립이었지만, 2000년에 스페셜티 커피와 조우한 것을 계기로 고급 원두의 맛을 최대한으로 끌어내는 추출 방법이라는 이유로 2004년 변경했다. 프렌치 프레스는 금속 필터라 지방분을 포함한 원두의 맛을 다이렉트로 추출할 수 있다. 좋은 원두를 사용하면 그

맛이 직격으로 느껴지는가 하면 컵에 지방분과 잔여 가루가 남기도 해 도입 초기에는 고객들도 주저하는 모습이었다. 그러나 프레스로 마시는 스페셜티 커피의 장점을 살리려는 노력을 거듭한 끝에 마니아층이 형성되었다. 현재는 프레스와 같이 금속 필터의 장점을 살린 추출을 가능케 하는 에스프레소 머신도 도입해 바리스타 육성에도 힘쓰고 있다.

대표인 세키구치 요시나리 씨가 자가 로스팅을 시작한 것은 2001년 무렵으로 초대 로스터기는 후지로얄의 가스 직화식 5kg였다. 그 후 볶는 양이 증가함에 따라 2014년에 12kg 드럼의 프로밧 로스터기로 변경했다. 이것은 1990년대에 만들어진 머신으로 로스터인 지인에게서 물려받아 드럼 등의 구조물은 그대로 두면서 버너만 교체했다.

온도계 등도 새롭게 설치했다. "직화식도 좋았지만 전에 사용하던 로스터기는 로스팅 시간이 길었어요. 오늘날은 단시간 로스팅이 주류가 되었기 때문에 보다 좋은 것을 지향하면서 반열풍식으로 바꾸었습니다."라고 세키구치 씨는 말한다. 이전에는 18분 정도였던 로스팅 시간이 약 10분 정도로 단축되었고 풍미가 한층 더해졌다. 특히 전에는 쓴맛이 배어 나왔던 에스프레소 등 강볶음의 경우 단맛을 보다 잘 표현할 수 있게 되었다.

현재는 스태프의 분업을 추진하고 있어 메이플에서 로스팅을 배운 젊은 로스터 사이토 사나에 씨가 로스팅에 참가하고 있다. 3년 차 로스터인 사이토 씨는 커핑 기술을 연마하고 맛을 외우는 등 세키구치 씨에게 지도를 받아 왔다. 처음에는 온도와 수치를 베이스로 로스팅했지만 그것만으로는 '메이플의 맛'을 완전히 재연할 수 없다. 세키구치 씨는 "메이플의 맛을 내기 위해서는 각각의 생두에 맞는 어프로치를 고민해야 한다."라며 자유롭게 로스팅하는 것을 권했다. 지금은 사이토 씨의 독자적인 어프로치 방법으로 세키구치 씨와 함께 메이플만의 맛을 만들어 내고 있다.

산지에 가서 스페셜티 커피를 공동 구매

세키구치 씨는 'Japan Roasters' Network'라는 스페셜티 커피를 공동 구입하는 그룹의 멤버이다. 생두는 멤버들과 함께 산지를 직접 방문해 선별한다. 생두는 같은 품종이라도 기후, 풍토 등 재배 조

이전에 사용했던 초대 로스터기 후지로얄 직화식 5kg. 매장 안쪽 공간에 설치된 이 로스터기로 매일 부지런히 12~13회 로스팅했다.

매장 안쪽에 로스팅 코너를 설치했다. 로스터기의 모습이 고객에게도 잘 보인다.

배기구는 건물 4층 높이까지 설치되어 있다. 주변 공간이 좁아 배기가 좋은 편은 아니다. 배연 덕트의 이물질이 로스팅에 영향을 미칠 수 있어 3주에 한 번 청소한다.

건에 따라 달라지기 때문에 "역시 커핑을 통해 선입견을 배제하고 맛을 확인해 보는 것이 제일"이라고 세키구치 씨는 말한다. 같은 농원이나 지역에서 난 생두라도 해에 따라 품질이 달라지기 때문에 매년 반드시 커핑을 실시해 높은 스코어를 기록한 로트(lot)을 구입한다. 생두는 주로 진공 팩이나 그레인프로에 넣어 운반하며 입수한 생두는 전용 정온 창고에 보존한다.

처음으로 들어온 생두는 반드시 샘플 로스팅을 해 적절한 볶음도를 확인한다. 볶음도는 커핑을 실시했을 때의 포인트를 기준으로 대중한다. 이때 COE 체크표는 사용하지 않고 세키구치 씨와 사이토 씨가 상호 의견을 나누며 판단한다. '로스팅으로 맛을 만드는 것'이 아닌 '생두 자체가 지니고 있는 풍미를 남김 없이 모두 끌어내는 것이 로스팅'이라

원래는 배기 온도만 측정할 수 있었지만, 설치할 때 미압계 등을 새로 추가하고 원두 온도도 측정할 수 있도록 개보수했다.

1990년대에 만들어진 반열풍식 12kg 프로밧을 전면 보수했다. 이전에 비해 축열성이 높아졌고 생두의 로스팅 방법도 변했다.

는 관념하에 커핑으로 생두의 특징을 파악하고 표현하고 싶은 부분이 두드러지도록 로스팅한다.

최근에는 스페셜티 커피를 내놓는 카페가 늘어남에 따라 일반화가 이루어졌다. 다만 '스페셜티 커피=신맛이 있는 커피'라는 이미지도 강해졌다. 이러한 추세에 선구자이기도 한 메이플에서는 최근 일부러 강볶음 커피도 제공한다. 강볶음을 통해 신맛의 질은 유지되면서 약볶음했을 때와는 다른 풍미가 생기는 생두 등은 다크 로스트로 제공하는 등 약볶음과는 다른 향미로 어레인지함으로써 스페셜티 커피의 깊이를 전파하고 있다.

"다양성이 없으면 업계는 발전하지 않고 약볶음만으로는 고객의 니즈를 충족시킬 수 없습니다. 모든 커피콩이 강볶음에 알맞다고는 할 수 없지만, 개성을 고려해 강볶음으로도 제공해 보는 것이 버라이어티한 커피를 내는 비결입니다." (세키구치 씨)

로스팅은 향의 변화를 통해 수분 증발을 명확하게 판단한다.

로스터기가 바뀌어도 로스팅의 기본 방침은 변하지 않는다. 생두의 중심부까지 열이 도달하고 수분이 빠지면 화력을 단번에 올린다. 생두 자체에 힘이 있다면 이러한 방법으로 향을 도출할 수 있다고 한다.

세키구치 씨가 로스팅에 있어 가장 중요시하는 것이 바로 향의 변화다. 커피콩의 빛깔이나 형태는 그다지 보지 않는다. 이러한 사상은 '빛깔과 향은 일치하지 않는 경우가 많지만 향은 맛에서 유래하기 때문에 일치하는 법'이라는 생각에서 비롯되었다. 좋은 생두는 처음부터 좋은 향을 풍기는데, 적절한 로스팅으로 인해 향이 더욱 좋아진다고 한다. 로스팅을 시작할 당시에는 색이나 주름 변화도 확

분야별로 전문가를 육성하는 분업화를 추진했다. 사진에서 오른쪽은 로스터인 사이토 사나에 씨. 바리스타 겸 영업담당 다카하시 후미야 씨(좌)는 2016년 재팬 사이퍼니스트 챔피언십의 파이널리스트다. 경연대회를 통해 로스터와 바리스타가 각기 의견을 내어 새로운 로스팅으로 이어지는 경우도 있다.

로스팅 후의 커핑은 세키구치 씨와 사이토 씨가 함께한다. 기탄없이 의견을 나누며 '메이플의 맛'의 윤곽을 만든다.

인하곤 했지만, 주름이 있어도 맛이 좋거나 겉은 매끈해도 맛이 떨어지거나 하는 경우가 많았다.

진한 빛깔로 미루어 보아 농후한 맛을 상상했음에도 기대한 맛이 나오지 않자 빛깔이나 주름이 아니라 '맛에서 유래하는 향'에 초점을 두게 되었다고 한다. 또한, 고객은 커피콩의 모양을 보는 것이 아니라 커피가 되어 나왔을 때의 맛을 평가한다. 맛에 초점을 두게 되자 원두 표면이나 형태의 균일함보다는 어떻게 해야 더 맛있게 볶을지에 집중할 수 있게 되었다고 한다.

로스팅 중에는 빈번하게 스푼 체크를 실시해 향과 수분 상태를 확인한다. 로스팅을 중단하는 타이밍도 향에서 맛을 판단하고 커피콩이 가진 향미(특히 단맛)를 느끼며 적절한 포인트를 정한다.

그러나 같은 생두를 동일한 방법으로 볶아도 그때그때 완성품의 맛은 달라진다. 따라서 그때 상황에 따른 알맞은 대응법이 무엇인지 기억하면서 자신만의 노하우를 차츰차츰 늘려간다. 예를 들면 '이런 조건에서는 이렇게 하면 이런 맛이 나온다'라는 등 왠지 모를 감각적인 부분들을 모두 메모해서 로스팅 데이터로 보관해 둔다. 매번 로스팅이 끝나면 커핑을 통해 향미의 변화 요인을 살펴 필요한 경우 조정한다. 배기구 청소를 언제 했는지 등의 외적인 요인도 뜻밖의 영향을 주는 경우가 많다고 한다.

향미 판단에 필수적이고 로스팅 기술 습득에 있어 중요하다고 여겨지는 것이 바로 '커핑 스킬'이다. 세키구치 씨는 로스팅한 원두를 반드시 커핑하는데, 로스팅의 조정 방향을 결정할 수 있는 미각이 필수 불가결하다고 통감한다. "저는 운 좋게도 로스팅 입문 당시에 스페셜티 커피를 접할 기회가 있어 스페셜티 커피의 매력과 커핑이라고 하는 평가법을 알 수 있었습니다."라고 세키구치 씨는 말한다. 그 무렵부터 커핑 스킬을 높이기 위한 공부를 계속해 오고 있다. 당시에는 SCAJ가 없어 미국의 SCAA를 방문해 세미나를 수강하는 등 노력을 아끼지 않았다. 맛의 차이를 모르는 상태에서 반복 연습을 통해 '향미를 알게 되고 각각의 항목을 나누어 생각할 수 있게 되었다'고 한다. 현재는 생두 구매 시에 COE 채점표를 사용해 커핑을 실시한다. 통상의 로스팅 업무에서도 반드시 커핑을 실시해

볼리비아 아그로타케시
630엔

스페셜티 커피 중에서도 탑 오브 탑의 퀄리티다. 플로럴하고 상큼한 향미를 가졌다. 프렌치 프레스로 추출한다.

커피 메뉴는 프렌치 프레스로 추출하는 블렌드 7종, 싱글 11종과 에스프레소 메뉴로 구성했다. 싱글은 로스팅 정도를 변경한 다크 로스트 등의 선택지도 마련해 버라이어티한 커피를 추구했다.

좌석에는 세키구치 씨가 커피 산지를 방문했을 때의 모습이나 커피 농장 소개 등 좋은 커피를 위한 메이플의 노력을 소개하는 책자를 비치해 스페셜티 커피 전문점의 매력을 알리고 있다.

COE와는 다른 관점을 체크한다. 또한, 새로 들여온 생두는 프렌치 프레스로도 추출해 고객에게 제공될 때의 맛을 확인하고 있다.

세미나 및 대회에 적극적으로 참가해 카페의 스킬을 높인다.

세키구치 씨는 커피 업계 인맥을 적극적으로 활용한다. "과거 로스팅 세계는 폐쇄적이었지만 지금은 개방적으로 변화하고 있습니다. 많은 정보 교환이 이루어져서 스페셜티 커피 업계 전체가 발전해 나가면 좋겠습니다." 다만 그곳에서 얻은 정보를 그대로 모방하기보다는 로스터기의 종류, 배기

설비와 같은 자가 점포의 특성을 고려한 어레인지가 필요하다고 덧붙인다. SCAJ에는 로스트마스터즈 위원으로 재직하며 합숙이나 세미나 등에 참가해 로스터 동료들과 교류를 통해 최신 지식을 습득하고 있다.

또한, 카페 스태프들도 각 부문의 전문가로 양성하기 위해 세미나와 경연대회에 적극적으로 참가시킨다. 목표를 갖고 준비하는 과정에서 타인과 경쟁하거나 교류하며 단기간에 성장할 수 있다고 한다.

개업 20주년을 맞고 한 달에 500kg을 로스팅하는 자가 로스팅 인기 카페이지만 멈추지 않고 진화를 도모하며 찾아오는 고객들을 매료시키고 있다.

카페 메이플의
커피 제조

[상품화의 흐름]
▼

들여오는 원두는 오로지 스페셜티 커피. 공동 구매 그룹 'Japan Roasters Network'의 멤버로 현지를 직접 방문해 커핑에서 평가가 좋았던 생두를 컨테이너로 공동 구매한다. 입수한 생두는 상온 저장고에서 보관한다. 처음 구매한 생두는 1kg 소량을 샘플 로스팅한다. 이미 사용해 본 생두는 특성을 파악하고 있음으로 그대로 본 로스팅에 들어간다.

[예열]
▼

프로밧은 축열성이 매우 높은 반면 데워질 때까지 시간이 걸린다. 처음에 200°C까지 올린 다음 가스를 한 번 끄고 온도를 100°C까지 자연스럽게 내린 후 다시 점화해 최대 240°C 정도까지 가열한다. 그대로 온도가 내려가는 걸 기다려 다시금 220°C까지 올린 후 투입 온도까지 내려가면 첫 번째 배치를 투입한다. 예열에 걸리는 시간은 약 40분 정도이다.

[배치 수/투입량]
▼

드럼이 가열될 때까지 시간과 가스 비용이 소요되기 때문에 어느 정도 한꺼번에 로스팅하는 편이 효율면에서는 좋지만 신선도를 고려해 1일 8배치, 주 5~6일 로스팅하는 식으로 여러 번에 나눠 실시한다. 12kg 드럼의 절반 정도로 가늠해 배치당 최소 1kg에서 최대 6kg까지 로스팅한다.

[로스팅 데이터 수집]
▼

같은 생두를 동일한 조건에서 로스팅해도 완성품의 맛은 매번 달라진다. 이런 경우에 대응하기 위해서는 자기만의 노하우를 늘려가는 수밖에 없다. 그러므로 로스팅할 때마다 데이터를 수집 축적해 자료화한다. 온도 상승(10°C마다)을 축으로 시간의 경과와 그때의 배기 온도, 화력 조정 등을 기입한다. (우측 위 사진)

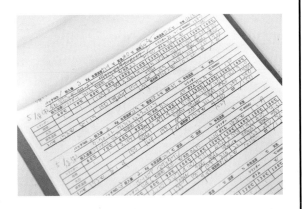

[커핑은 2회. 프레스로도 추출해 본다]
▼

로스팅 후에는 오차를 확인하기 위한 커핑을 실시한다. 배치 수가 많을 때에는 첫 번째 배치를 바로 커핑해 보고 그날의 경향을 체크한다. 그 후 한층 더 향이 진해지는 다음날 이후에도 커핑을 한다. 커핑에서 OK가 나온 원두는 프렌치 프레스로도 추출해 체크한다.

[로스팅 중단]
▼

로스팅을 종료하는 타이밍은 향으로 판단한다. '향=맛'이라고 생각하고 추구하는 맛(향)에 도달했다고 생각되는 순간에 배출한다. 때문에 로스팅이 거의 다 된 시점에서는 빈번하게 스푼 체크를 하여 향을 확인한다.

Roasting @CAFE MAPLE

약볶음과 강볶음으로 다양하게 어프로치한다. 이 생두와 같이 고도가 높은 산지에서 자라서 좋은 신맛을 가진 생두는 기본적으로 약볶음이나 중볶음으로 로스팅한다. 취재 시에는 투입량을 적게 하고 투입 온도를 높게 설정했다. 최하 온도에 도달한 이후 비로소 가스를 점화했다. 열을 골고루 입힌 다음 점화함으로써 풍미를 끌어올렸다.

볼리비아 아그로타케시

☐ 산지: 융가스 야나카치 ☐ 산지 고도: 1,950~2,600m
☐ 품종: 티피카 ☐ 정제법: 워시드

달콤하고 상큼한 오렌지, 꽃향과 같은 플로럴함, 트로피컬한 패션 후르츠, 와인을 연상시키는 향미 등 매우 복잡한 풍미를 가졌다.

ROAST DATA

☐ 로스팅 일시: 5월18일 11:30~
☐ 생두: 볼리비아 아그로타케시
☐ 로스터기: 프로밧 반열풍 12kg 도시가스
☐ 볶음도: 약볶음~중볶음
☐ 생두 투입량: 2kg
☐ 세 번째 배치
☐ 생두 온도: 22.7℃
☐ 실내 온도: 28.6℃ 습도: 47%
☐ 날씨: 약간 흐림

배전 시간	생두 온도(℃)	배기온도(℃)	가스압(kPa)	현상
0:00	124.6	142	0.2	
1:39	78.8	110		중점 (78.8℃ /1:39)
2:10	80.0	120		
3:27	90.0	155	0.45	
3:37	93.0			
4:20	100.0	174		
4:39	103.0		0.5	
5:11	110.0	194		
5:31	114.0		0.6	
6:02	120.0	210		
6:46	129.0		0.25	
6:50	130.0	221		
7:42	140.0	223		
7:50	141.0		0.9	
8:55	150.0	242	0.2	1차 크랙 (154℃)
9:31	160.0	242	0	
9:51	162.0			
10:18	165.6	240		로스팅 종료

처음부터 점화하면 컨트롤이 어려워지므로 표면이 타지 않을 정도로만 투입 온도를 높이 설정해 두고 바텀에 도달한 시점에서 비로소 가스를 점화했다. 화력으로 온도 상승을 조정해 둔다.

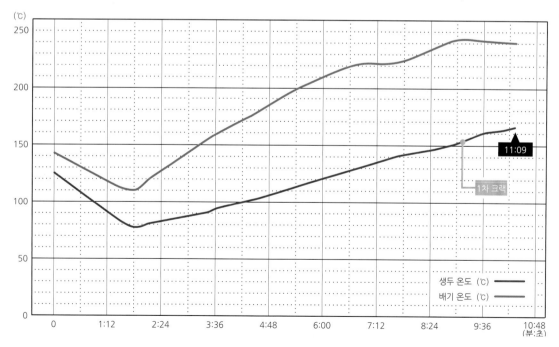

바텀 이후 오버 로스트에 주의하며 철저히 칼로리를 부여함으로써 특징적인 산미를 끌어낸다. 투입량도 극히 소량으로 설정하여 '열풍으로 볶아' 수분을 뺀다.

Roasting @CAFE MAPLE

고도가 높은 산지에서 자란 단단한 커피콩 중에서 강볶음에서도 신맛의 질이 남아 있는 생두는 강볶음으로 로스팅하여 메뉴의 다양성을 추구했다. 강볶음의 경우 칼로리 부족이 신맛의 질에 영향을 미치기 때문에 천천히, 정성스럽게 칼로리를 부여해 깔끔한 신맛으로 완성한다.

ROAST DATA

☐ 로스팅 일시: 5월19일 11:00~
☐ 생두: 과테말라 비스타 알 보스케
☐ 로스터기: 프로밧 반열풍 12kg 도시가스
☐ 볶음도: 약볶음
☐ 생두 투입량: 5kg
☐ 첫 번째 배치
☐ 날씨: 맑음

🖊 과테말라 비스타 알 보스케 농원

☐ 산지: 우에우에테낭고
☐ 생산자: 윌마르 카스티요
☐ 산지 고도: 1,900m
☐ 품종: 카투라, 버본
☐ 정제법: 프리 워시드

다크 초콜릿 풍미, 드라이 후르츠와 같은 산미가 느껴진다.

배전 시간	생두 온도(℃)	배기 온도(℃)	가스압(kPa)	현상
0:00	115.3	136	0.4	
1:27	71.4	130		중점
2:29	80.0	158		
3:19	90.0	169		
3:38	94.0		0.45	
4:07	100.0	180		
4:58	110.0	190	0.5	
5:52	120.0	201		
6:46	130.0	211		
7:48	140.0	222	1.1	
8:39	150.0	232		
8:56	153.0	232	0.2	1차 크랙
9:50	160.0	233		
10:00	161.4	233		
11:00	168.2	232		
11:09	168.9	232		로스팅 종료

바텀이 1분 단위가 되도록 투입 온도와 투입량, 화력을 조정한다. 또한, 생두 온도가 100℃ 전후일 때의 수분량이 하나의 척도다. 이번에는 수분 빠짐이 덜했기 때문에 약 5분만에 화력을 올렸다.

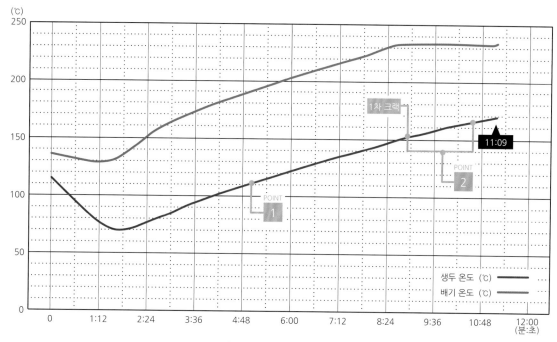

강볶음의 경우 열이 부족하다고 생각되어 무작정 화력을 높이면 표면이 타버릴 수 있다. 생두 온도가 조금씩 조금씩 올라가도록 로스팅해야 만족스럽게 완성된다.

POINT 1 온도를 축으로 화력을 조정한다.

○분대에 ○℃ 통과 등, 온도를 축으로 하여 측정한다. 해당 온도에 도달하는 시간이 빠른지 느린지를 판단해 화력을 조정한다.

POINT 2 1차 크랙 이후에는 수시로 향을 체크한다.

1차 크랙 이후에는 향이 시시각각으로 변화한다. 계기판의 숫자를 쫓기 보다는 수시로 향을 확인해 배출할 타이밍을 결정한다.

메이플에서는 만델링과 함께 다크 로스트 카테고리로 판매한다. 초콜릿과 향신료를 연상시키는 풍미가 매력적이다.

FRESCO COFFEE ROASTERS

프레스코 커피 로스터스

- -

도쿄 아사가야

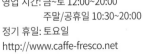

도쿄도 스기나미구 아사가야 미나미 3-31-1 이즈미빌딩 1F
전화: 03-5397-6267
영업 시간: 금~토 12:00~20:00
　　　　　주말/공휴일 10:30~20:00
정기 휴일: 토요일
http://www.caffe-fresco.net

로스팅은 영업 중에 실시한다. 대부분이 단일 농장의 생두로 블렌드는 애프터믹스로 만든다.

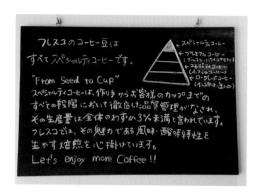

프레스코 커피 로스터스는 스페셜티 커피만을 취급한다. 싱글 오리진을 중심으로 블렌드 2종류를 포함해 상시 약 8~10종류를 판매하고 있다. 스페셜티 커피의 매력을 칠판에 적어 해설해 두었다.

대표:
사와지 히로유키
(澤地 広之)

회사원을 거쳐 2003년에 '카페 프레스코'를 개업했다. 2005년부터 3년 연속으로 JBC(재팬 바리스타 챔피언십)에 출전해 상위 성적을 거두었다. 2015년 8월에는 도쿄 요요기의 상업 시설 '요요기 VILLAGE' 내에 2호점을 오픈했다.

바리스타로 쌓은 맛의 경험을 판단 기준으로 시간 경과에 따른 변화를 중시하고, 심플한 로스팅을 추구한다

JR아사가야역의 대로변에서 조금 벗어난 골목길에 위치한 '프레스코 커피 로스터스'. 대표인 사와지 히로유키 씨는 회사원 시절에 바리스타라는 직업에 관심을 갖게 되어 카페 창업을 결심했다. 30세에 회사를 그만두고 반년간 카페에 근무하면서 일을 배웠고, 책과 카페 순방 등 독학으로 커피를 공부해 2003년 6월 개업에 성공했다.

개업 후 얼마간은 '에스프레소 비바체' 등의 원두를 사용했지만, 다양한 커피를 들여와 추출해 보는 과정에서 생두 그 자체에 흥미를 갖게 되었고 자가 로스팅에 대한 의지가 강해졌다. 그리하여 2009년 12월 자가 로스팅을 시작하게 되었다. 로스터기를 구매해 영업 중에도 독학으로 로스팅 경험을 쌓았고, 2010년 3월 로스팅 솜씨를 선보이게 되었다.

동시에 커피에 주력하는 카페 이미지를 만들고자 같은 해 10월에는 인기였던 런치 메뉴의 판매를 중단했고, 푸드는 스콘 등의 구움 과자와 간단한 식상로 범위를 좁혔다. 로스팅이 궤도에 오름에 따라 좌석 수도 절반 이하로 줄였고 상호도 '카페 프레스코'에서 '프레스코 커피 로스터즈'로 바꿨다. 로스팅을 시작한 지 2년 정도가 경과하자 원두 판매 비율이 카페와 비슷할 정도로 성장해 본격적인 자가 로스팅 카페로 자리 잡게 되었다.

최소한의 과정으로 재현성 높은 로스팅을 지향한다.

사와지 씨가 지향하는 것은 바디가 확실하고 뒷맛이 깔끔한 커피다. 또한, 신맛은 커피를 생동감 있게 만드는 중요한 요소라고 생각하고 질 좋은 신맛이 표현되어 있는지도 체크한다. 다만 "풋내가 나는 듯한 약볶음 원두는 선호하지 않고 원두 중심부까지 열이 골고루 전달되도록 합니다. 거기에 쓴맛이 너무 강해지는 않은지, 개성이 잘 드러나는지 등을 의식하며 스페셜티 커피의 포텐셜을 최대한으로 끌어낼 수 있도록 로스팅합니다."라고 설명한다.

로스팅에서 사와지 씨가 소중히 여기는 것은 가능한 한 수고를 적게 하면서 재현성을 높이는 것이다. 이를 위해서는 쓸데없는 과정을 생략하는 것, 로스팅 실패를 줄이는 것, 최단의 절차로 자신이 추구하는 맛(목표)에 도달하는 것이 중요하다고 말한다.

로스팅을 시작할 당시에는 생두의 투입부터 완

댐퍼는 3단계로 조절 가능하다. 실린더의 배기와 아지테이터 배기의 비율은 '닫힘'이 30:70, '열림'이 80:20으로 중앙은 50:50이다.

생두 온도는 소수점 이하까지 표시할 수 있다. 타이머도 조작판에 세팅한다.

로스터기인 디드리히 IR-3(현재는 생산 중단)은 반열풍 3kg 드럼이다. 디자인 또한 구매를 결정한 요인 중 하나다. 설치 장소는 고객 테이블에서는 잘 보이지 않는 매장 안쪽이다.

성까지 일괄 작업해 시간에 따른 온도 추이와 온도에 따른 시간 경과, 댐퍼와 가스압 조작 등을 직접 만든 데이터 표에 상세히 기록했다.

그리고 잘 볶아졌을 때의 로스팅을 기준으로 하여 자신만의 프로파일을 구축했다.

그러나 동일한 생두라도 계절에 따라 로스팅 프로세스는 달라진다. 예를 들어 겨울에 생두가 차가워져 있으면 가장 먼저 중점이 바뀐다. 중점은 특히 날씨와 투입량 등의 요인에 따라 차이가 크기 때문에 예전만큼은 중시하지 않게 되었다. 중점 온도를 맞추는 것이 아니라 지향하는 목표를 향해 화력과 배기 밸런스를 최소한의 과정으로 조정해 이른 단계에서 이상적인 곡선에 올려 놓는다. 또한, 로스팅 중 사와지 씨는 테스트 스푼을 사용해 빛깔과 향을 관찰하는 것도 거의 하지 않았다. 감각에

의존하지 않고 자기 나름의 로직에 기반해 로스팅하는 것이 사와지 씨의 스타일이다.

마지막 한 잔의 맛을 분석해 이상적인 로스팅에 접근한다.

로스팅에서 중시하는 것은 어디까지나 마지막으로 추출한 한 잔의 향미다. 그 때문에 사와지 씨는 로스팅을 시작할 당시부터 정성스럽게 테이스팅을 실시하고 있다. 마셔 보았을 때 쓴맛이 강하면 가스압을 낮추고 수분이 남아 있으면 가스압을 올리는 등 댐퍼를 병용하며 추구하는 맛에 다가가기 위한 미세 조정을 한다. 또한, 처음 취급해 본 생두는 로스팅 다음날부터 3일째까지 매일, 볶음도에 따라서는 로스팅 후 1주일째, 10일째 등 시간의 경과에 따라 변화하는 맛을 체크해 다음 로스팅

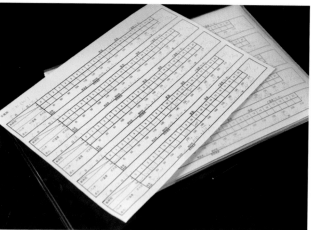

로스팅 데이터는 매번 기록한다. 1분 간격의 온도와 10℃ 간격의 시간 경과를 모두 기록할 수 있는 형식이다. 계절에 따른 변동이 크기 때문에 데이터에 너무 의존하지 않도록 어느 정도 경과한 과거 데이터는 폐기한다. 최근 며칠간의 데이터를 참고해 미세 조정을 하며 로스팅한다.

벽 앞에 로스터기를 설치한 탓에 매장 안의 배기는 짧고 건물 4층 옥상까지 배기관이 뻗어 있는 형태로 연기 배출이 잘 된다. 1년에 3번은 정기적으로 청소한다.

원두는 100g당 710엔부터 판매한다. 품종 및 정제법 등과 함께 향미 차트를 작성해 맛의 특징을 알기 쉽게 설명해 두었다.

의 수정 포인트로 삼는다.

이렇듯 테이스팅을 중시하는 이유는 사와지 씨가 바리스타로서 카페를 개업했기 때문이다. 바리스타는 어떤 커피라도 맛있게 추출할 수 있는 스킬이 요구되기 때문에 개업 당시부터 각각의 원두에 알맞은 추출이 이루어지고 있는지를 생두와 로스팅, 추출 간의 관계에 주목해 몸으로 기억해 갔다.

자가 로스팅을 시작하고부터는 직접 로스팅한 원두의 향미를 객관적으로 분석할 수 있는 것이 강점으로 작용했다. "로스터에서 구매한 좋은 상태의 원두란 어떤 것인지를 지속적으로 보아 왔기 때문에 거기에 자신의 로스팅을 어떻게 접근할지 나름의 논리를 확립하기까지 시간이 꽤 걸렸습니

다."라고 사와지 씨는 당시를 회상한다.

자가 로스팅을 시작할 당시는 배치당 1kg부터 시작했다. 그 후 1.3kg, 2kg, 3.1kg와 같이 단계적으로 투입량을 늘려갔지만, 양을 변경할 때마다 생기는 완성품의 차이를 조정하는 것은 꽤나 힘든 작업이었다. "특히 1.3kg에서 2kg으로 늘렸을 때는 정말 힘들었어요. 아직 로스팅 기술이 부족했을 때라 많은 양의 생두를 버리기까지 했지요. 당시에는 갓 로스팅한 원두를 한 번 마셔 보고 버릴 정도로 상당히 조바심이 난 상태였습니다."라고 사와지 씨는 말한다. 지금처럼 3kg 용량의 로스터기로 3.1kg을 로스팅할 수 있게 되고부터는 로스팅 양이 적을 때에 비해 화력이 필요해져 중점 온도가

오늘의 커피(S)
350엔

원두 43g으로 약 600cc, 3잔 분을 추출한다. 사진은 케냐 이에고 농협의 워시드. 풀시티에 가까운 로스팅으로 달고 깊은 맛을 낸다.

카페라떼(S)
370엔

싱글로 추출한 에스프레소에 스팀 밀크를 붓는다. 테이크아웃일 경우에는 밀크폼을 연하게 하고 온도를 뜨겁게 해 제공한다.

떨어진다.

그렇게 되면 전체적인 로스팅 시간이 길어져 수분 배출과 칼로리 컨트롤에 변화가 생긴다. 게다가 로스팅 중에 드럼 내 공기가 빠져나갈 공간이 적어져 댐퍼 조작에 따른 칼로리 컨트롤의 조정 면에서는 이전과 같은 효과를 바랄 수 없게 되었다. 이에 생두의 투입 온도와 후반 가스압을 올리는 등 작은 변화를 통해 확실한 프로파일을 구축하고 있다.

고객의 기호를 파악해 맞춤형 접객을 실천한다.

프레스코는 카페에서 로스터로 변신한 뒤 고객들의 이용 목적도 달라지고 있다. 원두 판매와 음료 테이크아웃이 중심이 되었고, 카페 및 레스토랑에 대한 도매도 늘어 현재는 원두 판매와 카페의 매출비가 거의 같다.

"개업한 지 14년이 지났는데, 그 세월 동안 고객들의 기호가 변한 것을 확실히 느낍니다."라고 사와지 씨는 말한다. 개업 초는 시애틀풍 카페나 이탈리안 스타일 바와 같은 커피숍이 일본에 우후죽순 생겨났고, 에스프레소 머신으로 내리는 커피 문화가 성행했던 시대였다. 바리스타가 만드는 라떼아트나 다양한 플레이버 시럽이 유행했지만 지금은 커피의 품질에 주목해 오리진을 즐기는 시대가 되었다. 가정에서 마시는 커피도 핸드 드립이나 프렌치 프레스 등으로 커피 고유의 향미를 즐길 수 있도록 변화했다. 사와지 씨는 고객의 기호에 맞춘 커피를 제공하기 위해 노력하고 있다. 로스팅한 원두를 판매할 때에는 로스팅한 날짜를 정확히 기재하고 프렌치 프레스, 융, 페이퍼 필터 등 추출 기구에 따른 그라인딩 방법을 9종류나 준비한다. 우유를 타 마실 때 잘 어울리는 원두를 추천하는 등 꼼꼼한 서비스로 단골 고객을 늘리고 있다.

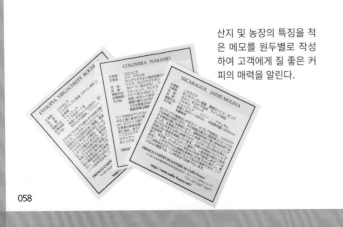

산지 및 농장의 특징을 적은 메모를 원두별로 작성하여 고객에게 질 좋은 커피의 매력을 알린다.

월 2회 밤 시간대에 커피 세미나를 개최하는 등 팬을 늘리기 위한 이벤트에도 힘쓰고 있다. 최근에는 핸드 드립의 관심도가 높다고 한다.

FRESCO COFFEE ROASTERS 의
커피 제조

[추구하는 향미]

이상적으로 생각하는 것은 바디가 확실하고 뒷맛이 깔끔한 커피다. 쓴맛이 적고 수분이 잘 빠져나와 커피콩의 개성이 두드러지는 로스팅을 지향한다. "커피를 마신 순간, 입안 가득 향미가 퍼졌다가 스르르 사라지는, 둥근 구체와 같은 이미지로 균형 잡힌 맛을 노립니다."라고 사와지 씨는 말한다.

[생두 선별]

▼

로스팅을 처음 시작했을 때부터 스페셜티 커피만을 고집하고 있다. 생두는 주로 2곳에서 구매한다. 중남미와 아프리카산을 중심으로 '니카라과 몬테크리스트 농장' 등 매해 꼭 들여오는 농장 외에도 산지가 중복되지 않는 곳의 생두를 그때그때 들여온다. 또한, 고객에게는 품종에 따른 맛의 차이보다는 정제 방법에 따른 맛의 차이가 보다 와닿을 수 있기에 같은 품종을 허니 정제와 내추럴 등 각기 다른 방식으로 정제한 원두를 선별해 맛을 비교할 수 있게 했다.

[예열]

▼

드럼을 골고루 가열하기 위해 온도를 천천히 올린다. 먼저 가스압을 올리지 않은 상태에서 불씨로 가열하고 50℃가 되면 버너를 켠다. 첫 번째 배치는 1번 로스팅한 것 같은 상태를 만들기 위해 처음에 200℃까지 올렸다가 자연히 170℃ 이하로 떨어졌을 때 버너를 켠다. 180℃가 되면 가스압을 3.0 inch WC로 설정한다. 197℃에서 카트에 생두를 투입해 200℃에서 실린더에 투입한다. 두 번째 이후에는 매회 170℃ 무렵에서 동일한 작업을 반복한다.

[배치 수/투입량]

생두량은 1회 2kg 또는 3.1kg으로 하루 최소 5배치 최대 10배를 로스팅한다. 3.1kg의 경우에는 로스터기의 최대 용량까지 투입하기 때문에 드럼 속에 흐르는 공기 양이 적어져 댐퍼 조작의 효과가 떨어지므로 로스팅 중 댐퍼 조작은 거의 하지 않는다.

[커피 프레스로 체크]

로스팅한 원두는 다음날 맛을 체크한다. 처음 취급해 본 생두나 오래간만에 볶은 크롭은 로스팅 직후, 다음날, 2~3일 후… 등 자주 마셔 보고 맛 변화의 방향성을 확인한다. 한 사람의 미각에 의존하다 보면 몸 컨디션의 영향을 받는 경우가 있어 반드시 스태프들과 함께 체크한다. 커피 프레스(사진 좌측)는 누구나 간단히 안정적으로 추출할 수 있어 원두의 장단점이 모두 드러나기 때문에 체크하기에 최적이다. 그라인딩한 원두 17~18g, 뜨거운 물 280cc로 2잔 분을 추출해 모두 마신다.

[보관/에이징]

▼

"로스팅한 원두는 생선회와 같이 신선도가 생명입니다. 잘못 보존하면 하룻밤 사이에 못쓰게 됩니다."라고 사와지 씨는 말한다. 로스팅한 원두는 차광성이 있는 봉투에 담아 홀빈용 200g과 무게를 달거나 갈아서 판매할 용도의 400g으로 나눠 포장한 뒤 로스팅 일자별로 분류해 관리한다. 여름에는 냉장고에 보관한다.

Roasting @FRESCO COFFEE ROASTERS

같은 원두를 동일한 방법으로 볶아도 연간 통계로 보면 날씨 등의 조건에 따라 향미에 차이가 생기기 마련이다. 사와지 씨는 최종적인 향미를 중시해 추출했을 때의 맛을 판단 기준으로 삼아 로스팅을 미세 조정한다. 로스팅 데이터는 매번 기록하지만 최근의 것을 참고하는 정도로 하고 수시 산출된 데이터를 기반으로 로스팅 프로세스를 업데이트한다.

🌀 니카라과 몬테크리스토 농장

□ 산지: 누에바세고비아주 마드리스 지구
□ 생산자: 몬테크리스토 농장 (농장주 하이메 몰리나)
□ 산지 고도: 1,340~1,450m
□ 품종: 버본, 카투라
□ 정제법: 워시드

대표 상품으로써 매년 들여오는 농장의 생두로 워시드, 내추럴, 허니 등 정제법이 각기 다른 3종을 제공하고 있다. 낱알 크기가 작으며 색이 옅고 수분 빠짐도 적은 만만찮은 상대지만 깔끔하고 상쾌한 향미가 강점이다.

ROAST DATA

□ 로스팅 일시: 5월 12일 12:30~
□ 생두: 니카라과
□ 로스터기: 디드리히 3kg 도시가스
□ 볶음도: 시티 로스트
□ 생두 투입량: 3.1kg
□ 첫 번째 배치
□ 날씨: 맑음

시간(분)	생두 온도(℃)	가스압(inch WC)	댐퍼	현상
0:00	200	3.0	30%	
1:00	83.0			중점(69.6℃/1:49)
2:00	70.2			
3:00	82.2			
4:00	97.1			
5:00	110.5			
6:00	122			
7:00	132.4			
8:00	142.2		50%(145℃/8:19)	
9:00	151.2			
10:00	159.9			
11:00	167.8			
12:00	175.2	3.5(180℃/12:40)		
13:00	182.5			
14:00	189.9	4.0(190℃/14:01)	80%(195℃/14:38)	
15:00	197.8			
16:00	202.9			
17:00	208.3			
17:36	213			로스트 종료(213℃/17:36)

※디드리히 IR-3의 가스압 미터는 inchWC로 표시된다.
1inchWC는0.249kPa
3inchWC는0.747kPa

전반부는 온도 상승 속도가 너무 빨라지지 않도록 주의하면서 필요에 따라 가스압을 조정한다. 댐퍼를 가동하는 것은 145℃ 이후다. 145℃라는 수치는 수많은 온도대에서 검증해 본 결과 끌어낸 값이다. 1차 크랙 전 180℃에서 가스압을 3.5로, 190℃에서는 가스압을 4.0으로 올리고 195℃에서 댐퍼를 완전히 여는 것이 기본적인 흐름이다.

POINT

1 145°C에서 댐퍼를 50% 개방한다.

채프를 날리기 위해 145°C에서 댐퍼를 50% 개방해 1차 크랙 전까지 그대로 열어 둔다.

로스팅 종료

데이터에 기록된 온도와 시간을 참고해 로스팅을 종료할 포인트를 정한다. 이번에는 213°C에서 배출했다. 골고루 섞어 식히면서 로스팅 중에 미처 제거되지 못한 채프를 골라낸다.

2 크랙 전후로 화력을 올리고 댐퍼를 완전히 연다.

1차 크랙 전후에는 연기를 빼기 위해 댐퍼를 완전히 열지만 배기에 의해 온도가 떨어지지 않도록 가스압을 올린 뒤 댐퍼를 조작한다.

적당한 신맛과 깔끔하고 가벼운 향미를 지녔다. 에스프레소로 하면 신맛이 두드러지고 라떼로 하면 가볍게 마실 수 있다.

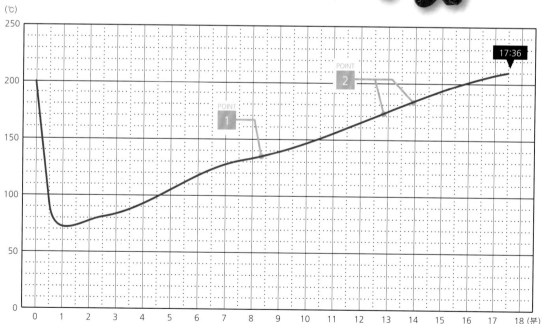

2017년의 니카라과는 2016에 수확된 것에 비해 산(酸)이 강하기 때문에 신맛을 남길 수 있도록 로스팅했다. 2016년에는 185°C에서 가스압을 3.5로 올렸지만, 2017년에는 180°C에서 가스압을 올리고 로스팅을 중단하는 온도도 2016년보다 2°C 낮은 213°C로 설정했다. 단시간에 걸쳐 향은 남기면서 내부의 수분까지 확실히 증발하도록 로스팅했다. 같은 산지의 생두라도 수확하는 연도에 따라 다른 향미를 가지게 되므로 어디까지나 추출된 맛을 중시하며 로스팅을 설계한다.

• Shop 06 ▶ **AMAMERIA COFFEE ROASTER**
아마메리아 커피 로스터

- -

• 도쿄 메구로구

아마메리아 커피 로스터 히몬야
도쿄도 메구로구 히몬야 1-13-18
전화: 03-6426-9148
영업 시간: 11:00~19:00
정기 휴일: 목요일
http://www.amameria.com

1호점인 아마메리아 에스프레소 무사시코야마점. 나무와 벽돌을 기조로 한 유럽풍 공간으로 꾸몄다. 영업 중에는 이전부터 사용해 온 로스터기 앞에 진열장을 놓아 보이지 않게 가려 놓았다.

대표:
이시이 도시아키
(石井 利明)

1977년생. 패션 업계에 종사하던 중 26세에 커피의 길로 들어섰다. 도쿄 오오이 경마장 내부에 위치한 마이스터 카페에서 7년간 일하며 독학으로 추출, 로스팅 기술을 습득했다. 2010년 8월, 도쿄 무사시코야마에 아마메이라 에스프레소를 개업했다.

에스프레소(S)
360엔

에스프레소는 매일 바뀌는 2종류의 싱글 오리진 중에 선택할 수 있다. 시네소사 제품인 2연식 머신으로 추출한다.

지브롤터
420엔

더블 에스프레소와 스팀 밀크를 1:3으로 배합해 유리잔에 제공하는 샌프란시스코에서 유래된 음료다.

쓴맛과 탄맛을 최대한으로 억제해
깔끔한 신맛과 단맛이 있는 향미로 마무리한다

도쿄 무사시코야마의 주택가에 2010년 8월 개업한 '아마메리아 에스프레소'. 대표인 이시이 도시아키 씨는 패션업에 종사하던 중 커피 업계로 진출했다. 오오이 경마장 내에 있는 스탠드 카페에서 일하며 독학으로 로스팅을 공부해 2008년부터 자가 로스팅을 시작했다. 처음 사용한 것은 럭키아이 크레마스(주)의 반열풍식 4kg 드럼이다. 원래 직화식 기종이었지만 버너를 증설해 가스압을 상하 2열로 컨트롤할 수 있도록 하는 등 반열풍식으로 개량했다.

그 후 하루 20배치 이상을 꾸준히 로스팅하게 되자 대형 로스터기를 새롭게 도입했다. 가나가와 쓰지도의 '27 커피 로스터즈'의 대표 가사이 고오쓰 씨로부터 양도받은 롤링사의 스마트 로스터기 15kg 드럼을 설치해 원두 판매도 겸하는 로스터즈 카페로서 2017년 1월 도쿄 히몬야에 2호점을 오픈했다.

커핑 기술을 살려 로스팅을 컨트롤한다.

현재의 로스팅 양은 1일 50~100kg으로 월간 1.5톤에 달한다. 히몬야점의 개업 전 평균 1.2톤이었던 것을 고려하면 비약적으로 증가한 셈이다. 판매하는 원두는 도매 거래처가 40곳 정도로 절반 이상의 비율을 차지한다. 매장에서는 커피 음료 판매와 원두 판매 비율이 반반 정도다. 고객의 반응을 직접 관찰하는 것이 결과적으로 로스팅과 커핑 기술의 향상으로 이어진다는 생각으로 카페 영업을 지속하고 있다. 직원은 10명 정도로 모든 추출 방법을 마스터한 직원은 4명 정도다. 스마트 로스터기를 사용하는 로스팅은 오로지 이시이 씨만 담당하고 있다.

이시이 씨가 이상으로 삼고 있는 향미는 단맛이 있으면서 생두의 개성(특히 플레이버)을 확실히 끌어낸 커피다. 특히 단맛은 인간이 맛있음을 느끼는 중요한 요소라 보고 어떤 로스팅에 있어서도 최소한의 단맛이 구현될 수 있도록 힘쓰고 있다. "강볶음 커피가 맛있는 것은 단맛이 있기 때문입니다. 깔끔한 신맛이 있으면서 끝 맛에 달콤함이 감도는 로스팅이 가능하면 좋겠지만 아쉽게도 불가능하죠. 쓴맛을 얼마나 억제할 수 있는지가 포인트입니다."라고 이시이 씨는 말한다. 아마메리아의 커피는 기본적으로 약볶음에 가깝지만, 약볶음이라도 생두의 심부까지 익히면 맑고 상큼한 '좋은 신맛'이 나온다고 이시이 씨는 설명한다.

히몬야점의 원두 디스플레이. 상품명을 기입한 플레이트의 색상이 볶음도를 나타내고 있으며, 색이 진할수록 강볶음이다.

원두 상태의 것과 갈아낸 것을 같이 두어 실제로 마셨을 때에 가까운 향을 느끼며 고를 수 있도록 했다.

이렇듯 이상적인 향미를 내기 위해 절대적으로 필요한 것이 커핑 스킬이다. "커피의 좋고 나쁨은 생두의 질에 좌우되는 경향이 크기 때문에 좋은 생두를 구별해 들여오는 것이 우선입니다. 처음 들여와 본 생두는 그야말로 최악이었고, COE의 생두조차 나라에 따라서는 잡미가 나는 것이 드물지 않게 있어요."라고 이시이 씨는 말한다. 로스팅을 처음 시작했을 때는 커핑 스킬이 미숙했던 탓에 로스팅 후의 향미 평가가 일정치 못했고 이상적인 향미를 재현하는 것이 힘들었다고 한다. 그러나 2008년에 SCAA 인증 커핑 저지(cupping judge)와 국제 자격인 CQI 인증 Q그레이더(Q-grader)를 취득했다. 자격증을 취득하고 나서는 향미의 차이를 명확히 판단할 수 있게 되었고 로스팅 컨트롤이 용이해졌다.

로스팅 전체의 향과 체인지 레이트를 판단 기준으로 삼아 로스팅한다.

럭키 아이크레마스사의 로스터기를 사용했을 때에는 생두 온도와 배기 온도를 주시하며 가스압을 조정해 화력을 컨트롤해 가며 로스팅했다. 한편 스마트 로스터기에서는 조작 화면에 생두 온도, 드럼 온도, 열풍 온도, 급기 온도, 배기 온도 등이 표시되지만, 이 중 이시이 씨가 주목하는 것은 'BEAN TEMP(생두 온도)'와 체인지 레이트(1분당 생두 온도 상승률)이다.

원두는 블렌드 4종, 싱글 오리진 10종. 메뉴에는 산지 고도 등 마니아층을 위한 정보를 제외하고 향미의 특징을 알기 쉽게 표현했다.

배기 덕트는 2군데, 독자적인 사이클론 버너로 정화한 공기의 배기용과 원두 냉각용으로 이루어져 있다. 굴뚝은 지붕 위까지 뻗어 있다.

조작은 터치패널로 한다. 드럼와 생두, 배기의 온도 변화가 표시되는 것 외에도 과거의 프로파일을 기억해 비교해 가며 로스팅이 가능하므로 재현성이 높다.

롤링사의 스마트 로스터기. 15kg 용량으로는 일본에서 첫 번째 제작된 것이다. 현행 모델과는 달리 둥근 창이 2군데 달려 있다.

배기는 미리 정해 둔 시간대에 평상시와 크게 온도 차이가 없음을 체크하는 정도로 주요 판단 기준은 향기다. "스마트 로스터기의 장점은 로스팅 시간이 짧아졌음에도 열이 부드럽게 전달된다는 점입니다. 열풍식은 생두의 개성을 살리기 힘들다는 의견이 있지만 크게 실패할 일이 없다는 점이 우수한 머신이라는 반증입니다."라고 이시이 씨는 기계의 편리성에 대해 설명한다. 실제로 이제까지 1배치당 18~23분 걸렸던 것이 스마트 로스터기에서는 1배치당 약 10~12분이 걸린다. 로스팅 시간은 절반 정도로 줄었지만 온도 상승이 빠른 만큼 로스팅 중의 변화 속도도 빠르기 때문에 작업 중에는 지속해서 관찰해야 할 필요가 있다.

생두를 투입한 직후부터 이시이 씨는 향기를 꼼꼼히 체크한다. "예전에는 로스팅 과장에서 전반부의 향기는 거의 신경 쓰지 않고 수분 증발이 끝나가는 타이밍에 확인하는 정도였지만 지금은 전체의 향기를 아울러 볼 수 있게 되었습니다. 잘 볶아지고 있을 때는 투입할 때부터 좋은 향기가 납니다." 향기와 함께 체인지 레이트도 체크한다. 생두에서 수분이 빠지기 시작하면 수치가 내려가므로 꼼꼼히 향기를 확인하며 화력을 높여 간다.

시대의 취향에 맞춘 블렌드를 개발하고 어떤 추출로도 맛있게 마실 수 있는 원두를 지향한다.

현재 판매하고 있는 원두는 14종으로 블렌드 4종, 싱글 오리진 10종으로 구성되어 있다. 창업 장시에는 카페의 고유한 맛=블렌드라는 생각으로 고객의 기호에 맞는 형태로 변화시켜 왔다. 개업 당시부터 이어져 온 대표 메뉴는 브라질 2종을 시티

무사시코야마점에 있는 '럭키 아이크레마스 SLR-4'의 특별 사양. 순정 사이클론 외에 (주)후지코키에서 제작한 소형 촉매식 탈취 장치도 완비하고 있다.

로스트로 볶은 '느와르'. 에스프레소로 만들기 쉽고 대중적으로 인기 있는 향미다. 그 후 조금 더 맑은 신맛과 개성을 가진 원두로 선보인 것이 '루쥬'이며, 중미를 메인으로 트렌드를 의식해 미디엄 로스트로 볶았다. '마롱'은 2가지 블렌드의 중간 정도 맛을 지향한 것으로 다양한 생두의 개성을 합친 복잡한 향미를 지녔다.

이전에는 로스팅 후 기본적으로 최소 3일간, 에스프레소용 원두는 최소 1주일간 숙성시켰다. 그러나 스마트 로스터기를 도입한 후에는 로스팅 당일에 사용하는 경우도 늘었다. 로스팅 후 동일한 품종에 대해 1개월간 다양한 추출 방법으로 내려보는 것은 예전과 다름없는 룰이다. 원두는 2주간(에스프레소용은 3주간) 제공하기 때문에 시간 경과에 따른 변화에 주의하면서 단맛과 개성이 확실히 느껴지는지, 애프터 테이스트에 군더더기는 없는지 등을 본다. 이렇게 확인한 향미를 에스프레소의 바리에이션을 시작으로 에어로 프레스 및 드립 등 다채로운 추출법으로 제공해 커피를 즐기는 법을 고객에 전하고 있다.

이시이 씨의 꿈은 커피 스쿨을 만드는 것이다. 지금까지 감각에 의존해 왔던 로스팅을 논리적으로 배울 수 있는 공간이 생긴다면 일본의 로스팅은 더욱 더 발전할 것이다.

아마메리아의 커피 제조

[생두 선별]
▼

생두 구매는 미국의 카페 임포츠, 마루베니 식료품, 와타루 등과 로스터 지인들과의 공동 구매가 많다. 생두 업자의 품평회에는 매년 뉴크롭이 모인 타이밍에 참가해 커핑을 거쳐 스코어 84점 이상의 생두만을 구매한다. 매년 정해진 농장에서 매입하기보다는 맛을 판단 기준으로 삼기 때문에 에티오피아에서만 3종류를 제공하는 때도 있는가 하면 상품 라인업은 매년 대폭 달라진다.

[다양한 추출로 체크]
▼

로스팅한 원두는 매일 커핑하고 에스프레소와 페이퍼 드립, 프렌치 프레스, 에어로 프레스(사진 우측 하단) 등 다양한 방법으로 추출하여 체크한다. '어떻게 추출해도 맛있게'라는 것이 이시이 씨가 지향하는 커피의 한 형태다. 커핑에서는 비교적 큰 입자로 갈아낸 원두 12g을 글래스에 넣고 뜨거운 물을 가득 부어 4분 기다린다. 맛의 편차를 줄이기 위해 2잔씩 내리고 도중에 나는 향기와 휘저을 때 나는 향기를 체크한다. 웃물을 제거한 뒤 뜨거운 상태와 5~6분 후, 그리고 30분 후에도 마셔 본다. 뜨거운 상태에서는 플레이버(flavor)의 좋지 않은 부분이 부각되기 쉽고 온도가 낮아지면 마우스필(mouth fill)을 느낄 수 있게 된다. 드리퍼는 추출구가 1개인 고노사 제품이고 포트는 칼리타다.

Roasting @AMAMERIA ESPRESSO

향미에서 이시이 씨가 가장 중시하는 것은 단맛이
다. 최소한의 단맛을 구현하면서 에티오피아의 프
루티한 플레이버와 부드러운 목 넘김을 살리기 위
해 디벨롭 타임의 종료 직전에서 로스팅을 중단한
다. 싱글 오리진은 미디엄 로스트 이하의 약볶음
으로 마무리하는 경우가 많다.

ROAST DATA

- ☐ 로스팅 일시: 2017년 5월 24일 10시30분~
- ☐ 생두: 에티오피아 이르가체페
- ☐ 로스터기: 롤링 스마트 로스터 열풍식 15kg
  도시가스
- ☑ 볶음도: 중볶음(미디엄 로스트)
- ☐ 생두 투입량: 7.1kg
- ☐ 첫 번째 배치
- ☐ 날씨: 맑음

🌀 에티오피아 이르가체페

- ☐ 산지: 이르가체페 콩가 지역 세데
- ☐ 생산자: 콩가 농협
- ☐ 품종: 에티오피아 원종
- ☐ 정제법: 워시드

에티오피아 중에서도 특히 향이 강한 이르가체페 콩가 농협의 워시드. 레몬
과 머스캣, 청사과, 재스민, 얼그레이의 향미와 클린함이 특징이다. 시럽과
같이 녹아드는 목 넘김도 즐길 수 있다.

POINT 1 예열

1시간 정도 예열한
다. 드럼의 온도는
250°C가 되면 낮
아지고 150°C가
되면 올라가는 오
토 시스템이다.
180°C 화력 20%
에서 생두를 투입
한다.

POINT 2 투입 직후부터 향을 체크한다.

생두를 투입하고
30초 후부터 꼼꼼
히 향기를 체크한
다. 동시에 체인지
레이트(1분간의 온
도 상승)도 보면서
화력을 조정한다.
중점은 71°C이다.

POINT 3 배기 온도도 체크한다.

1차 크랙까지는 화력을
꾸준히 높인다. 1차 크랙
이 시작되어 온도 상승
이 완만해지면 화력을
낮춰 간다. 배기 온도가
165~170°C 정도일 때
로스팅 온도나 생두 상
태가 예상에서 벗어나지
않는지 체크한다.

POINT 4 수분이 빠진 상태는 가급적 후반에

통상 160~170°C에서 수분은 모두 빠
지지만 단맛을 내기 위해 185°C 정도
까지 연장하는 것을 의식한다. 후반에
는 화력을 줄인다.

219°C 10분 27초에서
로스팅을 중단했다. 로
스팅의 퀄리티는 애프
터 테이스트의 깊음에
서 나온다. 실패하면 여
운을 느낄 새도 없이 맛
이 사라진다.

🔥 Roasting @AMAMERIA ESPRESSO

개업 이래 고객의 기호에 맞춰 블렌드의 종류를 늘렸고 현재는 상시 4종류를 제공하고 있다. 블렌드는 이탈리아의 스탠다드를 따라 전부 프리믹스로 만든다. '마롱'은 브라질의 초콜릿 같은 향미와 단맛, 에티오피아 내추럴의 풍부한 향기 등 5종의 생두의 특징이 어우려졌다.

ROAST DATA

- ☐ 로스팅 일시: 2017년 6월 24일 11시 30분~
- ☐ 생두: 온두라스, 브라질 2종, 파푸아뉴기니, 에티오피아
- ☐ 로스터기: 롤링 스마트 로스터 열풍식 15kg 도시가스
- ☐ 볶음도: 중~중강볶음(하이로스트)
- ☐ 생두 투입량: 7.1kg
- ☐ 두 번째 배치
- ☐ 날씨: 맑음

🔵 아마메리아 블렌드 마롱

온두라스, 브라질 2종, 파푸아뉴기니, 에티오피아의 프리믹스

5종류의 생두를 프리믹스로 만드는 '밤색'이라는 뜻을 지닌 블렌드이다. 다양한 산지의 플레이버가 일체화되어 풍부한 맛을 자아낸다. 이 블렌드는 부드러운 목 넘김과 단맛이 최대 특징이다. 중강볶음 정도로 로스팅한다.

로스팅 시간	생두 온도(℃)	열풍 온도(℃)	배기 온도(℃)	버너(%)	현상
0:00	180.0	227.8	191.7	20	
1:00	78.9	196.1	112.8	20→45 (1:47)	중점(73℃)
2:00	123.1	188.3	132.8	45→55 (2:07)	
3:00	148.9	205.0	155.6	65	
4:00	165.6	217.2	168.9	60→55 (4:40)	
5:00	177.2	221.7	177.8	50→53 (5:30)	
6:00	186.3	226.3	185.6	55 (6:23)	
7:00	194.9	233.1	193.0	65 (7:45)	
8:00	203.9	241.1	201.1	70 (8:32)	
9:00	211.3	248.1	208.0		1차 크랙(210℃)
10:00	218.2	252.4	214.4	50 (10:10)	
11:00	224.4	252.8	219.4	35	
11:13	226.1	253.3	220.6	20	

화력은 생두 종류와 관계없이 20%에서 시작한다. 체인지 레이트(1분간의 상승 온도)를 체크하며 전반부에는 화력을 올리고 크랙이 시작되면 내리는 것이 기본이다. 이른 단계에서부터 화력을 세게 하는 것은 이른바 최근의 북유럽풍 커피에서 자주 보이는 경향이지만, 너무 세게 하면 플레이버가 손실되므로 주의해야 한다.

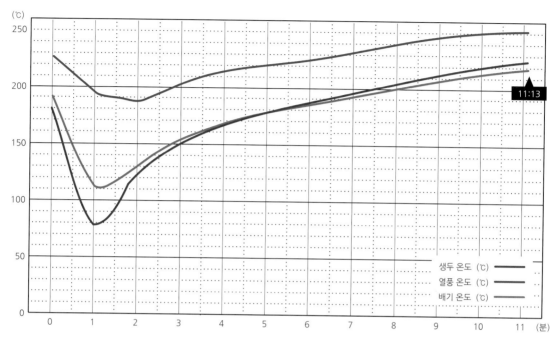

11:13

로스팅 중에는 크랙음이 거의 들리지 않기 때문에 향기를 판단 기준으로 삼아 화력을 컨트롤한다. 210℃ 전후에서 1차 크랙이 발생하면 조금 뒤에 온도를 내리고 '에티오피아'보다 강한 볶음도로 마무리한다. 생두 온도와 배기 온도의 추세가 중간부터 완만하게 역전되는 것이 특징적이다.

로스팅 종료

로스팅 종료 타이밍은 온도나 크랙에 주의하며 해당 생두가 가진 향기가 발산되는 시점으로 판단한다. 배출 후에는 3~4분 냉각한 뒤 보존 케이스에 옮긴다. 볶은 원두는 로스팅 후 2주 이내에 모두 사용한다.

커핑에 의한 평가는 밀크 초콜릿, 플로럴, 라운드 마우스필, 그리고 끝 맛에서 선명한 단맛이 느껴진다.

야마토야의 로스팅 부문을 담당하는 주식회사 씨앤씨의 로스팅 공장에는 5kg, 10kg, 30kg, 60kg 용량별 목탄용 직화식 로스터기가 있다. 이 외에도 가스 로스터기와 60kg용 가스/숯불 겸용 로스터기도 갖추어져 있다.

• Shop 07 ▶ **YAMATOYA / C&C**
야마토야 / ㈜ 씨앤씨

• 군마현 다카사키시

야마토야 다카사키 본점
군마현 다카사키시 지쿠나와마치 66-22
전화: 027-362-5911
영업 시간: 평일 10:00~19:30, 일요일 및 공휴일 10:00~19:00
정기 휴일: 무휴무
http://www.yamato-ya.jp

주식회사 씨앤씨
군마현 다카사키시 나카자토초 842-1
전화: 027-360-6711
http://www.cc-coffee.jp

'야마토야 다카사키 본점'의 시음 카운터에선 그날의 추천 커피를 서비스로 제공한다. 주말에는 600명이 넘는 고객들이 시음 서비스를 즐긴다고 한다.

'야마토야'의 또 하나의 간판인 도자기는 1만 점이 넘는다. 점포 2층 갤러리 공간에서는 의류, 염색 작품, 도예, 공예품 등의 작가 작품을 발표하는 곳으로 널리 개방하고 있다.

판매 공간으로 상시 50여 종에 가까운 커피를 갖추고 있다. 커피 원두를 담은 유리병은 창업 때부터 심혈을 기울여 특별 제작하였다. 주문한 커피 원두의 무게를 달아 가격을 매겨 판매한다.

통통하게 구워 탄내를 내지 않는 목탄 로스팅과 철저한 신선도와 품질로 큰 인기를 모으고 있다

군마 다카사키시 도로변에 '세계의 커피, 일본의 도자기'를 콘셉트로 창업한 인기 카페가 바로 '야마토야 다카사키 본점'이다. 현재 '야마토야'는 직영점 4곳, 전국 각지에 38곳의 체인점을 운영하고 있는 커피숍이다.

대표이사 히라유 마사노부 씨는 1980년에 '야마토야'를 창업하였다. 당시 8평 남짓한 점포에서 1kg의 샘플 로스터기에 로스팅한 원두와 골동품을 판매하는 가게였다. 커피 시음 서비스를 시작한 것이 전환의 계기가 되었다. 로스팅한 원두를 민속공예품인 커피잔에 제공하였는데 고객들이 크게 기뻐하면서 조금씩 매출도 증대되었다.

그 후 본격적으로 원두와 도자기를 판매하면서 사업은 순조롭게 확대되어 갔다.

증축을 거듭하여 다카사키 본점은 330평 규모로 확장되었다. 입구 바로 옆에는 본 커피점의 명물인 시음 카운터 좌석이 있고, 날마다 먼 곳에서도 많은 고객이 방문하고 있다.

원두는 50가지 이상, 도자기는 1만 점을 항상 준비해 두고 있다. 원두 판매량은 선물용 상품을 포함하면 한 달에 평균 2톤, 많을 때는 3톤에 이른다. 일본 전통의 그리움이 감돌며, 마음이 편안해지는 점포의 분위기가 매력으로 이제는 이 지역에서 없어선 안 될 카페가 되었다.

숯은 일본산 제품을 엄선하여 사용한다. 온도 조절은 어렵지만 원적외선 효과로 가스보다 뜨거운 화력으로 원두 속까지 탱글탱글하게 익을 수 있도록 열이 전달된다.

60kg용 차콜 로스터기는 거의 온종일 가동된다. 원두를 단시간에 배출할 수 있도록 드럼모터에 인버터를 연결하고 있다.

5kg ~ 60kg 용량의 로스터기를 구비하여 다양한 주문에 맞춤 대응한다.

커피 제조에 있어 '야마토야'가 창업 이래 꾸준히 지켜온 방식은 엄선된 생두를 정성껏 숯으로 로스팅하여 갓 구워낸 신선한 원두를 제공하는 것이었다. 그 커피 제조를 담당하는 곳이 1989년에 로스팅 부문으로 설립한 주식회사 씨앤씨이다. 현재 '야마토야'의 직영점과 체인점의 커피 공급을 도맡아 하고, 그 외 커피점에도 도소매로 판매하고 있다.

2002년, 업무 확대에 따라 다카사키시 나카자토쵸로 이전한 로스팅 공장에는 5kg, 10kg, 30kg 차콜 로스팅용의 직화식 로스터기가 1대씩 있고, 더불어 60kg 직화식 로스터기 3대가 설비되어 있다. 보통 로스팅 양이 많은 로스팅 기업이라면 대형 로스터기로 한 번에 볶는 경우가 대부분이지만, 이 기업의 경우 다양한 사이즈의 로스터기가 준비되어 있다.

그 이유는 갓 구운 신선한 커피를 제공하기 위해서다. 신선한 커피를 제공하려면 매일매일 소량의 커피를 각 점포에 전달해야 한다. 이 때문에 이 기업에서는 매일 주문에 맞추어 그날의 로스팅 스케줄을 정하고 있으며, 원두의 종류에 따라선 1kg 단위로 로스팅하기도 한다. 다양한 주문에 맞추어 로스팅을 진행하므로 다양한 크기의 로스터기가 필요한 것이다.

실제로 '야마토야'는 직영점에서만 50가지나 되는 커피 원두가 마련되어 있고, 블렌드도 다양하다. 가맹점은 점주의 취향이나 고객층의 기호에 맞는 블렌드도 만들고 있다. 그 밖에도 계절상품도 있어, 다양한 주문에 맞춤 대응하고 있다.

배기 온도와 원두 온도를 역전시키는 것이 하나의 기준

차콜 로스팅의 매력은 원적외선 효과로 원두 안쪽부터 통통하게, 바싹하게 구워지는 점이다. 그것에 더불어 '숯으로 로스팅한다'는 이미지의 좋

공장장:
다카하시 야스히코
(高橋 靖彦)

2014년부터 주식회사 씨앤씨 공장장으로 취임하였다. 로스팅 책임자로서 매일 로스팅하는 원두의 품질 체크를 맡고 있다. 그는 CQI에서 인증하는 Q그레이더이며, SCAJ에서 인증한 커피 마이스터이다.

2010년 가을부터 가동되고 있는 생두의 숙성고이다. 석조 외벽은 도치기현산의 응회석으로 건축되었다. 일정한 온도와 습도를 유지하기 때문에 생두의 수분량을 해치지 않으면서도 부드러운 풍미를 낼 수 있도록 숙성한다.

브라질, 콜롬비아, 만델링 등 야마토야에서 주로 취급하는 생두를 돌 창고에 저장한다. 1년에 걸쳐 숙성시킨 원두를 로스팅하여 판매하고 있다. 그룹사 전체로 따지면 월 평균 300kg을 판매하고 있다.

은 점은 오래전부터 뿌리 깊으면서도 다른 커피점과의 차별화로 이어진다. '야마토야'가 차콜 로스팅을 고집하는 것은 오랜 세월 동안 쌓아온 브랜드를 지켜, 팬들의 기대에 부응하고 싶기 때문이다.

한편으로 숯으로 로스팅하는 것은 온도 조절이 매우 어렵다. 가스 압력계처럼 열량을 수치로 잴 수 없기 때문에 조절에 실패하면 그 즉시 원두가 타 버린다. 그 가운데 안정적으로 로스팅하려면 어떻게 하는 것이 좋을까? 공장장의 타카하시 야스히코 씨가 몇 가지 포인트를 알려주었다.

화력을 높이려면 숯을 더하거나 화로에 산소를 더해 숯을 연소시키는 방법이 있는데, 필요 이상으로 화력을 높이게 되면 바로 원두는 타 버린다. 따라서 투입하는 숯의 양은 원두에 적절한 칼로리가 더해지기 위해 필요한 최소 조건의 양이 될 수 있도록 유의하고 있다. 또한, 숯이 타오르고 꺼지기까지의 시간을 어느 정도 일정하게 만들기 위해 숯

의 크기는 로스터기의 가마 크기에 따라 사이즈를 맞추고 있다.

댐퍼도 크게 움직이지 않는다. 배기를 전부 열면 공기의 흐름으로 숯이 급격히 연소하여 숯에서 발생한 재도 드럼 속에서 흩날리게 된다. 그렇기 때문에 댐퍼는 약간 닫아둔 정도에, 1차 크랙 이후에 약간 열어 둔다. 다만 2차 크랙 이후까지 강볶음을 할 경우에는 가마솥 내부가 뜨거워지면서 연기도 많이 난다. 댐퍼를 닫아 두면 솥 안의 산소가 부족해져 원두를 배출할 때 안에서 불을 뿜는 경우도 있기에 조금씩 댐퍼를 연다고 한다.

실제 로스팅에서는 온도 추이도 집중해서 봐야 한다. 로스터기는 5kg 가마를 포함하여 모두 배기 온도계를 장착하고 있어 원두 온도 및 배기 온도의 밸런스가 적절한 로스팅의 기준이 된다. 예를 들어 5kg 가마에 로스팅할 경우 수분이 빠지고 원두가 노란색을 띠면 점차 배기 온도 상승도가 느려지면

가장 작은 5kg 로스터기에도 배기.냉각 각각 단독으로 팬과 사이클론을 설치하여 연속 로스팅이 가능하다. 많을 때는 하루에 30회 분을 로스팅한다. .

가로 방향 배기관 쪽 도관 청소는 자주하며, 세로 방향 배기관은 1년에 3번 정도 진행한다. 풍량이 필요하기 때문에 냉각용 덕트 쪽이 굵다. 차콜 로스팅은 고온의 숯에서 연소되므로 도관에 검불이나 입자가 잘 붙지 않는다. 그리고 사이클론 안에는 물을 흘려 보내고 있어 검불이 나는 것을 막아 준다.

숯불의 열량을 측정하는 기준으로 배기 온도의 센서도 특별 주문하여 장착했다. 실린더 온도 표시는 굳이 아나로그식을 사용하고 있다. 이는 '수치에 너무 의존하지 않도록' 하라는 히라유 사장의 배려이다.

서 160~170℃ 정도에서 원두 온도와 배기 온도 역전된다. 원두 온도는 순조롭게 올라가는 반면 배기 온도의 상승 곡선은 완만해진다. 그러한 방식으로 온도가 진행되어 로스팅이 되면 타지 않고 재현성이 뛰어난 커피가 완성된다. 배기 온도가 높은 상태로 있으면 숯의 열량이 과하다고 측정되어 원두가 타 버린다고 한다.

또한, 숯의 화력은 화로에 들어 있는 숯의 양과 불의 색으로도 판단한다. 막 타오르기 시작하는 불과 꺼져 가는 불은 색이 다르며, 타는 불은 밝고, 꺼지는 불은 다소 칙칙한 색이라고 한다. 막 타오르기 시작한 숯이 화로에 들어가 있는데, 숯을 더하면 열이 과잉되어 원두가 타 버린다.

로스팅 시에는 1회 로스팅이 끝날 타이밍에 숯의 연소가 끝나도록 조절해야 하기에 다루기가 어렵다. 그리고 비장탄의 경우에도 타기까지 시간이 걸리고 불이 붙으면 고온에서 온도가 낮아지는 게 쉽지 않아 다루기가 또한 어렵다고 한다.

"예전에 비해 로스팅 시간은 1~2분 정도 빨라졌습니다."라고 타카하시 씨는 말한다. 섬세하게 굽는 것이 어렵다고 알려진 차콜 로스팅이면서도, 산지의 개성이나 원두가 가진 산미를 보다 더 표현될 수 있도록 로스팅 방법을 진화시키고 있는 것도 주목을 받고 있다.

L값 측정 및 결점 맛을 확인해 고품질 커피로

생두의 구매는 주로 무역회사의 중개를 통해 이루어지며 종류도 다양하다. 브라질, 인도네시아, 과테말라 등 계약 농원 원두도 다양하게 준비되어 있다. 주로 프리미엄 커피를 사용하지만, 스페셜

목탄 다루기 포인트

☑ 투입량은 필요로 하는 최소한의 양으로 하기

화로 안에 추가하는 목탄의 양은 '필요로 하는 최소한의 양'이 기본이다. 열량 부족이 되지 않는 최소한의 양을 목표로 한다. 목탄 로스팅(차콜 로스팅)에서 가장 주의해야 할 점은 타 버리는 점이다. 목탄의 양이 많아지면 타 버리게 되는 큰 원인이 된다.

☑ 연소 리듬 파악하기

5kg 로스터기에는 생두의 투입 전과 1차 크랙의 직전에 목탄을 추가하는 것이 기본이다. 투입하고 나서 연소하기까지 시간이 걸리기 때문에 그 타이밍을 보고서 투입한다. 1차 크랙 전에 넣은 목탄이 로스팅을 멈추는 타이밍으로 연소를 끝내는 이미지를 갖는다. 이러한 연소 리듬을 최대한 일정하게 만들기 위해 이 회사에선 목탄의 크기를 균일하게 맞추고 있다. 목탄의 크기는 로스터기의 사이즈마다 다르다. 60kg 가마의 경우엔 크고, 5kg 가마의 경우엔 작은 목탄을 사용한다.

☑ 재가 올라오지 않도록 주의하기

목탄을 더할 때에는 조용히 넣고, 가마 안의 잿가루가 날아다니지 않도록 한다. 재는 원두에 안 좋은 영향을 준다.

댐퍼의 조작

☑ 댐퍼는 거의 닫혀 두는 것이 기본

드럼 하부가 목탄을 연소하는 화로이다. 불을 피우고 싶을 때는 화로 밑의 공기 주입구를 열어서 조절하는 경우도 있다.

배기 댐퍼는 거의 닫혀 두고 조작도 크게 안 움직이게 하는 것이 기본이다. 5kg 가마의 경우엔 눈금을 3~4 정도로 하여 로스팅 중에도 눈금을 0.5~1 정도 움직이게 하는 정도이다. 기본적으로 반 이상은 열지 않는다. 이 이상을 개방하게 되면 화로 안에 공기가 들어가 버려서 급격하게 목탄이 연소되어 온도 조절이 어려워지기 때문이다. 또한, 화로 안에 재도 배기가 강하면 쉽게 날아가 버리기 때문에 드럼에 잿가루가 들어가게 되는 경우도 있다.

☑ 강볶음은 조금씩 열기

다만 프렌치 로스팅이나 이탈리안 로스팅에선 230℃ 가까이 강볶음을 하기 때문에 연기나 휘발 성분이 다량으로 나오므로 조금씩 댐퍼를 연다. 닫은 채로 하면 가마 안에 산소가 부족하여 로스팅 종료 시에 불이 붙을 위험(백 드래프트)도 있다.

티 커피 기준에 달하는 커피도 많다. 단 '야마토야'에서 스페셜티 커피라고 칭할 수 있는 커피는 COE에서 상위 입상한 궁극의 커피뿐이다.

매일 로스팅한 커피의 품질 관리도 철저하게 지키고 있다. 특히 커피의 품질 재현성을 잴 수 있는 요소로서 중요시되는 것이 로스팅되기 직전의 색깔이다. 유리병에 넣어서 원두를 판매하기 때문에 색깔이나 원두의 부풀어 오르는 방법도 항상 안정적으로 이루어져야 한다.

이 때문에 로스팅을 중지할 때에는 로스팅한 원두 샘플을 몇 번이고 스푼으로 저어서 로스팅 중지 포인트를 파악한다. 로스팅 이후에는 선별기로 걸러서 이물(異物)이나 색의 변화가 있는 원두를 제거하고, 그에 더해 품질 관리실에서 L값(원두의 명도)을 측정한다. 측정한 원두가 그 원두의 로스팅 정도의 기준이 되는 밝기와 구별해 차이가 0.5 이상인 경우 출하하지 않을 정도로 철저히 관리하고 있다. 또한, L값을 측정한 이후 그날 로스팅한 원두는 전부 커핑을 실시한다. 여기선 원두의 디팩트(결점, 맛)를 체크한다. 발효했거나 마른 원두의 맛이 눈에 띄는 경우에는 이것 또한 파기 처분 대상이 된다.

이렇게 장기간 축척해 온 로스팅의 노하우와 철저한 품질 관리를 바탕으로 야마토야 커피는 많은 팬들의 지지를 받고 있다. 그렇다고 하여도 목탄으로 한 로스팅은 보통보다도 어려운 점은 변함없다.

공장의 생두는 주 1회 무역회사의 정온 창고에서 배송되어 온다. 콜롬비아, 과테말라, 브라질, 인도네시아 등 지정된 농장에서 계약한 커피가 집결된다.

계절의 온도 변화에 따른 영향을 받기도 쉬우며, 생두의 수분이나 단단함에 따른 미세한 조절도 필요하기 때문에 이 회사에서 일하는 로스터는 로스팅에 의한 원두의 상태 변화를 이해하는 것이 중요하다.

　다카하시 씨는 로스팅 기술을 높이기 위해 필요한 것은 경험이라고 강조한다. 예를 들어 5kg 가마에서 로스팅할 경우 원두의 수분이 빠진 후 1차 크랙 전에 한 번 목탄을 추가해서 열을 주고, 제대로 원두를 부풀어 오르게 하는 것이 일반적인 순서이지만, 넣는 것을 깜박하고 잊어버리는 경우도 있다. 그렇게 되면 늦게 목탄을 넣어도 원두는 부풀어 오르지 않고, 1차 크랙이 발생하지 않는 경우도 있다. 다만 실패한 경우에도 마지막까지 로스팅해 본 다음, 왜 실패했는지를 생각하게 한다.

　"로스팅하는 스태프들이 초보여도 처음부터 목탄 로스팅을 해보게 합니다. 태우지 않거나, 덜 볶지 않은 로스팅은 실패를 경험하지 않으면 외울 수 없기 때문입니다. 그 부분의 손해는 교육비라고 생각합니다." 그렇게 인재 육성에 힘을 기울인 결과, 스태프 중에는 커피 인스트럭터와 같은 자격을 취득해 이 회사에서 주관하는 커피 세미나나 로스팅 교실의 강사로 일하는 사람도 배출하게 되었습니다." 2010년에는 생두를 숙성하기 위해 로스팅 공장 옆에 돌로 지은 창고(石藏)를 건립했다. 여기서 1년간 숙성시킨 커피를 '이시구라(石藏) 숙성 커피'로 판매하며 호평을 받고 있다. 더욱이 2012년에는 군마현 시모니타쵸에 돌로 지은 숙성 창고를 새로 마련하고, 이곳에서 5년, 10년의 장기 숙성 커피에 도전하고 있다. 창업 후 40년 동안 히라유 사장이 열심히 성장시켜 온 '야마토야'는 한층 더 커피의 매력을 찾아서 전진하고 있다.

[상품화 순서]
▼
― 샘플 생두의 로스팅 ―
SCAA의 커피 감정사나 커피 인스트럭터 등의 자격을 갖춘 스태프 전원이 맛이나 상태에 체크한다. 주로 커피콩이 지닌 개성이나 특성을 확인한다.

⬇

- 구매 판단을 위한 로스팅-
1kg 가스 직화식 로스터기로 로스팅한다. 주로 입고된 생두 상태를 판단하여 열화도(劣化度)나 결점두의 유무, 풍미를 체크한다.

⬇

- 3단계 로스팅으로 검증하기-
새롭게 사용하는 생두나 구매 판단을 좀 더 하고 싶은 생두는 1봉지를 사용하여, 적어도 3단계의 볶음도로 로스팅한다. 그중에서 커피의 맛이나 특성이 가장 잘 나오는 볶음도를 검증한다.

⬇

- 목탄 로스팅으로 테스트하기-
가스로 테스트 로스팅한 원두는, 실제 로스팅 전에 목탄으로 테스트 로스팅을 한다. 목탄과 가스에선 동일한 로스팅 단계에서라도 산미의 정도나 색상에 차이가 있기 때문이다. 가스와의 차이를 가미하여 로스팅 방법을 조정해 간다.

[예열]
▼
로스터기에 설치되어 있는 목탄 착화용 가스로 불을 일으킨다. 30분 이상 시간을 들여, 배기 온도 210℃까지 천천히 가열한 후 첫 번째 배치를 시작한다. 세 번째 배치까지는 온도가 안정되기 어렵다. 예열 시 폐기할 예정인 생두를 넣고 돌려 드럼 속의 재를 청소한다.

[생두 투입량]

5kg 가마의 경우 생두 투입량은 1~4kg 정도이다. 투입량이 적으면 생두가 타기 쉬운 경향이 있다. 목탄화를 낭비하지 않도록 투입량은 배치를 할 때마다 서서히 늘리든지 줄이든지 둘 중 하나로 결정한다.

씨앤씨의 커피 제조

[투입 온도]
▼

생두의 투입 온도는 정해져 있어, 배기 온도가 볶아지기 직전의 원두 온도와 같은 값이 되면 투입한다. 다음번 투입량이 적을 경우에는 화로에서 목탄을 빼거나 배출구 뚜껑을 열어서 온도를 내린다.

[이물질 선별·색차(色差) 선별]
▼

로스팅 후의 원두는 선별기를 통해 돌이나 금속 등 이물질을 제거한다. 미성숙된 원두가 섞여 들어와 얼룩이 생기기 쉬운 원두는 색차 선별기에 넣어 기준 미달인 원두를 걸러낸다.

[L값 측정하기]
▼

균일하게 구워져 균일한 맛을 내는 로스팅의 퀄리티를 내기 위한 중요한 기준은 원두의 동일한 색상이다. 이를 위해 L값(명도)을 측정하는 기기를 품질관리실에 설치하였다. 이 회사만의 매뉴얼에 따른 방식으로 그날 로스팅한

모든 원두의 L값을 측정한다. 각 원두의 기준값에 대해 L값이 ±0.5 이내이면 합격이지만, 그 이상의 오차라면 출하하지 않는다.

[컵 체크로 맛의 결점 확인]

L값 측정 후 로스팅한 모든 원두를 커핑한다. SCAA 방식으로 주로 카레두나 발효두 등의 결점(결점두) 유무를 확인한다. 실시 방법은, 우선 1종류의 원두를 5컵 준비한다. 체크하여 3컵 이상에서 결점이 확인되면, 다시 한번 동일한 원두를 5컵에 준비하고, 그래도 3컵 이상에서 결점이 발견되면 출하하지 않고 폐기한다. 카레두, 발효두는 혼입 비율이 적어도 맛에 미치는 영향이 크기 때문에 엄격하게 체크한다. 이 컵 체크는 다카하시 씨가 중심이 되어 실시한다. 맛의 결점을 기억하기 위해 무역회사에 결점두(주로 발효두)만 부탁해 체험시키기도 한다. 참고로 발효두는 리오 결점두의 냄새와 똑같다. 카레두는 지푸라기나 나무 부스러기 같은 풍미가 난다고 한다.

Roasting @YAMATOYA / C&C

목탄 로스팅은 탄 맛을 내지 않는 것이 중요하다. 따라서 목탄의 투입량은 최소한의 필요량으로 하고 연소 흐름을 파악하는 것이 중요한데, 그 기준 중 하나가 원두 온도와 배기 온도와의 균형이다. 이번에는 5kg 가마에서 이루어지는 로스팅 과정을 살펴보자.

ROAST DATA

☐ 로스팅 일자: 2017년 5월 24일 10:30
☐ 생두: 만델린 G-1 린튼 니후타
☐ 볶음도: 중볶음
☐ 로스터기: 후지로얄 직화식 목탄 로스터기 5kg
☐ 생두 투입량: 3.75kg
☐ 연속 7배치
☐ 날씨: 맑음

인도네시아 만델링 G-1 린통 니후타

☐ 산지: 린통 니후타 마을　　☐ 해발: 1,400m
☐ 품종: 티피카종 외 G 1　　☐ 정제법: 수마트라식 천일건조

유료 산지로서 알려진 린통 니후타 지역의 커피콩이다. 엄선하여 선별한 300g 중 결점 11이라고 하는 좋은 품질의 오리지날 스펙이다. 바디와 단맛 중에 허브와 같은 독특한 향도 느껴진다.

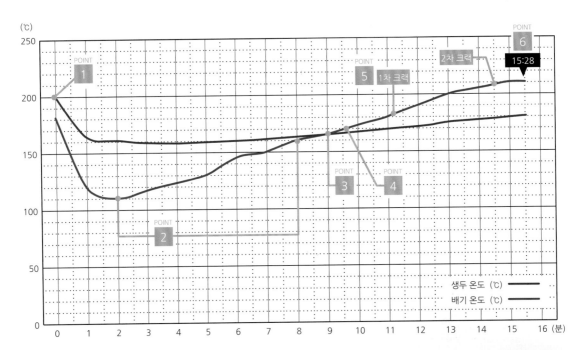

160~170℃ 지점에서 원두 온도와 배기 온도가 역전한다. 수분 제거 단계에서 칼로리가 초과되지 않고 원두가 열을 흡수하고 있음을 알 수 있다.

원두의 딱딱함이나, 계절에 따른 온도 변화에 따라서도 로스팅 시간이나 온도 진행은 바뀐다. 그렇기 때문에 로스팅 중에는 원두 상태를 체크하면서 화력을 적절히 조절한다.

POINT 1 투입

배기 온도 200℃에 생두를 투입한다. 투입할 때 배기 온도는 로스팅 종료 시점의 원두 온도와 거의 같은 값으로 설정한다. 이전의 배치가 끝난 후 다음 배치를 로스팅하기 위한 숯이 부족할 경우, 목탄을 더해 가마의 온도를 높인다. 투입 온도는 일정하기 때문에 중점은 계절이나 날씨, 생두의 상태에 따라서 변동한다.

POINT 2 수분 빼기

수분을 빼는 단계에서는 목탄 양의 변화를 체크한다. 160℃ 정도에 원두가 황금색으로 변화하는데, 균일한 황금색을 띠게 되면, 결과 또한 좋다.

POINT 3 배기 온도와 원두 온도의 역전

배기 온도는 거의 일정해지고, 원두 온도가 보다 더 높아진다. 원두 온도와 배기 온도가 160~170℃ 근처에서 역전하도록 연소를 컨트롤하는 것이 실패하지 않기 위한 포인트다. 배기 온도가 역전되지 않은 채 높은 온도가 지속되면, 가마 안의 온도도 높다고 추측하여 원두가 타 버리는 원인이 된다. 5kg 가마의 경우 원두색이 황금색에서 갈색이 되기 전에는 온도를 역전시켜야 한다.

POINT 4 목탄 추가

취재 시에는 목탄을 추가해, 1차 크랙까지의 칼로리를 보충한다. 목탄이 연소할 때까지의 시간 차를 생각하는 것이 중요하다. 넣는 타이밍이 너무 빠르면 원두의 수분이 빠져나가 부드러운 단계이기 때문에 넣을 때의 진동으로 재가 흩날려서 원두에 재가 쉽게 붙어버리게 된다. 한편으로 투입이 너무 늦으면 온도 상승이 나빠져서 생두가 제대로 부풀지 않는다. 그렇기 때문에 생두 상태와 목탄의 열량을 파악하는 것은 필수적이다.

POINT 5 1차 크랙 / 댐퍼 조절

스푼으로 꺼내, 1차 크랙 때 튀는 방법이나 소리를 체크한다. 그리고 원두 상태나 온도 추이에 따라서 댐퍼를 1눈금 정도 열기도 한다.

POINT 6 로스팅 종료는 샘플에 맞추어

로스팅을 종료하는 온도에 가까워지면 스푼으로 여러 번 원두를 꺼내 샘플 원두와 비교하면서 색, 부풀어 오름, 주름, 질감이 샘플과 같아지도록 로스팅을 종료하는 타이밍을 계산한다. 취재 시는 2차 크랙이 들어간 후에 로스팅을 멈춘다. 커피콩에 따라서는 로스팅 후에 색이 변하는 것도 있기 때문에 그러한 커피콩의 특성도 파악해 로스팅을 종료할 포인트를 알아낸다.

2차 크랙이 들어간 지 약 30초 후에 로스팅을 종료한다. 2차 크랙의 소리는 로스팅을 종료할 때의 판단 재료 중 하나이다. 로스터 사이에서는 2차 크랙의 초기, 중기, 후기라고 하는 용어로 크랙음을 공통적으로 인식한다고 한다.

17석이었던 카페 공간을 점차 숙소해, 2008년에 원두 판매 전문점으로 완전히 바꿨다. 고객이 들어오기 쉬운 분위기를 내기 위해 칸막이 벽을 없애고 개방적인 분위기로 변화시켰다.

Shop

08 ▶ **TARUKOYA**

타루코야 (樽珈屋)

- -

효고현 고베시

효고현 고베시 주오구 시모야마테도리 2가 5-4 후카자와 빌딩 1F
전화: 078-333-8533
운영 시간: 11:00~20:00
정기 휴무: 휴무일/수요일
http://www.tarukoya.jp

오리지널 드립 팩을 판매한다. 볶음도와 원두의 종류에 따라 4가지의 맛이 준비되어 있다. 특제 아이스 커피도 인기를 받고 있다.

점주:
오히라 히로시
(大平 洋士)

'커피 전문점 민들레' 등의 자가 로스터리 카페에서 근무했으며, 1991년에 독립하였다. 경력은 40년 이상이다. "지금은 고급 커피 정보도, 인적 네트워크도 열려 있는 시대입니다. 옛날과 비교하면 상상도 못할 변화이지요."

커피콩의 섬유를 곱고 고르게 열린다
검증을 거듭한 로스팅 기법으로 오랜 명성을 쌓고 있다

고베 산노미야 번화가, 바다를 등지고 야마노테로 향하는 거리 '고베 토아로드'를 따라가면 '타루코야'가 있다. 대표인 오히라 히로시 씨는 1991년에 이 카페를 개업했다.

처음에는 자가 로스터리 카페로 출발했다. 한신 대지진 이후 점포를 현재 위치로 이전하고 카운터 17석으로 영업하였다. 그 후 차츰차츰 카페 공간은 축소하고, 로스팅 원두 소매업을 강화하였고, 2008년에 리모델링하여 카페 영업을 완전히 접고 원두 전문 판매점으로 전환하였다.

생두는 현재 3곳의 회사에서 맛과 품질, 가격과의 조화를 생각하여 스페셜티 커피를 포함한 질 좋은 커피를 들여온다. 가격은 100g당 540~660엔 정도로 맞춰서 부담 없이 맛있게 마실 수 있는 커피를 제공한다. 품질은 블렌드가 11종, 스트레이트가 15종, 그 외의 단발적으로 들어오는 추천 상품도 있다. 번화가라는 입지상 다양한 고객층이 방문하고, 기호도 다양하기 때문에 메뉴표에는 볶음도와 맛의 경향을 적은 차트를 게재해 두었다. 풍미가 풍부하고, 기분 좋은 여운이 남는 이 카페에 커피 팬이 많아서 고베에서 오랫동안 사랑을 받고 있다.

스위스 커피에 충격을 받고 열풍을 활용한 로스팅 기법을 계속 연구하고 있다.

오히라 씨는 독립하기 전의 카페 근무 시절도 포함하면 커피 업계에서 40년 이상의 경력을 가지고 있다. 오랜 시간 동안 로스팅에 대한 다양한 가설과 검증을 거듭하면서 독자적인 로스팅 이론을 익혀 왔다.

개업 시 최초 도입한 로스터기는 직화식 2kg 가마이다. 이어서 미국산 로스터기를 사용한 후 후지 로얄의 반열풍 3kg 가마를 13년간 사용하였다. 이 반열풍식은 버너를 증량하여 드럼과 버너의 거리를 낸 특별 사양 모델이다. 개조한 이유는 그 시절 커피콩의 품질이 딱딱하고 산미가 강한 커피가 등장하였기 때문이다. 당시 로스터기에서는 딱딱한 생두를 볶으면 도중에 온도가 올라가지 않고 장시간 로스팅되면서 맛이 빠져 버렸기 때문에 화력이 강한 로스터기를 도입하였다고 한다. 당시에는 스페셜티 커피도 없었던 시절로 로스팅에 대한 정보도 적은 가운데 오히라 씨는 독자적인 가설을 세워 개조하였다. 지인으로부터 스위스의 한 로스터가 로스팅한 원두를 받았던 것이 계기가 되었다.

로스팅 후 한 달이나 지난 원두였지만, 질 저하가 느껴지지 않는 아주 맛있는 커피였다.

그 맛에 충격을 받아 스위스 제조원인 로스터를 알아본 결과, 열원으로 코크스를 사용하고 있었다. 불꽃이 하얗게 될 정도로 높은 고온에서 타는 코크스로 어떻게 태우지 않고 커피를 만들 수 있는 것인가? 거기에는 원두에 열풍을 맞추는 방법이나, 열풍 온도를 중제하는 방법이 있는 것은 아닐가 하고 생각하였다.

"엔진이 큰 고급 차가 천천히 달리면 조용하고 쾌적하게 나아가는 것과 비슷한 이미지입니다. 화력에 여유가 있는 로스터기라면 고급 차처럼 자연스럽게 로스팅할 수 있지 않을까 생각했죠."

그러나 실제로는 개조한 로스터기 조작은 어려웠다. 3kg 가마는 용량이 작아서 화력을 조금이라도 높이면 바로 로스팅 온도가 바뀌었고, 드럼과의 접촉 열로 생두가 타 버렸다. 시행착오 끝에 화력은 항상 일정한 온도로 유지하고, 댐퍼 조작으로 열풍을 제어하여 로스팅하는 방법을 찾아냈다.

생두를 태우지 않고, 설익지 않고 깔끔하게 로스팅하기 때문에 로스팅할 때마다 데이터를 추출해 프로파일을 만들고 맛 검증을 거듭했다. 그 경험이 지금 '타루코야'의 노하우가 되었다.

이상적인 로스팅을 추구하여 완전 열풍식 로스터기 개발을 제휴하다.

로스팅에 관한 오히라 씨의 기본적인 생각은 '태우지도, 덜 볶지도 않고 적당한 열량을 커피에 가해, 온도를 높여, 생두에 불필요한 부하를 주지 않는 것이다.' 그렇게 함으로써 1차 크랙 후, 생두의 섬유를 균일하고 깔끔하게 터지게 할 수 있다. 깔끔하게 터지면 향과 맛도 명확해지고 저장도 오랫동안 할 수 있다. 추출할 때 그 커피 특유한 추출물도 최대한으로 끌어낼 수 있다. 그런 이상적인 로스팅을 실현하기 위해 오히라 씨가 그다음으로 도입을 생각한 것이 열풍식으로 능숙하게 로스팅이

가능한 로스터기였다. 처음에는 화력이 있고, 드럼 안의 대류열 노출법에 독자적인 노하우를 가진 기존 로스터기를 검토하였다. 하지만 (주)후지코우키라면 소형 열풍식 로스터기를 제작할 수 있을 것이라고 고베에 있는 '마츠모토 커피(P162)'로부터 제안을 받았다. 그 후 후지코우키와 함께 이상적인 로스터기를 모색하면서 새로운 열풍식 로스터기를 본격적으로 개발했다. 그렇게 해서 완성된 것이 완전열풍식 로스터기 '레볼루션'이다.

일반적으로 열풍기는 열풍의 온도, 풍량과 실린더의 회전 속도 등을 컨트롤하여 저온에서 고온까지 폭넓은 온도대에서 로스팅이 가능하다. 덧붙여서 레볼루션은 로스팅 프로세스와 관련된 요소를 모두 수치화하여 컨트롤하고 데이터를 입력하면 중점에서부터 다 볶을 때까지의 온도 진행을 생각한 대로 할 수 있다. 직접 입력한 로스팅 패턴에 따라서 전자동 로스팅도 가능하다.

배기는 애프터 버너를 통과해 그대로 밖의 통풍관으로 이동한다. 굴뚝은 세워져 있지 않다. 애프터 버너는 원두 온도 190℃에서 자동 점화하도록 설정되어 있다. 로스팅 후반에 점화시키는 이유는 원두에 열량을 주는 중요한 단계인 1차 크랙 전까지의 버너 출력에 오차가 없도록 하기 위해서이다.

로스팅 패턴의 입력은, 예를 들어 '원두 온도가 160℃까지 도달하기까지 몇 도의 열풍을 맞힐지'를 설정한다. 이 설정은 로스팅을 진행할 때마다 6단계로 나눌 수 있다. 게다가 열풍의 컨트롤은 PID 제어를 채택하였다. 이것은 자동차에 비유하면 이해하기 쉽다. 예를 들어 시속 80㎞를 목표로 운전할 때 속도가 80㎞에 가까워지면 사람은 자연스럽게 엑셀을 느슨하게 한다. 그러한 조작을 자동으로 행하는 것이 PID 제어이다.

원래 열풍기라면 원두 온도가 160℃에 이를 때까지 필요 이상으로 높은 온도를 전달하게 되는데, 레볼루션은 적절한 온도를 맞춰 나간다. 그렇게 함으로써 원두에 불필요한 부하가 걸리지 않고 강볶음이라도 쓴맛이 강조되지 않으며, 마시기 좋은 커피를 만들 수 있게 된다.

오히라 씨는 이 레볼루션의 개발에 참가하고, 예를 들면 실린더의 재질은 FC 주철이 좋다고 제안하는 등 적극적으로 관여하였다. 또한, 레볼루션용 로스팅 프로파일을 후지코우키에 제공도 하고 있다. 프로파일을 만들 때는 다양한 검증을 거쳤다. 열풍기의 경우, 열풍의 온도를 맞추는 방법으로 얼마나 원두에 부담을 주지 않고 온도를 상승시킬 수 있는지가 중요하다. 언뜻 보기에는 로스팅 커브가 같아도 열풍을 주는 방법에 따라 맛이 크게 달라진다. 오히라 씨는 열풍 온도 외에 배기 풍량 조절 등을 다양한 조건에서 시도하고 로스팅하여 원두의 맛을 확인해 왔다.

로스팅은 현재 하루 평균 10배치, 1회 생두 투입량은 1~5㎏로, 필요한 만큼 매일 부지런히 볶는다. '100점의 COE 생두도 신선도가 떨어지면 80점 이하가 된다'라는 생각으로 신선도를 특별히 중요시하고 있다.

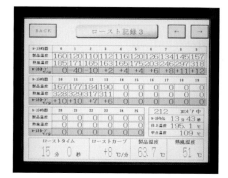

로스팅한 데이터는 배치별로 기록되며, 로스팅 패턴를 포함해 수치로 전부 확인할 수 있다. 지금까지 아날로그였던 조작이 모두 수치화된 점과 열풍의 구조를 이해할 수 있다는 점이 오히라 씨의 로스팅 수준을 더욱 끌어올리게 되었다.

오히라 씨의 소망이 계기가 되어 개발된 (주)후지코우키의 열풍식 로스터기 '레볼루션'은 프로파일에 의한 완전 자동 로스팅을 할 수 있다. PID 제어를 통해 열풍이 제어되므로 화력이 과하지 않으며 정밀한 로스팅을 진행할 수 있다.

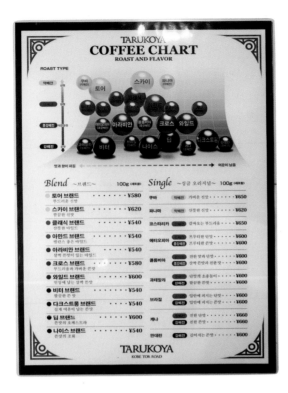

커피 메뉴표에는 각 상품의 볶음도와 맛의 기호를 알 수 있는 차트를 기재해 놓았다. 기호에 맞는 맛을 물어보고 추천할 때 유용하게 활용할 수 있다. 차트의 세로축은 볶음도, 가로축은 풍미를 나타내고, '향의 퍼짐'과 '여운'이라고 하는 독자적인 표현으로 고객에게 전달한다.

약볶음, 중볶음, 강볶음은
S·I·C의 로스트 곡선으로

또한, 이 가게에서는 커피의 로스팅 강도를 약볶음, 중볶음, 중강볶음, 강볶음 총 4단계로 나누고 있다.

"강볶음은 약볶음의 로스팅 과정의 연장선상에 있는 것이 아니라 제각각 볶는 방법에 따라 각자 최적인 로스팅 곡선이 있습니다." 오히라 씨는 말한다. 이미지로 설명하면, 약볶음은 완만한 S자를 그리는 듯한 곡선이고, 중볶음은 수직으로 온도가 상승하는 I자 곡선, 강볶음은 로스팅 후반의 온도 상승이 완만해지기에 C자 그래프가 그려진다. 오히라 씨는 그것을 'SIC 곡선'이라고 부르고, 로스팅 때를 기준으로 하고 있다. 당연히 그 온도 진행을 그래프로 그려도 또렷하게 SIC 곡선을 그리는 것은 아니지만, 그러한 로스팅 프로세스를 진행함으로써 전체적인 로스팅 시간이 맞춰진다고 한다.

한편 매일매일 로스팅할 때는 기본적인 로스팅 프로파일을 사용하면서도 로스팅 중에는 미세한 조절도 이루어진다. 예를 들어 생두가 약간 딱딱할 경우 로스팅 중에 설정한 열풍 온도를 조금 올리기도 한다. 날씨로 인한 기압의 변화가 있을 때는 배기를 빼는 방법도 달라지기 때문에 풍속계를 샘플 스푼의 삽입구에 걸고 배기 속도를 측정해 적절한 풍량으로 팬을 수정하기도 한다.

로스팅한 원두는 그 당일에 모든 종류를 페이퍼 드립으로 맛을 본다. 태웠거나, 설 볶아진 로스팅이 원인인 맛이 생기진 않았는지 확인한다. 식어서도 맛을 확인하고 원두가 잘 열렸는지 느껴 본다. 그렇게 해서 이상적인 커피로의 정밀도를 높이고 있다.

"당신이 원하는 원두는 어떤 것인가"
고객과 끝없이 마주하는 열정

오랜 경력 속에서 커피 기호의 변천을 자세히 보아온 오히라 씨는 수년을 주기로 강볶음→ 약볶음→ 다시 강볶음으로 유행이 반복되는 가운데 "지금은 다시 약볶음에서 강볶음으로 다시 돌아와 있는 것은 아닐까?"라고 말한다.

타루코야의 커피 제조

[로스팅 스케줄]
▼

로스팅은 밤부터 시작해 하루 평균 10배치를 하고 있다. 밤에 로스팅하는 이유는 카페 앞에 사람의 왕래가 적어지는 점과 기온이 안정되는 점을 예측해서이다. 가마가 안정되기 힘든 첫 번째 배치는 소량의 생두나 강볶음 생두를 로스팅하고, 가마 온도가 안정되는 4배치 이후에는 5kg 분량의 제품이나 섬세한 향을 내야 하는 약볶음의 생두를 로스팅한다. 로스팅 검증을 쉽게 하기 위해 같은 생두를 같은 순서로 로스팅하기 위해 노력한다. 신선도가 좋은 점을 중요시하여 로스팅은 매일 소량씩 진행한다.

[풍속계를 활용]
▼

날씨 등 바깥 공기에 의한 드럼 내의 풍량 변동을 풍속계을 이용해 계획한다. 기본 배기량을 설정하면서 저기압일 때는 배기가 강해지므로 줄이고, 고기압에서는 배기를 강하게 하는 과정으로 팬을 보정함으로써 로스팅의 재현성을 높이고 있다

[로스팅 SIC 곡선]
▼

강볶음은 약볶음의 연장이 아니라 약볶음, 중볶음, 강볶음에 따라 각각 적합한 로스팅 곡선이 있다고 생각한다. 그러다 보니 어느 로스팅 방법이라도 로스팅 시간에는 차이가 없다. 이미지로 보면 강볶음은 완만한 C 커브, 중볶음은 곧은 I 커브, 약볶음은 1차 크랙 부근에서 커프하는 완만한 S 커브 그래프를 그린다.

[로스팅 직후와 다음날도 확인]
▼

맛의 체크는 로스팅한 당일 모든 종류를 실시한다. 페이퍼 드립으로 커핑 스푼을 사용하여 실시하고, 탄 맛이나 설 구워진 맛이 나지는 않는지 등 로스팅이 잘된 지를 확인한다. 위화감을 느끼는 경우에는 로스팅 기억이 있는 그날 안에 검증한다. 또한, 다음날도 모든 종류를 컵으로 확인하고, 커피의 향기와 질감의 경시 변화를 확인한다.

다만 기호의 변천을 제대로 분석하는 한편, 자가 로스팅으로 비즈니스를 하는 데 있어 중요한 것은 유행에 사로잡히지 않고 자신의 맛을 확립하는 것이다. 그러기 위해서 자신의 카페에 오는 고객과 제대로 마주 보아야 한다.

"저는 카페 경력이 길었기 때문에 거기서 단련하였습니다. 제가 로스팅한 커피를 고객이 마셨을 때, 입가를 보면 잘 알 수 있어요. 맛있으면 입가에 긴장이 풀리고, 맛이 맞지 않으면 오므린다. 그걸 하나씩 관찰하고 입가에 긴장이 풀어질 때의 로스팅을 피드백했습니다. 그 겹겹이 쌓아 올린 끝에는 자신의 고객이 좋아하는 맛, 최대공약수로 선호하는 맛을 알게 될 것이라고 생각합니다."

원두 판매점은 카페에 비해 고객들의 반응을 바로 알 수 없으며 대화할 시간도 별로 없다. 그래서 다양한 상품의 밸런스를 생각하고, 상대방이 좋아할 것 같은 패턴을 만들기 위해 노력한다고 한다.

"고객이 원하는 게 무엇인가? 그것을 찾아 주는 열의가 있으면 마음을 잡을 수 있습니다. 그렇게 가게를 마음에 들게 만드는 것이 번창하는 길입니다."라고 오오라 씨는 로스팅을 숙달하는 길과 비즈니스의 마음가짐을 알려주었다.

Roasting @TARUKOYA

오히라 씨의 SIC 이론으로 말하면, S와 I의 사이 정도의 중볶음 패턴으로 로스팅했다. 느슨한 타입의 원두로 1차 크랙은 빠르며 바로 갈라지기 쉽기 때문에 열량이 넘치지 않도록 천천히 열을 주는 느낌으로 온도 상승을 시키고 있다

ROAST DATA

- ☐ 로스팅 일시: 2017년 7월 31일
- ☐ 생두: 브라질 시티오 아구아 프리아
- ☐ 로스터기: 후지 로얄 레볼루션 (열풍식 5kg) 도시가스
- ☐ 볶음도: 중볶음
- ☐ 생두 투입량: 1.5kg
- ☐ 9배치째
- ☐ 기온: 31℃ 습도: 70%
- ☐ 날씨: 맑음

🔘 브라질 시티오 아구아 프리아

- ☐ 산지: 미나스제라이스주 아구아 프리아
- ☐ 산지 해발: 1,300m
- ☐ 품종: 브르봉, 카투아이
- ☐ 정제법: 내추럴

가족 7명이 생산하는 작은 농장의 생두이다. 브라질에서는 비교적 고도가 높은 곳에 있으며, 완숙된 열매만을 내추럴 기법으로 처리하기 때문에 깨끗하고 농후하며 화려함이 특징이다.

시간(분)	원두 온도(℃)	열풍 온도(℃)	로스팅 커브(℃/분)	현상
0:00	162	190	0	
1:00	121	170	-41	
2:00	111	160	-10	중점(111℃)
3:00	113	162	2	
4:00	117	162	4	
5:00	121	165	4	
6:00	126	184	5	
7:00	133	225	7	
8:00	144	283	11	
9:00	156	307	12	
10:00	166	318	10	
11:00	177	321	11	1차 크랙(174℃)
12:00	185	307	8	
13:00	191	298	6	
13:08	192.5	298		로스팅 종료

126℃에서 190℃까지 6단계로 나누어 버너 출력을 설정하고, 거기에 따라 열풍을 맞춘다. PID 제어에 의해 열량이 넘치지 않고 적절하게 로스팅된다.

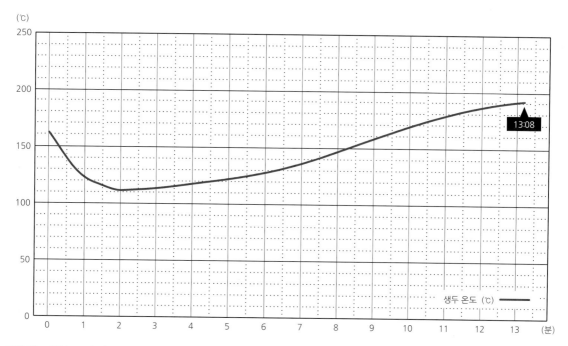

전반에는 다른 로스팅 패턴과 비교해 천천히 열을 주면서 로스팅하고, 1차 크랙 이후에는 점차적으로 완만하게 온도를 상승시켜 192℃에서 로스팅을 종료했다.

로스팅 패턴의 표시 화면이다. '원두 온도 126℃에 도달하기까지 버너 출력 41%로 열풍을 맞춘다'는 설정을 로스팅 프로세스에 따라 6단계로 나누어 설정할 수 있다. PID 제어로 인해 최적의 열량으로 열풍을 맞추는 것이 가능하다.

약볶음에서 중볶음 정도의 볶음도로 완성한다. 깔끔한 신맛과 단맛이 느껴진다.

기본은 패턴대로 로스팅을 진행하지만, 도중에 수분이 없는 단계에서 온도 상승률이 약해지는 경향이 보이는 경우에는 설정보다 화력을 강화하는 등 보정한다.

중강볶음의 로스팅 패턴을 소개한다. 오히라 씨의
SIC 이론으로 말하면, 보다 I에 가까운 로스팅 방
법이다. 9분쯤부터 더욱 열풍을 전달해 그대로 로
스팅 종료까지 비교적 수직적인 온도 상승을 보인
다. 달콤하고 강한 향기가 특징인 원두로 소용돌
이치는 듯한 향긋한 향기가 매력이다.

ROAST DATA

- ☐ 로스팅 일시: 2017년 7월 31일
- ☐ 생두: 콜롬비아 산아구스틴 스위트&플라워
- ☐ 로스터기: 후지 로얄 레볼루션(열풍식 5kg)
  도시가스
- ☐ 볶음도: 중강볶음
- ☐ 생두 투입량: 1.5kg
- ☐ 2배지째
- ☐ 기온: 31℃ 습도: 70%
- ☐ 날씨: 맑음

🔘 콜롬비아 산아구스틴 스위트 & 플라워

- ☐ 산지: 후일라 산아구스틴
- ☐ 고도: 1,750~1,900m
- ☐ 품종: 브르봉, 카투라
- ☐ 정제법: 프리워시드

후일라주 남부의 산아구스틴 생산조합에서 만들어졌다. 상품명대로
스위트하고 플로럴한 풍미를 지닌다. 부드러운 신맛 가운데 단맛과 감
칠맛이 느껴진다. 그레인프로 기법으로 포장한다.

시간(분)	원두 온도(℃)	열풍 온도(℃)	로스팅 커브(℃/분)	현상
0:00	156	187	0	
1:00	118	174	-38	
2:00	109	168	-9	중첩(109℃)
3:00	110	163	1	
4:00	114	159	4	
5:00	118	167	4	
6:00	124	198	6	
7:00	132	247	8	
8:00	143	298	11	
9:00	155	319	12	
10:00	165	327	10	
11:00	175	331	10	1차 크랙(176℃)
12:00	183	320	8	
13:00	189	313	6	
14:00	196	310	7	
15:00	205	310	9	로스팅 종료

전 페이지의 브라질과 비교해 로스팅 패턴으로 설정한 버너 출력은 약간 높게 설정하고 있다.

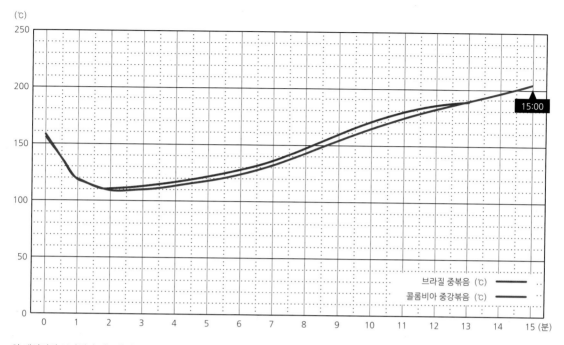

앞 페이지의 브라질과 비교하면 로스팅 커브의 추이가 다르다는 것을 잘 알 수 있다. 브라질은 완만한 S, 콜롬비아는 I에 가까운 그래프이다.

풍량계는 로스팅 중에도 계측한다. 자연스러운 배기의 기준이 되는 풍속 값과 비교하여 변화는 없는지, 열풍 온도의 설정을 바꾸었을 때 등 로스팅 중에는 세세하게 확인하고 있다.

로스팅 종료

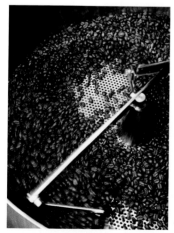

로스팅 종료는 원두의 상태를 보고 판단한다. 같은 온도 상승, 같은 로스팅 시간이라도, 원두의 색이나 주름, 향기를 보고 로스팅 종료 시간을 늦추기도 한다.

중강볶음의 완성. 무게감이 느껴지지 않는 감칠맛과 부드러운 쓴맛을 느낄 수 있다. 얼룩 없이 골고루 볶아져 있다.

Shop 09 ▶ **TANPOPO**
탄포포 (珈専舍)

효고현 고베시

효고현 고베시 니시구 칸데쵸 히로타니 608-4
전화: 078-965-2131
운영 시간: 8:00 ~ 17:00 (LO16:30)
정기 휴일: 일요일 및 공휴일
http://tanpopo.ocnk.net

소매업은 블렌드 6
종류, 스트레이트
9~10종류이고 카페
메뉴도 동일한 종류
다. 소매 판매 비중
은 전체 매출의 40%
가까이 된다.

고풍스러운 멋이 있는 카페의 분위기를 유지하면서 스페셜티 커피나 에스프레소 머신을 도입하였다. 에스프레소 머신은 라마르조코 GB-5를 사용한다.

점주:
아나타 마사키
(穴田 真規)

오래된 고객과 새로운 고객층 각각에게 기쁨을 주기 위한 노력을 계속한다. 맛있는 커피를 연구하기 위해 테스트 로스팅을 계속하여 70kg 가까이 사용한 적도 있다.

풍미를 담은 캡슐과 같은 커피를…
온고지신을 테마로 진화하는 오래된 커피점

고베시 니시부 교외, 국도변에 입지한 '탄포포(珈專舍)'는 1974년에 창업하였다. 오랜 세월 동네에서 친숙한 인기 커피점이다. 창업 초기에는 드라이브인으로 다양한 음식 메뉴를 갖춘 커피점이었지만 5년째에 자가 로스터리 카페로 전환하였다. 사이펀 커피를 제공해 교외에서는 보기 드문 전문점으로 인기를 모으고 있다. 부친의 뒤를 이은 현 점주 아나타 마사키 씨가 가게를 돕기 시작한 것은 1995년이다.

"그때는 커피의 퀄리티가 떨어지던 시절로 로스팅도 아버지에게 배운 대로 밖에 할 수 없었고, 예전처럼 운영을 할 수 있을지 불안도 있었습니다."라고 아나다 씨는 말한다. 보다 맛있는 커피를 제공하는 것을 모색하고 있을 때 부친의 건강이 나빠지면서 전환점이 찾아왔다. 그 당시 쓰던 구루메 커피를 스페셜티 커피로 새롭게 바꾸고, 이후 새로운 시도를 차례차례 전개하기 시작했다. 2008년에는 점포를 개장하고 에스프레소 머신을 도입했다. 교외 입지로 침투한다는 것은 어려운 면도 있었지만, 한 가지 스타일로 정착할 것이라는 생각에서

디자인 카푸치노 등을 제공하고 있다.

가게 만들기의 테마는 '온고지신'으로 오래된 가게의 역사를 이어가면서 새로운 시도에 도전하고, 지역의 새로운 요구를 받아들인다. 로스팅도 그에 맞출 수 있도록 진화해 왔다.

개조한 3kg 로스터기로 로스팅의 구조를 철저히 공부하다.

창업 초기 사용하던 로스터기는 직화식 2kg이었다. 이어서 직화식 12kg 로스터기를 오랫동안 사용하고 있다. 그 시절은 '직화의 맛이 커피점의 맛'이라고 하는 시대였다. 사이펀에도 어울리는 커피로 받아들여져 있었다.

하지만 스페셜티 커피와 같은 고급 원두를 사용하게 되면 기존 로스팅 방법으로는 소재의 좋은 점을 표현하기 어렵고, 그리고 원두 소매업도 강화하고 싶다고 생각한 아나다 씨는 '집에서 마실 수 있는 듯한 깔끔한 맛'을 찾아서 새로운 로스터기를 찾게 된다.

그래서 도입한 것이 후지로얄의 반열풍식 3kg

로스터기였다. 특별 사양을 더하고 소재의 개성을 끌어내기 위해 비교적 짧은 시간에 로스팅할 수 있도록 로스터기의 버너 수를 늘렸다.

총 1만 kg 열량의 고화력으로 하고 버너와 드럼의 거리를 떼어 열풍에 의한 로스팅 효과를 높이도록 하였다. 하지만 이 로스터기를 잘 다루는 것은 힘들었다. 지금까지의 직화 12kg 로스터기에 비해 소형인 3kg은 기온이나 습도의 영향을 받기 쉽고 또한 댐퍼 조작도 소형 로스터기라면 아주 조금 움직이는 것만으로도 배기 배출 방법이 크게 변해 버리기 때문이다.

"하지만 덕분에 어떻게 조작해야, 어떤 맛이 생기는지를 철저하게 공부할 수 있었습니다."라고 아나다 씨는 말한다. 예를 들어 어떤 스페셜티 커피는 그냥 얕게 볶으면 신맛이 돌출된다. 하지만 조금 깊게 로스팅하면 훌륭한 단맛이 난다. 로스팅에 의한 그런 변화를 체험할 수 있었다. 공부를 위해 로스팅한 스페셜티 커피는 상품으로 제공할 수 없는 실패작도 꽤 있었지만, 이제는 그것이 숙달의 지름길이었다는 것을 실감하고 있다.

환경 여건을 제대로 조성하여 로스팅 프로세스를 안정시킨다. 게다가 2010년에는 프로밧(PROBAT)의 반열풍식 12kg을 도입했다. 계기는 에스프레소를 제공하게 되면서부터다. 고압으로 추출하면 로스팅되어 나온 탄 맛이 신경 쓰인다.

자세히 보면 크레마에 작게 짙은 갈색을 띠는 경우도 있다. 지금까지의 로스팅이라면 화력을 올리면 어떻게 해서라도 타 버리게 된다. 드럼과의 접

프로밧(PROBAT)의 반열풍식 12kg. 프로밧 중에서도 배기 및 냉각 팬이 독립된 최초의 모델이다. 로스터기 전면에는 FC 주철을 사용한다.

이전에는 후지커피의 다이얼형 버터플라이 댐퍼를 썼지만 프로밧의 정품으로 바꿨다. 덕트 내의 내압을 측정할 수 있는 미차압계를 장착하여 배기 컨디션을 파악하는 기준으로 하고 있다.

축열이 강해서 생두의 섬유를 망가뜨리고 있는 것은 아닌가 하는 생각도 들었다.

프로밧은 독자적인 교반 구조로 생두가 드럼 내에서 떠 있는 시간이 길어 열풍에 의한 로스팅이 더욱 가능하다. 또 드럼을 철판이 아닌 강철을 감을 수 있도록 만들어 접촉 열도 적을 것이라고 생각했다. 배기 냉각 팬이 독립된 점도 구매의 결정적 요인이 되었다.

실제로 로스팅한 원두는 직화식과 비교해 향기가 거의 나지 않았다. 대신 그라인더에 갈자마자 단번에 향이 퍼진다. '풍미를 가둔 캡슐과 같은 커피'를 실감한 아나다 씨는 그 후 그런 커피를 바라며 로스팅을 하고 있다.

현재 로스팅은 주 2~3회 오전 중 실시한다. 로스팅하는 날은 소매로 마시기 적당한 때를 계산해서 결정한다. 생두 투입량은 처음 3배치까지 6kg, 온도가 안정되는 4배치 이후에는 10kg을 기본으로 하여 처음에는 강볶음 로스팅을 진행한다. 처음에 브라질 원두를 로스팅하고 있으며, 항상 같은 조건으로 로스팅함으로써 로스팅에 의해 맛이 변화했을 때의 원인을 좁힐 수 있도록 하고 있다.

로스팅 프로세스로는 우선 생두의 수분치를 측정하여 수분량이 많을 경우 생두 투입량을 약간 줄이고 수입된 지 오래되어 수분이 빠져나간 원두는 반대로 투입량을 늘리는 식으로 조정하고 있다. 또한, 로스팅 전에는 드럼 내의 배기 스피드를 계측하고, 샘플 스푼의 삽입구에 풍속계를 대고 3.7m/s가 되도록 조절한다. 또한, 이전에는 후지로얄도 프로밧도 덕트는 배기 및 냉각 모두 하나의 굴뚝에 집약되어 있었는데, 그러면 배기의 배출이 안정되지 않을 때도 있었기 때문에 현재는 프로밧 배기만 독립해 굴뚝을 세우고 있다. 생각한 대로 배기는 깨끗하게 배출되었다고 한다.

이처럼 조건을 잘 갖춘 덕분에 로스팅 과정의 온도 진행과 화력 조작은 대략 같은 패턴으로 진행할 수 있다. 6kg을 로스팅할 경우 생두 투입 후 1분이 지나서 중점이 온다. 생두에 알맞은 열량을 전달해 커피 맛을 형성하고, 1차 크랙은 200℃ 정도에서 발생하고, 중볶음의 경우 2차 크랙 직후에 로스팅을 종료하는데 로스팅 시간은 대략 13~14분이다. 프로밧은 그 특성에 맞추면 온도 프로파일이 어느 정도 정해진다.

이전에 집합되어 있던 프로밧 배기를 독립시켜 새로 굴뚝을 세웠다. 또 배기 팬도 전보다 큰 것으로 바꾸고 실내 배관을 구부리지 않고 세웠기 때문에 배기는 이전보다 좋은 상태가 되었고, 청소도 쉬워졌다.

프로밧의 배기 덕트 이외에는 천장 부분에 집합시켜 수직으로 세운 굴뚝을 통해 그대로 밖으로 내보낸다. 굴뚝의 지름이 굵어서인지 바람이 많이 부는 날은 배기가 많이 배출되어 버리기도 한다.

그렇기 때문에 댐퍼는 고정하여 도중에 화력 조작을 많이 하지 않고 그 대신 생두 투입량을 바꾸거나 로스팅의 환경 조건을 갖추어 맛의 재현성을 높이고 있다.

로스팅한 원두는 그날 모든 종류의 맛을 확인한다. 페이퍼 드립으로 추출해, 산(酸)의 질이 어떻게 나와 있는지에 의식을 집중한다. 깔끔하게 산이 나오면 나중에 단맛이나 향이 잘 나서 깔끔한 커피가 완성된다. 또 3일 후에도 같은 원두로 맛을 확인한다. 페이퍼 드립 외에 카페에서 제공하는 것과 동일한 사이펀으로도 추출하여 커피콩이 가지고 있는 풍미 특성이 나타나는지 본다. 온고지신(溫故知新)으로 맛있는 커피를 전하려고 노력하고 있다.

스페셜티 커피를 만나고 나서 로스팅을 포함해 다양한 시도를 해 온 이 카페, 하지만 현재는 스페셜티와 프리미엄 커피 사이의 클래스인 생두를 고르고 있다. 스페셜티 커피의 가격이 치솟아 부담 없는 가격에 제공하기 힘들게 된 점, 게다가 생두의 개성이 첨예화되어 일부의 머니아층에게만 받아들여지는 상태가 되어 있는 것 같았기 때문이다.

카페는 교외에 위치해 있으며, 주 고객은 지역 주민이다. 그러한 고객층의 일상에 커피가 스며들기 위해서는 맛 플러스 저렴한 가격이 중요하다고 아나다 씨는 생각한다.

대면 판매가 가능했을 때는 어떤 맛으로 로스팅했는지, 또 시간이 지나면 맛이 어떻게 변하는지 등을 설명하는 등 판매에도 주력해 현재 전체 매출 중 원두 소매 비중은 40%이다. 선물과 도매도 꾸준히 늘고 있지만 성장 잠재력은 더 있을 것이라고 생각하고 있다.

'온고지신' 가게를 만들면서 최근 대히트를 치고 있는 것은 팥빙수이다. 예로부터 찻집다운 빙과를 메뉴로 하면서, 인스타그램의 인생 샷을 만들 수 있는 플레이팅을 연구한다. 더욱이 '카페 얼음'이라고 하는 빙수는 넬드립 커피로 만드는 젤리와 에스프레소로 만드는 시럽 등을 사용하는 커피 테이스트의 한 음식이다. 빙수가 인기를 끌면서도 커피의 전문성을 느끼게 함으로써 이곳 커피에 매료된 신규 고객도 많다. 실제로 여름철에는 바깥까지 줄을 설 정도로 인기가 높으며 그 영향력은 크다.

"여러 가지 도전을 하는 가운데 최종적으로 커피 맛집이라는 인상을 남기고, 오래된 단골 고객에게도 새로운 고객에게도 맛있는 커피의 매력을 널리 알리고 싶습니다. 고객에게 가장 가깝게 접할 수 있는 카페이기에 그 생각을 소중히 하고 있습니다."라고 말하며 아나다 씨는 한층 더 카페의 진화에 힘을 쏟을 생각이다.

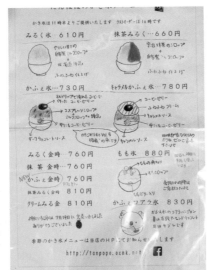

5년 전부터 시작한 팥빙수가 여름철에는 대인기이다. 밖에까지 줄을 설만큼 인기가 있다. 다양한 종류를 구비한 가운데 커피의 전문성을 전달할 수 있는 메뉴도 넣었다.

탄포포 블렌드
490엔

이 가게의 간판 메뉴. 창업 때부터의 배합을 지켜 왔고 현재는 브라질, 콜롬비아 4~5종류를 블렌딩하여 감칠맛 나는 가운데 원두의 특징이 선명하게 퍼진다.

탄포포의 커피 제작

[수분 측정]
▼

로스팅 전에 생두의 수분을 측정하고, 그 수치의 변화에 따라 생두의 투입량을 미세 조정한다.

[예열]
▼

가스 압력을 최대로 하여 240℃까지 올려 불씨로 180℃까지 낮춘다. 재차 화력을 올려 투입한다. 10kg를 로스팅할 경우 투입 온도는 185℃이다.

[로스팅 스케줄]
▼

로스팅은 주 2~3회 기온이 안정적인 아침에 한다. 1회 로스팅 양은 약 70kg. 처음 3배치는 6kg을 볶고 가마가 안정되는 4배치 이후에는 10kg을 볶는다. 강볶음 원두를 맨 처음에 볶는다.

[풍량 체크]
▼

로스팅 전에 풍속계로 그날의 배기 속도를 측정한다. 3.7m/s가 풍속 기준치이다. 날씨의 영향 등으로 배기를 배출 방법이 바뀌면 댐퍼로 조절해 간다.

[산의 질을 체크]
▼

페이퍼 드립으로 로스팅한 직후 맛을 체크한다. 산이 너무 강하지 않은지, 깔끔하게 나와 있는지를 가장 중시한다. 커피는 91℃에서 21g으로 280cc를 추출하며 눈금 컵을 사용하여 항상 같은 추출이 가능하도록 한다. 식은 상태의 산도 확인한다. 3일 후에는 에스프레소나 사이펀에서도 맛을 확인한다. 풍미의 퍼지는 정도와 산의 변화를 본다.

선물용 원두, 커피 기구, 드립백 커피도 갖추고 판매하고 있다.

이전에 사용하던 후지로얄 반열풍 3kg 로스터기. 개조하여 조작에 어려움을 겪었지만, "어떻게 볶으면 어떤 맛이 나는지를 철저하게 공부할 수 있었다."라고 아나다 씨는 말한다.

Roasting @TANPOPO

프로밧은 로스팅을 진행하면서 조작을 그만큼 진행하지 않아도 원활한 온도 상승으로 로스팅되는데 '탄포포'에서는 원두 질이나 수분값, 배기 풍량의 변화를 상세하게 계측함으로써 보다 정밀도가 높은 로스팅을 실행하고 있다.

ROAST DATA

- □ 로스팅 일시: 2011년 7월 31일 18:30~
- □ 생두: 콜롬비아 후일라 피타리토
- □ 로스터기: 프로밧 'PROBATONE12'
- □ 반열풍 12kg 프로판가스
- □ 생두 투입량: 6kg
- □ **볶음도: 풀시티**
- □ 첫 번째 배지
- □ 실온: 33.2℃ 습도 : 43%
- □ 날씨: 맑음

🔵 콜롬비아 후일라 피타리토

콜롬비아 안데스산계 남부에 위치한 후일라 산악 지대 계곡 피타리토에서 생산되는 커피콩이다. 부드러운 단맛과 과일 같은 산미는 기분이 좋아진다. 감칠맛이 있고 밸런스가 좋은 맛이다.

시간(분)	원두 온도(℃)	화력	현상
0:00	183.0	5	
1:00	96.1		중점(95.4℃/1:10)
2:00	105.0		
3:00	119.5		
4:00	136.2		
5:00	147.2		
6:00	156.9		
7:00	166.0		
8:00	174.4		
9:00	183.0		
10:00	191.8		1차 크랙(200℃/10:50)
11:00	201.5	4.8(11:50)	
12:00	209.9		
13:00	218.7		2차 크랙(223℃)
13:46	227.0		로스팅 종료

조작판의 원두 온도는 소수점까지 표시된다. 화력은 좌측 상단의 조절기로 조정하고 눈금은 1~7까지 있다.

6kg 투입 시 로스팅 시간은 대략 13~14분. 투입량을 미세 조정함으로써 온도 상승도 안정되어 중점이나 1차 크랙도 거의 같은 시간에 온다고 한다.

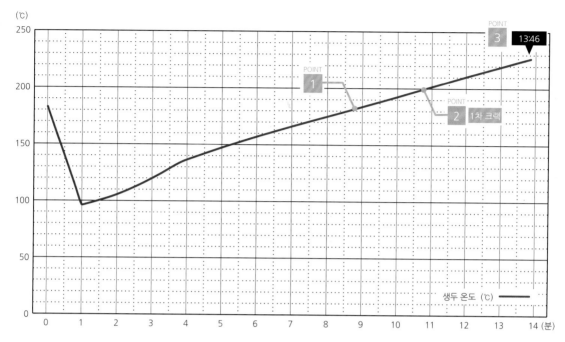

중점은 1분 정도 지나서 도달한다. 거기서 거의 쭉 로스팅 커브를 그리고, 1차 크랙 이후는 8~9℃의 온도 추이가 있고, 강한 화력으로 부드럽게 온도를 상승시켜 생두가 가지는 산이나 향을 형성한다.

POINT
1 투입

사전에 생두의 수분값을 측정하고 그에 따라 생두 투입량을 미세 조정하기도 한다. 투입량 6kg에 투입 온도는 183℃ 부근이다.

POINT
3 로스팅 종료

로스팅 종료 예정 온도에 가까워지면 샘플 스푼으로 몇 번씩 빼서 원두 상태 확인한다. 주름의 펴짐 정도를 체크하여 달콤한 향기가 감돌기 시작한 타이밍에 로스팅을 종료한다.

POINT
2 1차 크랙

1차 크랙은 200℃ 부근에서 온다. 드럼 내로 대류하는 열풍에 의해 부하도 적고 깨끗하게 원두 섬유가 열려 깨끗한 맛을 형성한다. 그 후 약간 화력을 조절해 온도 상승이 과해지지 않도록 한다.

로스팅 후 애프터픽 과정을 거쳐 결점두나 얼룩을 제거하면 주름도 깔끔하게 부풀어 오른 풀시티 로스팅의 완성이다.

Shop
10 ▶

Coffee Soldier
커피 솔저

가고시마현 가고시마시

가고시마현 가고시마시 히가시센고쿠초 17-9 마츠키
요빌딩1-B
운영 시간: 9:00~19:00 비정기 휴무
http://www.coffeesoldier.com

테이크아웃이나
서서 마시는 것을
주체로 한 커피 스
탠드로서 소탈한
이용을 추구한다.

점주:
다케모토 슌이치
(竹元 俊一)

"이 매장은 고객과 직접 소통할 수 있는 안테나 숍과 같은 곳으로 앞으로는 실제 점포를 한 곳 더 두고 일본 전국을 대상으로 할 수 있는 인터넷 쇼핑에 주력하고 싶습니다."

매장 내에서는 원두 및 커피 관련 상품도 판매한다. 매장에는 손으로 쓴 입간판으로 어필하고 있다.

바리스타 챔피언이 도전하는 작은 커피 스탠드
'알기 쉬운 맛 만들기'로 커피 팬을 늘린다

가고시마에서 가장 번화가인 천문관 한가운데 위치하고 있다. 자칫 놓칠 것 같은 5~6평의 작은 크기 커피 스탠드 'Coffee Soldier'. 가게 주인의 다케모토 슌이치 씨는 가고시마의 '보아라 커피(VOILA 커피)'에서 11년간 로스터 겸 바리스타로 활약했다. 그 사이에 '재팬 바리스타 챔피언십'에 도전했고, 2006년과 2008년 두 대회에서 멋지게 우승한 실력자이다.

2013년 1월에 독립하여 'Coffee Soldier'를 개점했다. 바리스타 일본 제일의 본격파 커피를 적당한 가격으로 부담 없이 즐길 수 있다는 평판이 퍼져 나아갔다. 원두 판매에도 힘을 써 인터넷 쇼핑도 개설했다. 2017년 2월부터는 매장에서 로스팅을 시작하는 등 항상 새로운 도전을 실시해 진화를 계속하고 있다.

방금 만든 맛을 그대로 고객들에게 스탠드 형식으로 전달해 일상의 커피로 사로잡다.

다케모토 씨는 원래 고등학교 조리과를 졸업한 후 현지 케이크 가게에 취직하여 한 번은 파티셰의 길을 걸었다. 하지만 그러는 도중 자신이 표현하고 싶은 것을 그대로 고객에게 전달할 수 없는 것에 안타까움을 느끼게 되었다고 한다. 예를 들면 갓 구워낸 케이크의 바삭바삭함을 맛 보시길 바라는 마음으로 만들어도 고객이 케이크를 구매하여 입에 들어가기까지는 시간이 걸리고 케이크는 변하면서 바삭바삭함을 잃어버린다. 이대로 파티셰를 평생의 일로 해도 좋은 것일까 하고 고민하고 있을 때 만난 것이 고객으로 다녔던 가고시마 고쿠분에 있는 자가 로스터리 카페의 '보일라 커피(VOILA 커피)'였다. 원래 커피도 좋아하고 만드는 사람이 느끼는 향, 맛을 그대로 고객에게 맛볼 수 있게 한다는 것, 그리고 커피의 심오한 세상에 매력을 느껴 23세에 '보일라 커피'로 이직했다. 당시 오너 이노우에 다츠야 씨와 단둘이였던 적도 있어 로스팅과 바리스타를 담당했다. 당시 드물었던 스마트 로스터기 등 다양한 로스터기도 만져 보고 경험을 쌓아 갔다. 또한, 이노우에 씨의 도움도 있어 '재팬 바리스타 챔피언십'에서 트레이닝을 하고 도전하여 보기 좋게 두 번의 우승을 거머쥐었다.

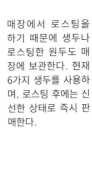

매장에서 로스팅을 하기 때문에 생두나 로스팅한 원두도 매장에 보관한다. 현재 6가지 생두를 사용하며, 로스팅 후에는 신선한 상태로 즉시 판매한다.

후지로얄의 '로스터기 R101'. 로스팅 입문용으로 인기가 있으며, 다케모토 씨도 이전에 샘플 로스터기로 사용했다.

5~6평 남짓 매장에 로스터기를 설치하였다. 영업 중에도 신속하게 로스팅을 할 수 있도록 원두와 로스터기를 배치하였다.

"바리스타는 음료에만 국한된 직업이 아니라고 생각합니다. 커피 업계 최고 레벨의 대회에서는 커피의 본질을 추구해 나아갈 필요가 있습니다. 그러기 위해서는 로스팅에 대해서도 깊게 들어가야 합니다."라고 타케모토 씨는 말한다.

독립을 하기 위해 면밀하게 계획을 세우고 개점할 장소도 엄선하였다. 기본적으로 다케모토 씨 혼자 꾸려 나가기 때문에 건물은 필요한 최소한의 소규모 건물을 선택하였다. 그리고 커피를 좋아하는 사람이 많지만, 경쟁 카페가 즐비한 번화가에 굳이

개점하였다. 향후의 로스팅도 생각하고 있었지만 우선은 테이크아웃 중심으로 스탠드 타입의 '마시는 커피점'으로 출발했다.

격전 지역에서 이 커피점의 무기는 인건비와 월세와 같은 고정비를 줄이고 그만큼 상품 원가에 투자해 퀄리티를 높인 점이다. 또한, 일상생활에서 이용이 편할 수 있도록 '오늘의 커피' M 사이즈 240엔, 카페라떼 380엔으로 가격을 저렴하게 정하였다. 그 목적은 정확히 맞아떨어졌으며 다음 단계로 인터넷 쇼핑몰 판매와 자가 로스팅에도 착수하였다.

번화가의 빌딩 사이에
입지해 있어, 굴뚝은
빌딩과 빌딩 틈새에 가
급적 높게 설치했다.

로스팅 시 온도 변화는 1
분 간격으로 체크한다.
기온 상승에 이상이 없는
지 지켜본다.

야채나 과일처럼 친근하고 신선도가
좋은 커피를

커피 솔저(Coffee Soldier)에서는 후지로얄의 '로
스터 R101' 로스터기를 사용한다. 고객에게 로스
팅하는 장면을 보여 주고 싶어 5~6평 가게 매장 내
에 설치하였지만 공간적인 문제도 있어 1kg 용량
의 가마를 선택했다. 영업 중 쉬는 시간에 로스팅
하는 경우가 많고 하루에 4~5kg 정도 볶는다. 로스
팅은 기본에 충실하여 극단적인 로스팅은 피하고
심플함에 심혈을 기울인다. 기본적으로 댐퍼는 일
체 만지지 않고 첫 번째 크랙까지 1분마다 가스압
을 0.1kPa씩 올린다. 조작할 요소를 적게 함으로써
변화 가능성을 좁히고 재현성을 높인다.

"이전에 샘플 로스팅에서 했던 로스팅 방법입니
다. 예전에는 여러 방법으로 조작하기도 했지만 스
탠다드 방법으로 로스팅하면 원두에서 자연스럽
게 수분이 빠져나가면서 소재의 맛을 끌어낸다고
생각합니다."라고 다케모토 씨는 설명한다.

로스팅 시간은 총 14분 정도이지만, 완성되는 시
간은 원두마다 30초에서 1분 30초 정도의 차이가
있다. 로스팅을 끝내고 원두가 안정되면 매번 커핑
을 한다. 열이 다 식은 원두는 보존용 캔에 넣는다.
채소나 과일 같은 신선식품처럼 신선도를 중요하
게 생각하고 고객에게 가능한 신선도가 좋은 원두
를 공급하기 위해 노력하고 있다.

로스팅 볶음도는 중볶음이 가장 많으며, 에스프
레소도 중볶음으로 로스팅한다. 강볶음으로 로스
팅하면 쓴맛이 강해지므로 중볶음으로 로스팅하
여 커피콩 본연의 향의 특징 등을 살려 완성하는
것이 다케모토 씨의 스타일이다. 또한, 맛을 내기
위해서는 일반 고객들이 '일상 중에 마시는 커피'
임을 중시한다. COE의 커핑 시트로 확인하지만 점
수만으로 판단하지 않는다. 원두의 특징이 더 두드
러지더라도 데일리 커피로는 어울리지 않을 듯한
로스팅은 피하고, 균형이 잘 잡힌 맛을 내기 위해
심혈을 기울이고 있다.

잠재성이 높은 생두를 구매해 소재의 장점을 그
대로 끌어낸다. 다케모토 씨는 로스팅으로 커피의
퀄리티를 높이는 데에는 한계가 있다고 생각하기
에 생두 구매에 주력하고 있다. 잠재성이 높은 스
페셜티 커피를 제대로 커핑하여 확인한 후 도매상
에서 구매하고 있다. 체크용으로 COE의 체크 양식
을 사용한다. 하지만 고객의 입맛에 맞는 취향을
고려하면서도 그 취향에 국한하지 않고 고객의 선
택의 폭을 늘어날 수 있도록 가능한 한 폭넓은 유
형의 커피를 도입하고 있다. 또한, 마니아층만을
위한 취향이 되지 않도록 일반 고객이 일상적으로
마셨을 때 알기 쉬운 맛과 향기를 내는 생두를 중
심으로 고르고 있다. 현재 6종류의 생두를 구매하
여 블렌드와 로스팅 정도에 따라 변화를 만들어 총
8가지 종류의 커피를 제공하고 있다.

일반 고객을 위한 소매를 주 타깃으로 하고 있으
므로 커피를 이해하는 데 힘들고, 가게 직원에게
물어보기 어려워하는 사람을 위한 서비스도 충실
하게 하고 있다.

카푸치노 / 솔저 블렌드
380엔
스페셜티 커피의 특징 중 하나인 클린컵을 특히 더욱 잘 표현한 인기 블렌드.

에스프레소 머신은 'SYNESSO'의 2연(連)이다.

상호의 커피 솔저는 커피 새싹이 일제히 돋아난 곳을 나타내는 별칭이다. 건강하게 성장해 가는 모습을 상징하는 뜻으로 가게의 상호를 지었다.

카운터에 장식되어 있는 '재팬 바리스타 챔피언십 2008' 챔피언 트로피

추천할 때도 전문 용어를 사용하지 않고, 알기 쉬운 말로 설명한다. 예를 들면 '에티오피아 이르가체페'의 상품 POP에는 "고급스러운 꽃의 향기가 특징입니다. 우유를 조금 넣어 마시는 것을 추천합니다. 꽃의 향기와 부드러운 우유의 조화가 절묘합니다."라고 마시는 방법도 알려 준다.

"고객들이 맛있는 데일리 커피로 마셔 주면 좋겠다. 맛있는 커피로 매일매일 설레게 만들고 싶다."라는 마음을 품고 개업한 커피 솔저(Coffee Soldier)는 그 후 매장을 팔고 온라인 판매와 더불어 블로그나 SNS도 활용해 적극적으로 정보를 넓게 퍼뜨려 지역 커피 문화의 폭을 넓히고 있다.

일상적으로 마실 수 있도록 카페 체인점보다 더욱 저렴한 가격으로 정하였다. 매장에서 로스팅한 원두를 사용하고 눈앞에서 챔피언 바리스타가 만들어 주는 부가가치 또한 매력이다. 음료는 연한 커피를 좋아하는 팬들이, 원두 판매는 좀 더 깊은 커피를 좋아하는 팬들이 선호하고 있다.

Coffee Soldier 의
커피 제조

[생두 선택]

▼

스페셜티 커피 생두 중 잠재력이 높은 생두를 커핑으로 선택한다. 마니아층이 아닌 평범하고 라이트한 커피를 좋아하는 층이 대상 고객이다. 일상적으로 맛있게 마시면서도 맛이나 향에 특징이 있는 생두를 선택한다. 또한, 고객이 자신의 취향에 따라 선택할 수 있도록 동일 계통이 아닌, 가능한 한 경향이 다른 품종을 선택한다.

[1분, 1 메모리로 가스 압력을 올리기]

▼

가스 압력은 로스팅을 개시할 때 0,3kPa에 설정한다. 스톱워치로 시간을 측정하여 첫 번째 크랙까지 1분 경과마다 규칙적으로 0,1kPa씩 올려간다. 원두에 의한 차이는 로스팅 시간으로 조절한다.

[댐퍼는 고정]

▼

댐퍼는 기본적으로 가운데(1~10 중 5)에 고정하며 로스팅 중에는 일체 만지지 않는다. 이는 향후 다케모토 씨 이외에 다른 사람이 로스팅하게 되더라도 동일한 품질을 제공할 수 있도록 로스팅에 영향을 주는 요소를 가능한 한 줄여서 재현성을 높이기 위해서다.

[COE의 채점표에서 체크]

▼

구매 단계에서 실시하는 커핑에서 철저하게 맛을 확인한다. 그와 더불어 로스팅 직후에도 그때그때 커핑을 하지만, 이때는 가능한 한 선입견을 갖지 않고 품질을 체크한다.

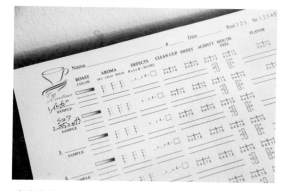

커핑에서는 COE의 채점표를 사용한다. 하지만 점수 그대로 평가한다기보다 고객의 맛 취향이나 일상적으로로 마시기 좋은지 등 독자적인 시점도 판단 기준에 넣고 있다.

🔥 Roasting @Coffee Soldier

'이런 맛을 만들고 싶다'라는 생각보다는 '이 커피 콩이 가지고 있는 향이나 맛을 충분히 끌어내고 싶다'라는 생각으로 로스팅을 진행한다. 이번 로스팅은 '에티오피아 이르가체페'의 특징인 고급스러운 꽃의 향을 중볶음으로 살리고 있다.

ROAST DATA

- ☐ 로스팅 일시: 6월 30일 10:30 ~
- ☐ 생두: 에티오피아 이르가체페
- ☐ 로스터기: 후지로얄 로스터 R101 (반열풍 1kg) 도시가스
- ☐ 볶음도: 중볶음
- ☐ 생두 투입량: 1kg
- ☐ 첫 번째 배치
- ☐ 날씨: 맑음

에티오피아 이르가체페

- ☐ 생산국: 에티오피아
- ☐ 생산 지역: 남부 게데오존(Gedeo Zone)
- ☐ 농장: 이르가체페 커피생산자조합연합
- ☐ 고도: 1,600~2,400m
- ☐ 품종: 에티오피아 재래종
- ☐ 정제법: 프리 워시드

고급스러운 꽃향기를 가지고 있으며, 이외에도 재스민이나 레몬그라스 등 혼합된 고급스럽고 우아한 향기가 특징이다.

시간(분)	원두 온도(°C)	가스 압력(kPa)	댐퍼(1~10)	현상
0:00	190	0.3	5	
1:00	100	0.4		중점(100°C/1:10)
2:00	108	0.5		
3:00	115	0.6		
4:00	122	0.7		
5:00	130	0.8		
6:00	136	0.9		
7:00	142	1.0		
8:00	148	1.1		
9:00	155	1.2		
10:00	162	1.3		
11:00	169	1.4		
12:00	178	1.5		1차 크랙
13:00	192	1.5		
14:00	192	1.5		
14:15	192	1.5		로스팅 종료

이 매장의 스탠다드 로스팅 방법이다. 첫 배치이므로 조금 높은 190°C에 투입한다.

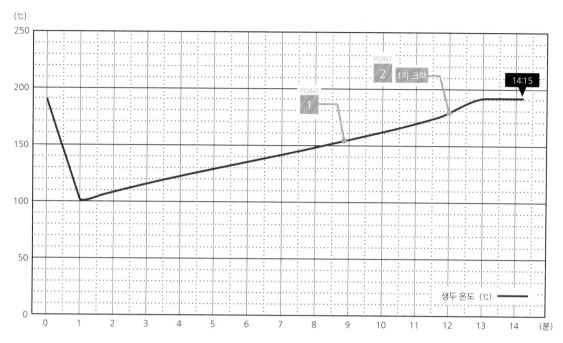

중점에서 한 번 확실하게 떨어지는 것을 확인하고, 그 후 부드럽게
온도를 상승시켜 나간다.

1 스트로 컬러(담황색) 체크

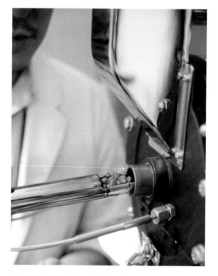

9분쯤에 샘플봉을 꺼내어 담황색으
로 바뀌었는지 체크한다. 여기서 담
황색으로 바뀌어 있다면 예정대로
로스팅이 진행되고 있는 것이다.

2 화력을 최대로 하여
향과 원두 표면을 확인

1차 크랙 이후에는 자주 빼
내어 향, 원두 표면 그리고
온도를 체크하고 배출 타이
밍을 잰다.

이 매장에서는 우유
를 조금 타서 마셔 보
길 추천한다. 우유의
부드러운 맛과 꽃향
기의 조화가 잘 어울
린다.

Roasting @Coffee Soldier

'케냐'의 깔끔함과 화려함을 끌어내기 위해 약강 볶음으로 로스팅한다. 조금 더 진한 강볶음으로도 로스팅할 수 있지만, 그렇게 되면 여운이 강하게 남아 버린다고 판단하고, 2차 크랙이 시작되면 바로 배출한다.

ROAST DATA

- □ 로스팅 일시: 6월 30일 11:00 ~
- □ 생두: 케냐
- □ 로스터기: 후지로얄 로스터 R101 (반열풍1kg) 도시가스
- □ 볶음도: 시티 로스트
- □ 생두 투입량: 1kg
- □ 두 번째 배치
- □ 날씨: 맑음

 케냐

- □ 생산국: 케냐
- □ 생산 지역: 중앙주 키리냐가(Krinyaga) 지역
- □ 생산자: 바라그위(Baragwi) 생산자조합
- □ 고도: 1,700~1,800m
- □ 정제법: 워시드
- □ 품종: SL28, SL34

크랜베리나 라즈베리 등의 붉은 베리계를 연상시키는 풍미이다. 시원한 깔끔함과 서서히 퍼지는 달콤함이 특징이다.

시간(분)	원두 온도(℃)	가스 압력(kPa)	댐퍼(1~10)	현상
0:00	185	0.3	5	
1:00	100	0.4		중점(100℃/1:10)
2:00	105	0.5		
3:00	115	0.6		
4:00	122	0.7		
5:00	128	0.8		
6:00	135	0.9		
7:00	140	1.0		
8:00	147	1.1		
9:00	154	1.2		
10:00	161	1.3		
11:00	168	1.4		1차 크랙(174℃/11:45)
12:00	176	1.5		
13:00	184	1.5		
14:00	192	1.5		2차 크랙

두 번째 배치 이후에는 첫 번째 배치보다 낮은 185℃에서 투입한다. 첫 번째 배치와 마찬가지로 1차 크랙까지 가스압을 0으로, 1kPa씩 올린다. 축열이 있는 만큼 첫 번째 배치보다 1차 크랙이 조금 일찍 온다.

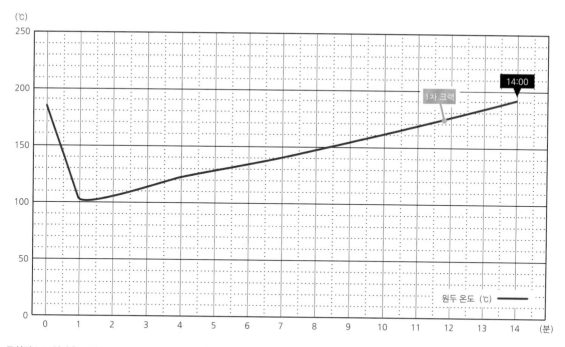

규칙적으로 열량을 높임으로써 안정적으로 온도가 상승한다.
2차 크랙이 시작하면 배출하여 알맞은 맛을 끌어내면서 목 넘김이 좋은 맛으로 완성한다.

로스팅 중에는 스톱 워치로 시간을 측정하고 규칙적으로 가스압을 올려 간다.

싱글 오리진으로 사용한다.

로스팅 종료

1차 크랙 이후 샘플봉을 여러 차례 빼내어, 원두 표면과 향기를 체크한다. 이 원두의 경우 2차 크랙이 시작되는 소리를 듣고, 한 템포 늦춘 타이밍에 배출한다.

Shop 11 ▶ **manu coffee**
마누커피

후쿠오카현 후쿠오카시

manu coffee 하루요시점
후쿠오카현 후쿠오카시 주오구 와타나베도리 3-11-2
보더타워 빌딩 1F
전화: 092-736-6011
운영 시간: 10:00~익일 3:00
정기 휴일: 비정기휴무
http://www.manucoffee.com

창업점인 manu coffee 하루요시점. 큰길을 따라 들어간 골목길에 위치하고 있으며 인근 고객들에게 오랫동안 사랑을 받고 있다.

매장에서는 메인 메뉴로 에스프레소가 구성되어 있으며, 어레인지 메뉴도 풍부하게 갖추고 있다.

**에스프레소
330엔**

브라질을 기반으로 다섯 종류의 원두를 블렌드한 쿠지라 블렌드 (KUJIRA BLEND)를 사용하였다. 맛이 깊고 균형이 잡혀 있어 기분 좋은 달콤함이 있다.

고객에게 매일 좋은 커피를 제공하고 싶다
지역 바리스타가 만들어 내는 마음이 담긴 일상의 한 잔

2002년에 1호점인 하루요시점을 창업하고, 현재 후쿠오카 시내에 5개 점포로 성업 중인 manu coffee. 카페의 상호는 manu=manufacture(손으로 만들어지는 것)을 콘셉트로 하여 대표 니시오카 소지 씨가 지었다. 그 후 비즈니스 거리, 번화가, 골목길 등 다양한 곳에 점포를 확장하면서 점포마다 거리의 특색에 자연스럽게 어울리는 커피점을 만들었다. 지역 주민들로부터 '우리 동네 커피숍'으로 호평을 받으며 애용하는 고객이 늘고 있다.

2010년부터 '우리가 지향하는 맛을 추구하고 싶다'라는 생각에서 자가 로스팅을 개시하였다. 로스팅 팩토리 '늑대 커피 로스터스'를 설립해 프로밧사의 5kg 가마 'PROBATONE5'(이하 프로밧)으로 자점 카페와 원두 판매 그리고 인터넷 판매용 원두를 로스팅해 오고 있다.

게다가 2017년에는 점포 수가 증가해 필요한 로스팅 양도 많아진 적도 있어, 작업 효율을 생각해 용량이 큰 35kg 가마의 로링사 '스마트 로스터기

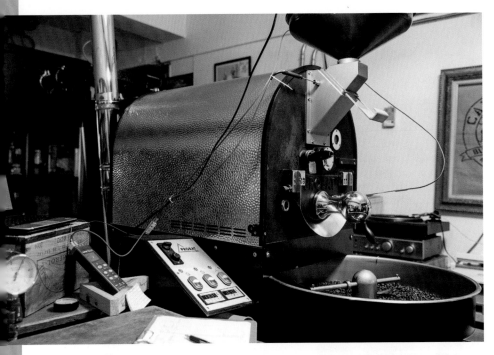

사무실 겸 마누커피 오피스 (manu coffee office)에 설치한 프로밧사의 5kg의 가마 프로밧톤 5(PROBATONE 5). 로스팅을 시작했던 초기부터 사용해온 로스터기다.

보다 정확히 원두 온도를 재기 위해 센서를 독자적으로 추가했다. 로스팅 중에는 온도 변화를 주시하고 화력으로 조정한다. 가스압이나 댐퍼는 기본적으로 만지지 않는다.

Kestrel S35'(이하 스마트 로스터기)를 새롭게 도입하였다. '늑대 커피 로스터스'는 '마누 커피 오피스(manu coffee office)'로 상호를 변경하고, 프로밧 로스팅실 겸 사무소로 계속 사용하고 있다. 주 2일 로스팅을 한다. 한편 스마트 로스터기는 새로 개업한 카페 겸 로스터리인 '마누커피 로스터스(manu coffee roasters)' 쿠지라점에 설치하고 주 2일 카페의 정기 휴일에 로스팅을 한다. 현재 한 달에 1톤 조금 넘는 커피 원두를 로스팅하고 있는데 앞으로는 스마트 로스터기 70%, 프로밧 30%로 분담하여 로스팅을 할 예정이다.

현재 이곳에는 총 5명의 로스터가 있는데 모두 바리스타 출신이다. 지금까지는 로스팅으로 바빠서 거의 모두 로스팅에 전념하고 있었다. 하지만 이번에 새로운 로스터기로 작업 효율이 올라 여유가 생기면서 바리스타로서 카페에서 고객을 맞이할 수 있는 시간이 생겼다. 커피 로스팅실에 틀어박혀 있었을 땐 듣지 못했던 '고객의 소리'를 들을 수 있기 때문에 향후 로스팅에서는 고객의 의견을 더욱 반영하여 상품 제조를 진행할 것이라고 한다.

에스프레소가 맛의 기본, 바리스타의 미각으로 맛을 만든다.

마누커피(manu coffee)에서는 비록 바리스타 지망자일지라도 우선 꼼꼼하게 커핑을 가르친다. 이는 '커피의 맛이 어떤지' 자신의 혀로 직접 판단할 수 있도록 하기 위해서다.

굴뚝은 실내에서 휘어져 있어 공기가 잘 빠지지 않는다. 바람의 영향을 받지 않도록 3층 건물 옥상까지 굴뚝이 뻗어 있다.

로스터 겸 바리스타:
스기우라 고타
(杉浦 豪太)

2007년에 마누커피(manu coffee)에 입사해 바리스타가 되었다. 2015년부터 로스팅에도 주력하여 로스터 겸 바리스타로서 활약하고 있다.

SCAJ 주최 커핑 세미나에 참석하는 것 외에도 마누커피 로스터스(manu coffee roasters) 쿠지라 점에서 1회에 1시간 정도 블라인드 커핑을 실시하고 있으며, 스태프는 자신의 시프트에 맞춰 주 1회 참석을 의무화하여 스태프의 커핑 능력을 끊임없이 연마하고 있다.

로스팅을 할 때는 매회 데이터를 수집하지만 마지막에는 사람의 판단을 중시한다. 로스팅 후에 다같이 커핑을 하면서 서로의 의견을 맞춰 맛을 만들어 간다. 맛을 만들 때에는 '그 커피가 가지는 특징을 끌어내고 있는가'를 주요 판단 기준으로 설정한다. 스페셜티 커피의 기본인 클린컵과 마우스필을 특히 중시하고 중볶음을 메인으로 로스팅한다. 또한, 추출할 때 레시피 만들기를 포함하여 바리스타의 시점을 고려하여 볶음도를 결정해 간다.

현재 2대의 로스터기를 사용하지만 각각의 로스터기가 표현할 수 있는 폭이 다르다. 그래서 원두의 성질과 끌어내고 싶은 맛에 따라 2대의 로스터기를 사용하여 각각의 장점을 믹스하여 상품을 완성한다. 예를 들어 5~6종류의 원두를 사용하는 에

스프레소용 '쿠지라 블렌드'는 전체의 80%를 스마트 로스터기로, 나머지 20%를 프로밧으로 로스팅하는 방식이다. 블렌드의 경우 로스팅을 멈춘 온도를 정해 두고 같은 로스팅 정도에 맞춰 볶은 후 애프터 믹스로 블렌드한다. 로스터 겸 바리스타인 스기우라 고타 씨는 "각 원두의 특징이 어우러져 에스프레소를 만들었을 때 훌륭한 맛을 선사합니다."라고 말한다.

프로밧을 이용한 로스팅은 "바뀌는 요소가 많으면 의미 불명이 되어 버리기에 주로 화력만으로 조절합니다." (스기우라 씨). 가스압은 일정하며, 댐퍼도 로스팅 중에는 기본적으로 건드리지 않는다. 다만 어떠한 문제가 발생할 때에는 최종적으로 댐퍼를 우선적으로 조절하기도 한다. 몇 번의 배치를 로스팅하여 커핑으로 맛을 확인하고 이상하다고 느꼈을 때는 댐퍼를 조정한다. 1회 로스팅 양의 경우 투입량이 많으면 화력을 가하는 방법이 들쑥날쑥해지기 때문에 5kg 가마에 싱글 오리진은 2kg, 블렌드용으로 2.5kg으로 고정한다.

기본 로스팅으로는 생두에 따라서 165~170℃의 중간에 투입하고 재차 170℃에 도달할 때까지 원두 내부까지 골고루 화력을 가해 완벽하게 수분을 제거한다. 여기까지는 어느 원두여도 거의 동일하며 베이스를 조절하는 것과 같은 감각이다. 그 후 원두마다 알맞은 온도 상승이나 원두 상태를 보면서 화력을 조절하여 원하는 맛을 끌어낸다. 또한, 프로밧으로는 축열이 높아 화력이 강해 버리면 타버리기 쉽다.

그렇기 때문에 후반은 화력을 떨어뜨려 가면서 천천히 크랙을 추진하여 향을 확인하고 로스팅을 종료하는 타이밍을 정한다.

한편 도입된 지 5개월 된 스마트 로스터기에서의 로스팅은 현재 진행형으로 구축 중이다. "스마트 로스터기는 매우 깔끔하게 완성되지만 어딘가 부족한 경향이 있습니다. 그 점을 조절해 스마트 로스터기의 특징을 살릴 수 있는 로스팅을 목표로 하고 있습니다."라고 스기우라 씨는 말한다. 타사의 선배 로스터로부터 조언을 받거나 로스팅 세미나에 참석하여 정보를 모아 본인 가게만의 로스팅을 찾고 있다.

미리 로스팅 공정을 셋업할 수 있기 때문에 직접 확인하고 것을 중심으로 한다. 현재는 원두 온도의

커브를 중시하여 중점으로부터 부드럽게 상승해 깨끗한 커브를 그리고 있는지를 체크한다.

또 1분간 온도가 몇 도 상승했는지를 나타내는 'ROR(Rate of Rise)'도 판단 기준으로 활용하고 있다. 또한, 작동음이 커서 크랙 소리 등도 식별하기 어렵기 때문에 색과 온도로 경과를 지켜보고 마지막에는 온도 데이터와 샘플봉으로 몇 번이고 빼내 확인한 향으로 로스팅을 멈출지 판단한다.

프로밧, 스마트 로스터기 모두 로스팅할 때 로스팅 기록을 적고, 로스팅 후에는 핸드픽, 커핑을 실시한다. 커핑 대한 코멘트는 로스팅 기록에 써서 남기고 다음 배치 이후의 로스팅 조절에 활용하다.

로스터는 현재 5명이다. 모두가 바리스타 출신으로 커핑에도 자신이 있다.

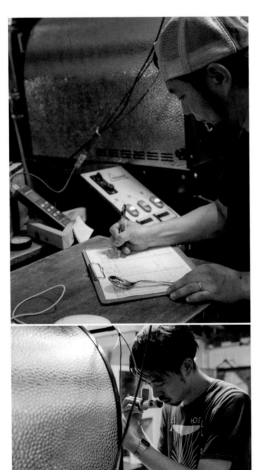

로스팅 후에는 바로 여러 명이 커핑을 한다. 코멘트를 로스팅 데이터와 함께 기입해 모두가 함께 공유한다.

생두도 커핑으로 체크하며, 다양한 상품으로 고객을 맞이한다.

생두 구매는 무역회사 두 곳에서 사들이고 있다. 연 1회 이곳 스태프가 무역회사의 현지 구매에 동행하여 산지에서 현품을 확인한다. 현품을 확인하지 못한 산지의 커피콩은 샘플을 받아 커핑하고 다 함께 논의하여 결정한다.

스마트 로스터기에서 배출하는 타이밍은 향도 중시하면서 결정한다.

로스터기에서 곧바로 바로 위에 굴뚝으로 통한다. 1층에 설치하였고 굴뚝은 2층을 뚫고 빠져나와 옥상까지 뻗어 있다.

2017년에 도입한 롤링사의 '스마트 로스터기 Kestrel S35'. 새로 개점한 로스터리 카페인 마누커피 로스터스(manu Coffee roasters) 쿠지라점은 매장에서 보이는 곳에 설치되어 있으며 정기 휴일에 로스팅을 한다.

SHOP DATA

마누커피 로스터스(manu coffee roasters)
쿠지라점
후쿠오카현 후쿠오카시 주오구 시로가네 1번
지 18번가 23호
전화번호 / 092-7070-306
영업 시간 / 금~화 12:00-21:00
정기 휴무일 / 수, 목

매장에서 판매 중인 원두는 스마트 로스터기 도입과 동시에 대폭으로 가격을 인하하여 보다 친근한 가격으로 즐길 수 있게 되었다.

예를 들어 블렌딩용이라면 브라질산 내추럴 30%, 펄프드 내추럴 20% 등 블렌딩할 생두 카테고리를 미리 정해 놓고 이에 따라 생두를 고른다. 싱글 오리진의 경우 단일로 내놓아도 뚜렷한 특징이 있어 감탄을 자아낼 만한 맛일지 어떨지 고려한다. 향후 구매 대상 생산국을 늘리고 COE(Cup of excellence)도 늘려 갈 예정이다.

스마트 로스터 도입으로 작업 효율이 높아져 인건비 등이 낮아진 점을 반영하여 2017년 7월에 생두 매도 가격을 인하하였다. 블렌드 가격이 100g에 840엔에서 540엔으로 크게 인하하였다. 한편 비교적 비싼 최상급의 특별한 생두도 들여와 메뉴에 신축성을 더해 고객의 선택의 폭을 넓히고 있다.

그 외에도 각 점포를 돌아가며 주 1회 고객을 위한 커핑 교실을 개최하며, 타 장르와의 콜라보 이벤트를 실시하는 등 커피를 즐길 수 있는 활동을 활발히 진행하여 커피와 마누커피(manu coffee)의 팬을 늘리고 있다.

[생두 선택 · 상품화의 흐름]
▼

생두는 스페셜티 커피를 무역회사 두 곳에서 사들인다. 무역회사의 구매에 동행하기도 하고, 그때는 현지에서 커핑을 해서 품질을 확인하고 구매한다. 그 외는 무역회사로부터 도착한 샘플을 로스팅해 커핑을 하고 스태프 모두와 협의를 한 후 구매를 결정한다. 사전에 블렌드는 ○○산의 내추럴을 ○% 사용하는 등 용도를 정해 두고, 그 틀 안에서 구매을 결정해 상품화한다. 싱글 오리진용은 확실한 특징이 있으므로 고객이 만족할 수 있는 맛인지 아닌지를 고려한다. COE(Cup of excellence) 등도 도입하고 있다.

[로스팅 스케줄]
▼

2대의 로스터기를 사용해 각각 일주일에 2회 로스팅을 한다. 로스터리 카페인 마누커피 로스터스(manu coffee roasters) 쿠지라점에 설치한 35kg 가마의 롤링사 '스마트 로스터기 Kestrel S35'는 정기 휴무일 이틀 동안 로스팅을 한다. 사무실 겸 마누커피 오피스(manu coffee office)에 설치한 프로밧사의 5kg 가마 '프로밧톤5(PROBATONE5)'는 주2일 동일한 요일에 로스팅을 진행한다. 로스팅 양은 스마트 로스터기 80%, 프로밧 20%로 배당한다. 로스팅 후 싱글 오리진은 둘째 날 이후, 블렌드는 첫째 날 이후에 판매한다.

마누커피 (manu coffee)의
커피 제작

[경도 , 수분값 , 밝기를 체크]

▼

로스팅 전후에 커피 원두의 밀도와 수분량을 측정하여 로스팅 프로파일에 기입한다. 현재는 아직 로스팅에 직접적인 영향을 주지 않지만 데이터를 축적하여 향후 요소의 하나로 도입할 예정이다.

[커핑으로 체크]

▼

로스터는 모두 바리스타 출신이며, 그에 더해 커핑을 매일 훈련하고 커핑 기술을 연마하고 있다.
로스팅 후에는 즉시 커핑으로 체크한다. 여러 사람이 커핑하고 맛에 관한 감상을 적어 다음 배치 이후에 참고한다. 특히 마우스필과 클린컵을 중요시하고 있다.

Roasting @manu coffee

무역회사와 함께 현지에 가서 구매해 온 코스타리
카의 원두는 싱글 오리진으로 제공한다. 중배전으
로 로스팅하여 떼루아를 느낄 수 있다. 온도 상승
과 원두의 상태를 보면서 화력으로 조절한다.

ROAST DATA
☐ 로스팅 날짜: 7월 5일 11:30~
☐ 생두: 파라미 카투아이 레드 허니
☐ 로스터기: 프로밧사 PROBANTONE 5
반열풍 5kg 프로판가스
☐ 볶음도: 중볶음
☐ 생두 투입량: 2kg
☐ 세 번째 배치
☐ 날씨: 맑음

코스타리카 파라미 카투아이 레드 허니

☐ 산지: 타라스 도타 지구
☐ 파라미 농장 (마리아 라미레스, 후안 팔라스)
☐ 산지 표고: 1,800m
☐ 품종: 카투아이
☐ 정제법: 레드 허니

단맛이 짙으며 코스타리카다운 화려함을 지닌 섬세한 맛의 생두

시간(분)	원두 온도(°C)	화력(0~7)	현상
0:00	147.6	2	
1:00	72.7		중점(72.1°C)
2:00	94.8		
3:00	114.9		
4:00	131.2	2.5	
5:00	143.6	3.5→4(151.4°C)/5:40	
6:00	154.3	4.5→7(163.3°C/6:50)	
7:00	165.4		
8:00	176.9	4(186.8°C/8:45)	
9:00	189.5	3→2.5(191.4°C/9:10)	1차 크랙(194.8°C)
10:00	199.2		
11:00	205.0		
11:42	211.4		로스팅 종료

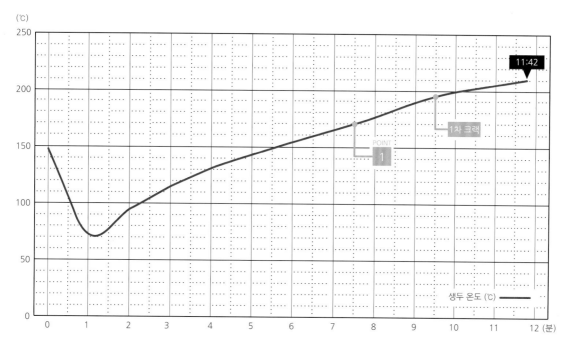

생두 투입 후 5분 정도까지는 천천히 열을 주고 5분부터 서서히 화력을 올려 170℃ 전후에 화력을 최대로 올린다. 크랙 직전에 서서히 화력을 떨어뜨린다.

로스팅 종료

POINT 1 170℃를 목표 기점으로 수분을 완벽하게 제거한다.

중반 이후 서서히 화력을 떨어뜨리고, 축열을 통해 천천히 그리고 균일하게 크랙을 형성시킨다. 향과 온도로 타이밍을 확인하고 배출한다.

170℃에 도달할 때까지 수분을 완벽하게 제거한다. 여기까지는 어떤 원두나 똑같이 베이스를 조절하는 느낌이었다면 후반부에는 각각의 원두에 맞추어 특징을 끌어내는 로스팅이 된다.

프로밧 특유의 마우스필과 단맛의 감각이 빛나는 맛이다.

Roasting @manu coffee

로스팅을 개시한 초기부터 친분이 있는 니카라과 부에노스아이레스 농장의 대표적인 품종이다. 이 카페에서는 무역회사를 통해서 매년 현지 시찰을 하고 있다. 싱글 오리진으로 제공한다.

ROAST DATA

☐ 로스팅 날짜: 7월 5일 13:00~
☐ 생두: 니카라과 핀카 부에노스아이레스
☐ 로스터기: 스마트 로스터기 kestrels35 열풍35kg 도시가스
☐ 볶음도: 중강볶음
☐ 생두 투입량: 10kg
☐ 네 번째 배치
☐ 날씨: 맑음

니카라과 핀카 부에노스아이레스

☐ 산지: 누에바 세고비아 주 디삘리또 지구
☐ 핀카 부에노스 아이레스 농원
☐ 산지 고도: 1,200~1,550m
☐ 품종: 마라카투라
☐ 정제법: 워시드

시트러스 계열의 향과 과일 향을 가지고 있으며 초코와 견과류 향을 선사하는 밸런스 좋은 커피로 매년 안정된 품질을 자랑한다.

시간(분)	원두 온도(℃)	버너(%)	현상
0:00	160.0	20→90 (71.1℃/0:50)	중점 (71.1℃/0:50)
1:00	92.2		
2:00	105.0		
3:00	136.1	80	
4:00	155.0		
5:00	172.1	70→60 (182℃/5:40)	
6:00	185.0	50 (193℃/6:42)	
7:00	194.4	40 (198℃/7:23)	
8:00	202.8	50 (205.6℃/8:20)	1차 크랙 (8:00)
9:00	208.9		
9:56	212.3		로스팅 종료

5분 정도 지나서 원두가 노랗게 되면 로스팅 공정에 들어가 원두 온도, 향기와 컬러를 판단 재료로 삼아 화력을 조절한다.

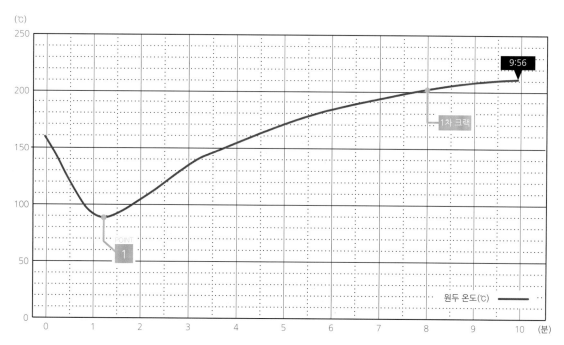

스마트 로스터기에서는 화력을 조작하면 원두의 온도 상승에 곧바로 반영된다. 터닝 포인트 이후 단번에 화력을 부여하여 5분에 170℃를 기준으로 하여 화력을 떨어뜨려 가면서 7~8분에 크랙을 만들고 10분 정도에 배출한다.

POINT

1. 터닝 포인트에서 단번에 열을 가한다.

터닝 포인트에서 단숨에 열을 가함으로써 수분 증발에 필요한 열량을 보충한다. 스마트 로스터기는 열풍식이므로 열전도율이 좋고 전반에 단번에 열을 가해도 외부로부터 탈 위험도 적기 때문에 마음껏 열을 가할 수 있다.

POINT

2 200℃에서 1차 크랙

7~8분에 200℃, 1차 크랙이 기준이다. 그 후 온도 상승을 보면서 1분 30초~2분에 맞춰 향을 확인하고 배출한다.

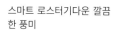
스마트 로스터기다운 깔끔한 풍미

CAFÉ ROSSO beans store+cafe

카페롯소 빈스 스토어 + 카페

- -

시마네현 야스기시

시마네현 야스기시 가도우쵸 4-3
전화: 0854-22-1177
운영 시간: 10:00~18:00 (빈즈샵)/ 10:30~17:30 (카페)
정기 휴일: 일요일
http://www.caferosso.net

2011년 11월 리뉴얼하여 원두 판매 공간을 확충하고, 상호도 '빈스 스토어+카페'라고 변경하여 원두 판매의 비중을 높이고 있다.

대표:
가도와키 히로유키
(門脇 洋之)

1999년에 자가 로스터리 카페인 카페롯소 개업. 2001년 전일본 바리스타 챔피언십 우승. 2003년, 2005년에 JBC(재팬 바리스타 챔피언십) 우승. 2005년 WBC(월드 바리스타 챔피언십) 준우승. 국내는 물론 해외 각국에서 팬들이 가게를 방문하고 있다.

에스프레소 430엔. 향긋하고 코 안에서 퍼지는 기분 좋은 향과 마시면 느껴지는 꽉 찬 바디의 여운이 오래 지속된다. '기억에 남는 강렬하고 우아한 맛'을 함축하고 싶다는 카도와키 씨.

40석이 구비되어 있던 카페 공간은 리뉴얼로 20석 미만으로 줄었다. 지역 고객 외에 관광차 방문 오는 손님도 많다.

로스터로서, 바리스타로서 자긍심을 갖고 이탈리아 전통 에스프레소의 매력을 탐구한다

바리스타 챔피언의 카페로, 그리고 2005년 WBC(월드 바리스타 챔피언십) 준우승의 카페로 오래 알려져 국내뿐만 아니라 해외에서도 많은 팬들이 찾는 카페롯소. 2011년 이곳은 카페 공간을 줄이고 원두 판매 공간을 확장하여 '카페롯소 빈스 스토어+카페'로 새롭게 단장했다.

"대회에 참가한 것은 자신의 기술을 알고 싶었기 때문이었지만, 직접 로스팅한 원두를 사용해 우승할 수 있었던 것은 바리스타로서 저 자신과 로스터로서 저 자신을 평가받을 수 있었다고 생각합니다."라고 오너인 가도와키 히로유키 씨는 말한다. 로스터로서 바리스타로서 스스로 이상으로 생각

하는 커피 맛을 추구해 생두 선택부터 로스팅, 추출 등 일련의 흐름 속에서 맛있는 커피를 만들고 싶다는 것이 리뉴얼의 동기라고 한다. 리뉴얼할 때는 매장 레이아웃뿐만 아니라 정기 휴무일이나 인원도 재검토하여 보다 로스팅에 집중할 수 있는 체제로 바꾸어 나갔다.

현재 매상 비율은 카페가 30%, 원두 판매가 70%이다. 원두 판매 중 소매와 도매의 비율은 2:1 정도이며, 한 달 로스팅 양은 1톤에 이른다. 스스로가 표현하고 싶은 커피를 제공하면서, 그것을 지지해 주는 팬을 모으는 가도와키 씨의 이상적인 카페 만들기가 착실히 실현되고 있다.

왼쪽이 인도의 로브스타 몬순. 통상 구매하는 로브스타(오른쪽)에 비해 결점두도 적고 생두 표면도 깨끗해서 에스프레소 블렌드를 만드는 데 요긴하다.

카푸치노 545엔(상)
롯소 블렌드 490엔(좌)

찾는 고객도 많은 카푸치노. 드립 커피는 로스팅 정도를 바꾼 블렌드 7종 외에 싱글 5종을 구비하고 있다.

'기억에 남는 강렬하고 우아한 맛'을 이상으로, 원두 선별이나 로스팅을 탐구한다.

가도와키 씨가 현재 사용하고 있는 로스터기는 프로밧의 반열풍 12kg. 2007년에 나온 신제품으로 프로밧에서는 처음으로 배기·냉각 팬을 독립시킨 머신이다. 로스팅 양이 증가하여 지금까지 사용하던 5kg 가마로는 감당하기 어려워진 점도 있어 2009년에 도입하였다.

바리스타 세계 챔피언 폴 바셋이 빈티지 프로밧으로 로스팅한 커피를 맛보았을 때의 인상도 남아 있어 "프로밧이라면 완벽하고 강력한 맛을 만들 수 있지 않을까?"라고 생각한 점도 구매 동기가 되었다. 지금 가도와키 씨가 추구하고 있는 것은 '기억에 남는 강렬하고 우아한 맛의 커피'이다. 드립 커피라면 신맛이 정점인 지점에서 불필요한 거칠함이 없고 강볶음에서도 부드러운 여운 속에 꽉 찬 바디가 느껴지는 상태를 말한다.

에스프레소에 관해서는 보다 구체적으로 이탈리아 나폴리의 전통적인 에스프레소에 매력을 느끼고 있다.

"북유럽이나 미국 등 각국 최신의 커피를 체험해 보았지만, 역시 나폴리의 '감브리누스'에서 마신 에스프레소는 영혼이 흔들렸습니다."라고 말하

에스프레소 머신은 라마르조코 스트라다를 사용한다. 패들 조작에 의해 추출 중에 압력을 바꿀 수 있다.

는 가도와키 씨. 비터 초콜릿처럼 강력하고 깊이가 있으며 부드러움을 선사하는 풍미, 향긋함이 있고 마셨을 때 코 안에서 기분 좋은 향기가 퍼지고 신맛은 적고 뒷맛에 바디와 달콤함이 있어 그 여운이 쭉 남아 있다. 에스프레소도 약볶음이나 신맛을 두드러지게 한 맛이 유행하고 있는 상황 속에서도 '롯소'에서는 흔들리지 않고 이 맛을 추구하고 싶다며 연구를 거듭해 오고 있다.

현재 제공하는 에스프레소 블렌드는 4종류이다. 그중에서도 나폴리의 맛을 재현하기 위해 만든 것이 라떼아트 블렌드이다. 생두는 브라질 외에 인도와 우간다, 2종의 로브스타 종을 전체의 50%나 더한다.

맛의 기반으로 삼은 브라질은 아구아후리아와

배기·냉각 각각의 덕트에 굴뚝을 세웠다. 배기 배출 정도가 맛에 영향을 주기 때문에 배기 덕트는 2주에 1회 텀으로 자주 청소한다.

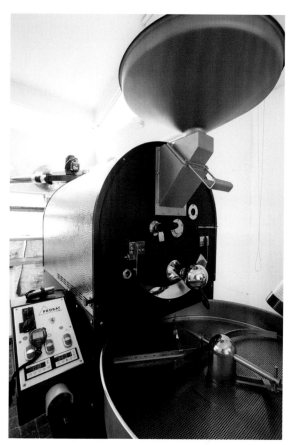

2009년부터 프로밧 12kg를 사용하고 있다. 당시는 기계에 대한 정보가 적었기 때문에 이미 도입하고 있었던 '민들레'(P86)까지도 보러 가서 구매를 결정했다.

이카츠로 배합하였다. 이카츠는 로브스타종과 교배한 아라비카종으로 액체에 농후함와 감칠맛을 더한다. 인도의 로브스타종은 생두 무역회사가 소개해 준 품종으로 결점이 적고 좋은 품질의 맛을 지닌다. 듬뿍 사용하면 점도와 오래 지속되는 여운을 표현할 수 있다고 한다.

배기 배출에 따른 영향을 고려하면서 간단한 로스팅을 실천한다.

실제로 블렌드를 만들 때는 프리믹스로 로스팅한다. 이전에는 애프터믹스였지만 "본고장 이탈리아에서 애프터믹스를 하고 있다고는 상상이 가지 않는다. 게다가 프리믹스라면 원두의 수분치가 안정적이지 않을까?"라고 생각해 3년 전에 바꾸었다.

프로밧을 사용한 로스팅 중에는 화력이나 댐퍼는 기본적으로 만지지 않는다. 2kg을 로스팅할 경우, 생두를 투입 후 중점이 되면 샘플봉 입구에 풍속계를 꽂아 풍속이 3.2m/s가 되도록 댐퍼를 조절한다. 그리고 온도 진행을 보고 미리 정한 온도에 원두를 배출한다.

"전에 사용하던 로스터기는 매번 맛이 달라져서 투입량을 고정하거나 모든 데이터를 저장했지만 프로밧은 투입량이나 가스 조작을 바꿔도 온도 상승 방법이나 맛에 거대한 변화는 일어나지 않습니다."라고 가도와키 씨는 말한다. 또한, 로스터기의 축열성이 높고 온도가 부드럽게 올라가기 때문에 원두가 가진 풍미의 특성이 제대로 나오는 한편, 원두의 좋은 맛도 나쁜 맛도 정확하게 나온다.

위/판매하는 원두는 종류별로 색깔별 씰을 붙인다. 왼쪽/에스프레소 블렌드는 4종류. 기본 '베이직'과 나폴리의 전통적인 맛을 재현하는 '라떼아트', 라떼아트를 약간 약하게 로스팅한 '피렌체'와 베이직하게 만델링을 더한 '메리디오네'.

그래서 앞서 말한 에스프레소에 사용하는 로브스터도 품질의 좋고 나쁨이 뚜렷하게 드러나므로 좋은 로브스터를 사용하는 것이 매우 중요하다고 한다. 한편 이 카페의 로스팅 환경에서는 배기의 영향에 따라 커피의 맛을 쉽게 좌우지한다고 한다. 배출이 잘 되지 않으면 강볶음 때에 쓴맛이나 매운맛이 나기 쉬우므로 배기 덕트와 배기 팬 케이스 청소는 2주에 한 번씩 부지런히 실시한다. 로스팅 중 샘플봉을 빼는 경우는 거의 없으며, 로스팅 종료는 각각의 생두의 종류, 볶음도에 따라 미리 정한 온도에 배출한다. 로스팅한 원두의 맛 체크는 드립 추출 커피로 실시하고, 로스팅으로 인해 탄맛이나 쓴맛이 나진 않는지 확인한다. 만약 쓴맛이나 매운맛이 났다고 하면 배기 환경을 확인하거나 로스팅 종료 온도를 1℃ 내린다든지 대응책을 마련한다. 날짜가 경과하면 또 맛이 달라지는 경우도 있으므로 자주 체크한다고 한다.

또 예전에는 에스프레소 원두를 에이징했지만 지금은 사라졌다. 이전에는 알루미늄 백의 봉투에 질소를 충전해 와인 셀러에서 25일 가깝게 숙성시켜 놓았다. 이에 따라 원두에서 나오는 탄산가스가 안정되고 원두 표면에 기름이 떠올라 단맛을 낼 수 있었기 때문이다. 하지만 프로밧으로 바꾼 후로 숙성을 시켜도 별효과가 나타나지 않았다고 한다. 이전 로스터기는 인상 깊은 맛이 강하게 나므로 에이징 효과가 있었지만

프로밧은 탄 맛이나 고소함도 크게 강조되지 않고 적당히 깨끗하게 볶아지므로 반대로 신선하고 강한 맛을 강조하는 것이 좋다고 생각한다.

개인이 운영하는 카페이므로 유행에 뒤지지 않고 개성을 제대로 살리는 것이 중요하다.

로스터로서 바리스타로서 자신의 이상으로 삼은 커피를 찾는 가운데 새로운 블렌드를 개발하거나 에스프레소의 신선도 관리를 위해 생두 냉동하는 방법을 모색해 보는 등 새로운 시도 또한 계속하고 있다. 현재 로스팅 공간과 점포는 별개의 공간이지만 향후에는 로스팅, 원두 판매, 카페를 한 장소에 집약해 커피의 매력을 직접 느낄 수 있도록 카페의 리모델링도 생각하고 있다.

개인 카페이기 때문에 할 수 있는 게 한정되어 있다. 그러나 개인 매장이기 때문에 다른 곳에는 없는 자신의 개성을 널리 어필할 수 있다. 그것으로 제대로 생활할 수 있는 수입을 얻을 수 있는 것이 이상적이라고 하는 가도와키 씨. "이탈리아의 맛을 동경해 에스프레소의 맛을 연구하고 있는데 언젠가 이 맛이 오리지널이 되어 일본의 표준이 되면 좋겠다."라고 말한다. 에스프레소를 시작으로 독창성이 넘치는 커피 만들기에 힘써 개성을 발휘하는 카페롯소에서는 자가 로스터리 카페의 한 가지 본연의 자세를 배울 수 있다.

카페롯소의 커피 제조

[생두 선택]

▼

생두는 오션상사와 카페푼토콤 2곳에서 주로 구매한다. 콩은 스페셜티 커피에도 사용하지만, 이른바 품평회 상위의 커피 콩이나 고득점의 스페셜티 커피 등을 기준으로 선택하지 않고, 가도와키 씨가 직접 커핑으로 확인해 선택한다. "싱글이라면 변화구 같은 맛보다 신선하고 강력한 맛을 선택합니다. 과테말라나 케냐 원두는 블루베리나 레몬의 향이 나면서 신맛도 매우 우수합니다." (가도와키씨). 또 블렌드용으로는 로브스타종을 교배한 아라비카종인 브라질 이카츠를 활용하는 것도 특징이다. 베이스가 되는 초콜릿 플레이버의 맛을 만들어 로브스타와 같은 농후함을 더할 수 있다.

[로스팅 스케줄]

▼

날마다 다르지만 1일 최소 5배치를 로스팅한다. 월간 약 1톤 정도를 로스팅하고 있다. 1회 생두 투입량은 2~9kg으로 폭넓게, 작은 로트로 자주 매일 볶는다. 투입량의 차이로 가스압을 대폭 바꾸거나 하는 일도 특별히 없다. "예전에 후지 로얄 로스터기를 사용할 때는 투입량을 3.2kg으로 제한하기도 하고 세밀하게 수치를 조사했었는데 프로밧은 그다지 다양하게 바꾸지 않아도 동일하게 로스팅해줍니다."라고 말한다.

[풍속계로 배기 체크]

▼

배기 속도는 풍속계로 체크한다. 로스팅마다 샘플봉 입구에 풍속계를 대고, 3.2m/s의 값이 되도록 댐퍼를 조정한다. 배기 배출이 잘 빠지도록 배기 덕트 청소는 2주에 한번꼴로 실행한다.

[선별기로 이물질 제거]

▼

생두에 돌 등이 섞여 있을 수 있기 때문에 로스팅 후의 원두는 선별기를 통해 이물질을 제거한다. 원두도 많이 걸러지기 때문에 선별된 것 중에서 핸드픽으로 제거한다.

[클레버 드리퍼 활용]

▼

로스팅 후의 커피 체크는 매장에서 제공하는 것과 같은 상태로 마시는 것이 기본이다. 드립은 클레버 드리퍼를 활용한다. 뜨거운 물을 부어 드리퍼에 담아 놓고 추출할 수 있는 도구로 바쁠 때도 드립에 매달리지 않아도 되어 편리하다. 맛을 체크할 때는 끓는 물을 준비하고 30초 정도 뜸 들인 후 붓고 3분이 지난 후 드립한다. 주로 배기 영향에 의한 탄 맛이나 쓴맛 그리고 매운맛이 나지 않는지 체크한다. 약 냄새 같은 생두의 결점도 주의하여 본다.

Roasting @CAFÉ ROSSO beans store+cafe

'애프터믹스는 진지한 맛이 되기 쉽다'는 생각에서 3년 전부터 블렌드는 모두 프리믹스로 로스팅하는 것으로 변경했다. 로스팅 중에는 가스압과 댐퍼 모두 고정하고, 온도 추이를 보면서 로스팅한다. 로스팅 완성의 온도를 바꾸는 등 맛을 미세하게 조정해 간다.

ROAST DATA

- □ 로스팅 일시: 2017년 8월 8일 9:30
- □ 생두: 롯소 블렌드 베이직
- □ 로스터기: 프로밧 'PROBATONE 12' 반열풍 12 kg 프로판가스
- □ 생두 투입량: 2kg
- □ 볶음도 중볶음
- □ 첫 번째 배치
- □ 날씨: 흐림

🫘 롯소 블렌드 베이직

기반이 되는 초콜릿 플레이버에 브라질, 볼리비아 그리고 케냐는 바다나 신맛, 콜롬비아도 가벼운 신맛을 보충한다. 이가츠를 사용하여 농도와 감칠맛을 더한다. 깔끔한 아구아 후리아의 맛을 보완하는 역할도 한다.

블렌드 배합
브라질(이카츠종2: 아구아 후리아 농원1)···50%
볼리비아···25%
콜롬비아 12.5%
케냐 12.5%

시간 (분)	원두 온도 (℃)	가스 입력 (kPa)	공기 흐름 (m/s)	현상
0:00	110	2.4		
1:00	92		3.2	중점(92℃/0:58)
2:00	111			
3:00	128			
4:00	139			
5:00	150			
6:00	160			
7:00	169			
8:00	178			
9:00	186			
10:00	193			1차 크랙(200℃/10:40)
11:00	202			
12:00	209			
13:00	217			2차 크랙(224℃/13:40)
13:56	226			로스팅 종료

가스압과 댐퍼도 고정하여 로스팅한다. 프리믹스이므로 편차는 있지만 1차 크랙은 200℃ 전후에서 일어난다. 2차 크랙이 시작되는 타이밍에 원두를 배출하고 있다.

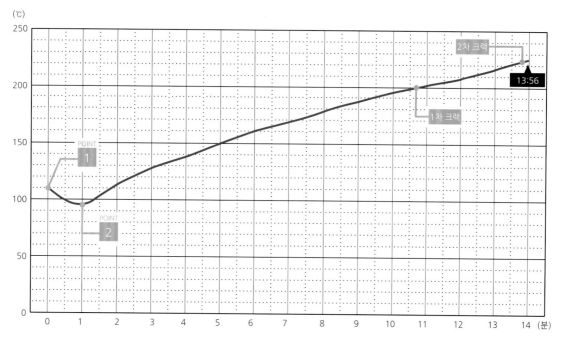

(°C)

프로밧은 축열성이 높기 때문에 원활한 온도 상승을 보인다. 다만 후반에는
온도 진행도 빠르기 때문에 너무 깊이 태우지 않도록 주의한다

1 예열·투입

예열은 247°C까지 달군 뒤 가스를 끊고 댐퍼를 개방한다. 110°C
까지 내려가면 그대로 투입하고 가스 압력을 2.4kPa로 둔다. 겨
울철에는 투입 온도를 120°C으로 올린다.

2 중점에서 댐퍼를 조정한다.

프로밧의 화력 조작은 간단한 7단계 조절뿐이므로 정확한 수
치를 알고 싶어 미압계를 설치하였다. 현재는 미터 뒤의 녹색
의 밸브로 가스압을 조절하고 있다.

중점이 되면 풍속계로 제어, 3.2m/s가 되도록 댐퍼를 조절한다. 댐
퍼는 후지커피 제작의 다이얼형 댐퍼를 장착하고 있다.

신맛, 단맛, 깊은 맛,
쓴맛 그리고 균형 잡
힌 맛. 매일 마실 수
있는 가벼움도 의식
하여 볶음도는 약간
약하게 한다.

🔥 Roasting @CAFÉ ROSSO beans store+cafe

에스프레소의 발상지라고 일컫는 이탈리아 나폴리의 전통적인 맛을 목표로 만드는 '라떼아트' 블렌드. 마셨을 때 강력하고 우아한 맛이 나오는 것을 이상적으로 생각해 독자적인 배합을 추구해 왔다. 고급 로브스터를 50% 함유하여 독특한 농후감과 오래 지속되는 여운을 형성한다.

ROAST DATA

- ☐ 로스팅 일시: 2017년 8월 8일 10:30
- ☐ 생두: 에스프레소 블렌드 라떼아트
- ☐ 로스터기: 프로밧 'PROBATONE 12' 반열풍 12 kg 프로판가스
- ☐ 생두 투입량: 2kg
- ☐ 볶음도: 중강볶음
- ☐ 두 번째 배치
- ☐ 날씨: 흐림

☕ 에스프레소 블렌드 라떼아트

지금까지 다양한 로브스터를 시험해 왔지만, 결점이 적고 정제도 깔끔한 인도의 로브스타를 입수할 수 있게 되어 블렌딩 배합의 주력으로 사용한다. 배합은 다양한 종류를 시도하고 있다.

블렌드 배합
브라질 (이카츠 씨앗 2: 아구아후리아 농원 1)···50%
인도(로브스터)···40%
우간다 (로브스터) 내추럴···10%

시간 (분)	원두 온도 (℃)	가스 압력 (kPa)	공기 흐름 (m/s)	현상
0:00	110	2.0		
1:00	96		3.2	중점(92℃/0:58)
2:00	116			
3:00	133			
4:00	144			
5:00	156			
6:00	166			
7:00	175			
8:00	184			
9:00	193			
10:00	202			1차 크랙 (202℃/10:00)
11:00	210			
12:00	220			
13:00	232			2차 크랙 (239℃/13:39)
13:48	242			로스팅 종료

로브스터는 열이 잘 들어가서 그런지 가스압을 앞 페이지와 같은 2.4kPa로 진행하면 쓴 맛이 난다. 약한 강볶음으로 진행하는 것도 고려하여 2.0kPa로 설정하고 있다.

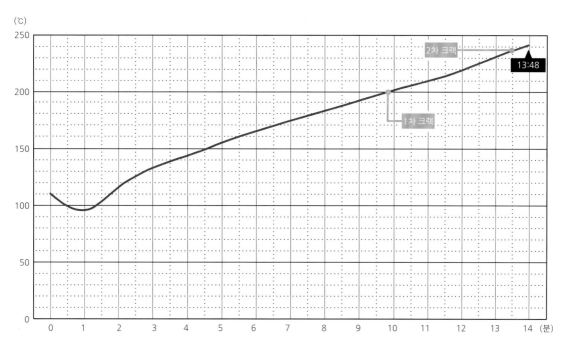

가스압을 짜고 있지만, 온도 진행이나 크랙의 타이밍은 전 페이지의 '롯소 블렌드'와 거의 같다. 로스팅 완료 온도는 242℃로 강볶음으로 완성한다.

POINT 1 프리믹스로 로스팅

3년 전부터 프리믹스로 로스팅하는 것으로 바꾸었다. 스트라이크 존이 좁고, 배합의 비율에 따라서는 시시한 맛이 되지만 "다양하게 시도하면 변화가 나와 재미있다."라고 가도와키 씨는 말한다.

프로밧는 PC의 로스팅 프로파일 소프트와 접속되어 있어 로그 데이터나 로스트 커브를 확인할 수 있다.

로스팅 중에는 샘플봉을 빼지 않고 온도 진행을 본다. 로스팅 완료할 때는 온도를 정하고 있어서 로스팅 후 맛을 확인한다. 생각한 맛이 나지 않을 것 같다면 배출 온도를 미세하게 조정한다.

로스팅 시간은 앞 페이지의 블렌드와 다르지 않지만 색상은 깊게 마무리한다. 얼룩도 잘 나오지 않는다.

로스팅 후 시음은 부인인 리사 씨를 포함해 직원 모두
가 같이 확인한다. 마셔 보는 편이 애프터 테이스트를
알 수 있기 때문에 드립으로 추출해 마신다.

Shop 13 ▶ CAFFE VITA

카페 비타

시마네현 마쓰에시

시마네현 마쓰에시 가쿠엔 2-5-3
전화: 0852-20-0301
영업 시간: 10:00~18:00 (L.O.17:30)
정기 휴일: 목요일(공휴일의 경우 익일 휴무)
http://www.caffe-vita.com

대표:
가도와키 유지
(門脇 裕二)

오사카의 양과자점에서 파티시에로서 근무한 뒤 이탈리아에서 에스프레소 기초를 배워 부친의 가게 '살비아커피'와 형의 가게 '카페롯소'에서 기술을 익혀 2002년에 'CAFFE VITA'를 개업했다. 2008년도 UCC 커피 마스터스 2008 에스프레소 부문에서 우승을 차지했다.

좌석은 카운터와 테이블로 구성. 원두 판매 공간을 확충하기 위해 카페 내 리모델링도 고려하고 있다.

매장 입구 바로 앞에 위치한 원두 판매 공간. 상세히 커피 맛을 설명하고 고민하는 고개들에게 시음을 권하기도 한다.

1963년제 프로밧을 전면 개수하여 도입
이상적인 에스프레소의 맛을 위해 새로운 도전을

'카페 비타'는 시마네현 마츠에시의 주택가에 2002년에 개업했다. 개업할 때부터 자가 로스팅으로 질 좋은 커피와 수제 디저트를 판매하여 현지뿐만 아니라 전국 각지에서 많은 팬을 모으는 인기 카페이다.

로스터기는 오랫동안 후지로얄의 반열풍 5kg 가마를 사용하고 있었지만, 개업 14년째를 맞이한 2016년 8월 대표 가도와키 유지 씨는 새롭게 빈티지 프로밧을 도입하여 가일층 로스팅과 커피의 진화에 도전하고 있다.

부품을 교체하고 온도계도 새롭게 설치
8개월에 걸친 소생

"미국에서 프로밧으로 로스팅한 커피를 마셨을 때 확실한 바디가 존재하고 강볶음인데도 탄 맛이 없어서 놀랐습니다."라고 가도와키 씨는 말한다.

옛날 프로밧이라면 사용된 철의 성질이 좋고 철이 두꺼워 잘 구워진다는 정보도 현지에서 들어 그 이후 "다음에 사용한다면 올드 프로밧이지." 하며 찾으러 다녔다. 그렇게 8년 만에 찾은 것이 1963년에 제조된 프로밧이다.

발견한 곳은 가도와키 씨가 전속 바리스타를 맡고 있는 럭키커피머신(주)이다. 오사카의 어느 곳에서 발견되어 이미 10년 정도 방치되어 있던 상태였는데, 토대의 금속도 심하게 부식되어 있었다. '고쳐질까?' 하는 불안감도 들었지만 럭키의 로스터기를 제조하는 후지타 제작소에 의뢰하여 8개월에 걸쳐 전면 개수를 진행하였다.

개수하였을 때 한 번은 전체를 분해하고 마모되어 있는 부품은 드럼의 축 등을 포함해 모두 교환했고, 모터나 버너도 신제품으로 교체했다.

또 이 프로밧은 로스팅을 모니터링하는 계기가 배기온도계 외에는 아무것도 달려 있지 않았다. 그래서 원두의 온도와 가마 내 온도를 잴 수 있도록 가마 전면에 센서를 꽂았다. 또한, 배기 덕트 부근에는 미차압계를 설치해 배기가 빠지는 속도도 수치로 파악할 수 있도록 했다.

"역시 옛날 프로밧은 두터운 철을 사용하고 있기 때문에 분해하는 것도 힘들었습니다만 로스터기의 구조도 다시 잘 알게 되었고 공부가 되었습니다."라고 카도와키 씨는 말한다. 개수를 마치고 카페에 설치해 로스팅해 보니 원두는 지난번 로스터기에 볶을 때보다 부피가 더욱 팽창하면서 볶아졌다. 깨끗하고 크게 부풀어 오르면 추출할 때 원두의 수분 흡수율이 좋아지고 에스프레소도 더 농후한 바디가 연출된다. 개조한 프로밧의 도입으로 보다 자신의 오리지널리티를 표현할 수 있게 되었다고 카도와키 씨는 실감하고 있다.

탄탄하게 윤곽이 잡혀 있고
농후한 에스프레소를 추구해 로스팅한다.

개업 이래 대표 바리스타로서 가도와키 씨가 추구해 온 것이 에스프레소의 매력이다. 가도와키 씨의 이상적인 맛은 농후한 다크 초콜릿이다. 설탕을 넣으면 스위트 다크 초코, 우유를 더하면 밀크 초코라고 하는 것처럼 커스터마이즈를 더해도 윤곽은 제대로 남아 있는 맛이다. 절대로 싱겁지 않고 원두의 오일 성분이 혀 속 맛봉오리의 요철 안까지 녹아들어 갈 듯한 달라붙는 점도가 있어 다 마신 후에도 여운을 오래 즐길 수 있다.

현재 에스프레소의 블렌드는 브라질, 콜롬비아 그리고 만델링으로 배합한다. 맛이 편중되어 튀지 않도록 프리믹스로 로스팅하고 프로밧의 특성을 더욱 살리면서 확실한 농후함을 표현해 내고 있다.

이전의 후지로얄의 로스터기는 로스팅 중에도 댐퍼나 화력 조작을 실시했지만 프로밧에서는 화력도 일정하게 그리고 조작은 간단하게 실시한다. 개조했을 때 새롭게 단열재도 충분히 사용했기 때문에 축열성이 보다 높아져 로스팅 중에는 특별히 조작하지 않아도 순조롭게 온도가 상승한다.

4kg을 볶을 경우 1차 크랙 직전의 180℃ 부근에서 댐퍼를 조금 열고 배기가 배출되기 좋게 만들어 연기가 자욱해지는 것을 막는 것 이외에는 온도 추이를 보면서 로스팅을 멈출 때까지 진행한다. 에스프레소 블렌드는 213℃에서 로스팅을 멈춘다. 그 이상 온도를 높이면 에이징을 거쳐 10일 정도면 커피 성분이 급격하게 빠져 버리기 때문이다. 그 부근에서는 로스팅을 멈추는 온도를 늦춰서 하나 하나 검증해 스스로가 추구하는 맛을 발휘할 수 있는 특정한 온도대를 찾아갔다.

또한, 축열성이 높기 때문에 계절의 온도차에 따라 화력이나 생두의 투입량을 바꾸는 등의 조절이 필요 없게 되었다. 다만 한편 로스팅이 진행되면 가마가 열을 흡수해 온도가 쉽게 내려가지 않는다. 1배치부터 커피 생두를 많이 투입하여 로스팅하면 생두의 발열로 가마가 뜨거워져 그 후의 로스팅이 어려워지기 때문에 2kg, 3kg, 5kg 순서대로 로스팅 양이 적은 생두부터 차례로 로스팅하고 있다.

복원 중인 프로밧. 체인 드라이브가 장착되어 있어 모터 하나로 드럼, 팬 그리고 냉각 상자 등의 구동계를 모두 움직인다. (사진 왼쪽) 두터운 철 두께가 특징. 어째서인지 배기구가 타원이었기 때문에 덕트 설치에 애를 먹었다. (사진 오른쪽)

계기류를 새롭게 설치. 가마 안의 공기 온도계, 원두 온도계 그리고 배기 덕트 부근의 압력을 측정하는 미차압계 이외에 가스는 미압계와 조절 밸브를 장착했다.

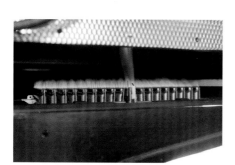

원래 장착되어 있던 버너 타입의 경우는 화력이 부족할 것이라 예상하였기에 현행 프로밧의 반열풍기에 사용되는 버너로 교체했다.

배기와 냉각이 1계통이기 때문에 원래 2개였던 굴뚝은 1개로 바꾸었다. 로스터기의 덕트 굵기에 맞추어 굴뚝의 지름도 가늘어졌다.

1963년에 제작되었고, 8개월에 걸쳐 전면적으로 개수한 프로밧 12kg. 카페의 색깔에 맞추어 빨간색으로 컬러를 맞추었다. 단열재를 많이 사용해 축열성도 한층 더 향상되었다.

왼쪽/카푸치노에 레몬 껍질을 곁들여 상큼한 맛을 선사하는 '카페 리모네' 540엔. 오른쪽/에스프레소 (솔로) 380엔. 다크 초코의 이미지로 농후한 맛과 크레마 그리고 혀 속 맛봉오리의 요철에 오일 성분이 녹아들어 가는 것이 느껴지는 듯한 점도와 여운을 즐길 수 있다.

프로밧 도입 후 1년. 머신의 특성도 알게 되었지만, 낡은 기계를 다룰 때의 어려움도 실감하고 있다. 배기와 냉각 팬의 끌어당김이 약하기 때문에 새롭게 배기 덕트와 냉각 덕트를 독립하는 것도 검토하고 있다고 한다.

한편 로스팅 후의 맛 체크는 페이퍼 드립으로 실시한다. 커핑도 좋지만 제대로 내려 마시는 편이 특히 에스프레소의 경우는 애프터 테이스트도 알 수 있기 때문에 매번 마시고 있다. 그리고 맛 체크는 가도와키 씨를 비롯해 스태프 전원이 실시하여 로스팅 영향으로 쓴맛 등이 느껴지진 않는지, 풍미 특성이 그대로 재현되었는지 등을 나눈다. 그것을 다음 로스팅할 때 피드백함으로써 로스팅의 정밀도를 높이고 있다.

도매 거래처의 블렌드 제작도 증가
바리스타라서 공감할 수 있는 것

현재 이 카페의 로스팅 양은 한 달에 400kg 정도다. 소매 부분에서도 주문이 많이 들어오지만 도매도 근래에 많이 증가했다. 2008년 UCC 커피 마스터스 에스프레소 부문에서 우승하고, 2016년 UCC 마스터스 드립 부문 전국 3위에 오르는 등 대회에서 실적을 남기며 톱 바리스타로서 각 방면에서 활약하게 되자 많은 바리스타 동료들로부터 상담 문의를 받게 되었다.

"취급하는 커피콩이 맞지 않아 고민하는 바리스타가 매우 많습니다. 좀 더 이런 맛을 내고 싶은데 잘 안 된다고 하는 사람도 있습니다. 같은 바리스타의 입장으로서 저도 이해할 수 있는 부분이 있기 때문에 여러 가지 어드바이스를 하고 있고, 도매에 관해서는 '카페 비타'로서가 아니라 도매 거래처의 블렌드를 대행해 로스팅하고 있다는 의식으로 하고 있습니다."

그렇기 때문에 도매 거래처와는 대화를 충분하게 나누는 것을 중요하게 생각한다. 추출에 관해서도 같은 에스프레소 머신을 사용하고 있으면 "그쪽의 온도는 어느 정도인가요?", "낮으니까 머신의 온도를 조금 올려 주세요."라는 이야기를 전화로 나눈다.

블렌드를 제공할 때도 우선 상대의 요구를 듣고서 방향을 정하고, 다음에 실제로 로스팅해 보고 검증하는 작업을 4~5회 반복해 함께 만들어 간다. 상대의 뉘앙스를 파악하여 로스팅 정지 온도를 1℃, 2℃ 변경해 가는 등의 작업도 해 나간다. 그렇게 유대가 맺어지면서 도매 거래처도 늘어나 현재 거래처는 30곳에 이른다. 모두 오랫동안 좋은 관계를 맺고 있다고 한다.

로스팅 작업 자체가 심플하게 바뀐 점도 있어 현재 가도와키 씨는 부인이자 카페의 바리스타이기도 한 리사 씨에게 로스팅을 가르치고 있다. 또 향후엔 원두 판매 공간을 확보할 수 있는 카페 개장도 염두에 두고 있다. 활동의 영역을 확장해 감과 동시에 커피의 세계를 즐기면서 '카페 비타'의 진화는 한층 더 계속되고 있다.

카페 비타의
커피 제조

[생두 선정]
▼

생두 도매 거래처 3곳에서 구매한다. 결과적으로 스페셜티 커피를 구입하는 경우가 많지만, COE에서 입상한 커피콩이나 점수에는 구애받지 않는다. 싱글이라면 단맛이나 신맛 등 개성이 돋보이는 것을 취향으로 선택한다. "점수가 높은 커피콩의 완성된 맛도 좋지만 돋보이는 개성으로 고객을 놀라게 하는 맛도 즐겁습니다."라고 가도와키 씨는 말한다. 주력으로 브라질은 3~4종류를 구비하고 에스프레소용이라면 특성이 진한 것, 드립용이라면 마일드하고 단맛이 있는 것으로 구분해서 사용한다. 같은 브라질이라도 새로운 농원의 커피콩을 적극적으로 시험해 간다고 한다.

[로스팅 스케줄]
▼

이전에는 가게가 비교적 한적했던 저녁에 로스팅하였지만 만전의 컨디션으로 임할 수 있도록 오전 중의 로스팅으로 변경하였다. 거의 매일 여덟 번 배치를 로스팅하여 월간 로스팅 양은 대략 400kg에 이른다. 처음부터 많은 양을 로스팅하면 생두의 발열로 로스터기의 온도가 너무 올라가 버려서 컨트롤이 어려워지므로 처음 2kg, 3kg, 5kg, 8kg 순서로 적은 양부터 차례대로 볶는다.

[프로파일은 앱으로 기록]
▼

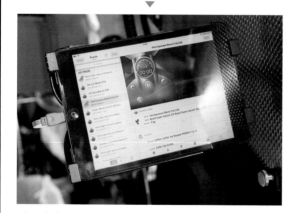

일본에서는 아직 익숙하지 않은 블루투스 대응의 온도계를 달고 있어 iPad와 접속해 실시간으로 로스팅 데이터를 기록할 수 있도록 하고 있다. iPad에 들어가 있는 로스팅 데이터의 기록 앱은 3,000엔 정도로 구매한다. 기존에 사용하던 PC용 소프트보다도 저렴한 가격으로 휴대하기도 쉬워졌다.

[추출도 디지털로 재현하기]
▼

아카이아의 디지털 커피 스케일을 도입했다. 이쪽도 스마트폰 앱과 연동해 원두의 종료, 추출 시간, 뜨거운 물의 투입 속도 및 투입 횟수 등의 추출 레시피를 기록할 수 있다. 또 기록된 레시피를 앱의 화면으로 재현할 수도 있으므로 같은 방식으로 추출도 가능하다. 로스팅 후 맛 검증을 위해 드립을 할 때도 매회 정해진 방식으로 재현성이 뛰어난 추출이 가능하다. 드립뿐만 아니라 에스프레소 추출에도 사용한다.

[볶음도 측정]
▼

자신 가게의 볶음도의 기준을 명확하게 하고 싶어 핸디 타입의 커피 색도계를 구매했다. 일반적인 볶음도 외에 SCAA 기준 수치도 표시할 수 있다. 0~100 수치 내에서 명도가 표시되며 0에 가까울수록 강볶음이며, 100에 가까울수록 약볶음이다. 카페 비타는 에스프레소의 경우 수치는 57 근처이다. 오차가 클 경우는 로스팅에 문제가 없는지 체크한다고 한다.

카페의 얼굴인 에스프레소 블렌드는 프리믹스로 로스팅한다. 탄 맛이나 쓴맛이 나기 직전 아슬아슬한 213℃까지 로스팅해 진한 다크 초콜릿의 맛을 표현한다. 투입 온도는 원두 온도 160℃, 가마 내 온도 180℃로 갖추고 있다. 이전의 로스터기보다 로스팅으로 원두이 부피가 크게 팽창되기 때문에 추출 효율도 좋아졌다.

ROAST DATA

- ☐ 로스팅 일시: 2017년 8월 8일 14:00~
- ☐ 생두: 에스프레소 블렌드
- ☐ 로스터기: 프로밧 (1963년산을 개조) 반열풍 12kg 프로판가스
- ☐ 볶음도: 시티 로스트
- ☐ 생두 투입량: 4kg
- ☐ 첫 번째 배치
- ☐ 날씨: 비 내린 후 맑음 기온: 29℃

 에스프레소 블렌드

브라질이 초콜릿의 풍미를, 콜롬비아는 신맛을, 만델링이 애프터 테이스트 및 여운을 담당한다. 만델링이 가득 사용된 풍부한 맛도 매력이다. 그해 커피콩의 완성도에 따라 배합을 재검토하기도 한다. 이전에는 이르가체페 등도 추가했다.

블렌드의 배합
브라질… 50%
만델링… 40%
콜롬비아… 10%

시간(분)	원두 온도(℃)	가스 입력(kPa)	공기 흐름(pa)	현상
0:00	163.7	0.7	20	
1:00	106.3			
2:00	95.3			중점(95.3℃/2:00)
3:00	102.8			
4:00	115.4			
5:00	128			
6:00	139.4			
7:00	149.9			
8:00	160.1			
9:00	170			
10:00	179.8		25(180℃)	
11:00	190.1			1차 크랙(192℃/11:12)
12:00	200.1			2차 크랙(210℃/12:55)
13:00	211			
13:07	213			로스팅 종료

가스의 화력 조작은 점화 스위치와 밸브의 2종류를 설치하여 가마의 온도 조절이 용이하도록 고안했다.

가스압은 일정하며 댐퍼 조작도 1차 크랙 전에 조그만 연다. 간단한 조작으로 로스팅해 나간다. 축열성이 높기 때문에 동일한 생두의 같은 투입량이더라도 두 번째 배치 때 가스압을 내리는 경우도 있다.

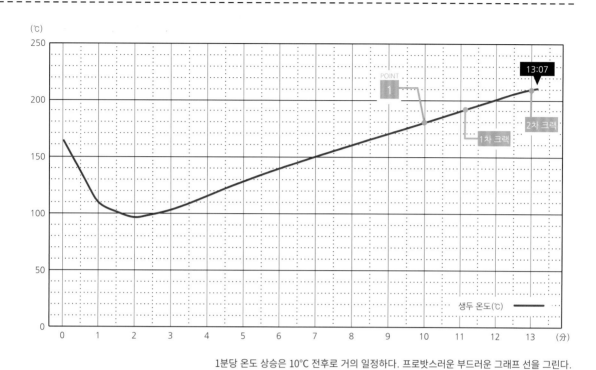

1분당 온도 상승은 10℃ 전후로 거의 일정하다. 프로밧스러운 부드러운 그래프 선을 그린다.

POINT
1 180℃에 배기를 배출한다.

1차 크랙 직전 180℃ 타이밍에 천장에 붙여 놓은 거울 너머로 호퍼 입구를 들여다본다. 가마 안에서 열기나 채프가 오르는 것 같으면 내부 압력이 높아지고 있다고 판단하고 배기를 배출한다. (사진 오른쪽) 배기 팬과 냉각 팬의 전환 레버로 조작한다. (사진 왼쪽)

채프는 배기 덕트를 통과해 드럼 하부에 쌓인다. 쌓이면 탈 위험이 있으므로 15회 로스팅하면 청소하도록 정해 두었다.

만델링도 들어가기 때문에 알이 굵게 마무리된다. 프리믹스지만 얼룩도 별로 없고 예쁘게 부풀어 오른다.

Roasting @CAFFE VITA

초콜릿의 풍미와 단맛, 신맛을 가진 브라질 카르모 농장의 내추럴 로스팅. 투입량은 8kg으로 '비타'의 1회 로스팅 양으로는 최대치이다. 8kg을 로스팅한 후에는 가마의 열도 오르고 온도 조절이 어려워지므로 많은 양의 로스팅은 가급적 후반에 실시한다.

ROAST DATA

- □ 로스팅 일시: 2017년 8월 8일 14:30~
- □ 생두: 브라질 카르모 농장
- □ 로스터기: 프로밧 (1963년산 개조) 반열풍 12kg 프로판가스
- □ 볶음도: 시티로스트
- □ 생두 투입량: 8kg
- □ 두 번째 배치
- □ 날씨: 비 내린 후 맑음 기온: 29℃

◑ 브라질 카르모 데미나스 카르모 농장 내추럴

- □ 지역: 카르모 데미나스
- □ 산지 고도: 1,150m
- □ 품종: 아카이어 종

고품질 커피의 산지로 주목받는 카르모 데미나스에서 60년 역사를 가진 카르모 농장의 커피이다. 브라질에서는 비교적 높은 고도에 있어 풍부한 단맛과 신맛을 선사한다. 알의 크기도 균일하다.

시간(분)	원두 온도(℃)	가스 입력(kPa)	공기 흐름(pa)	현상
0:00	165.2	1.3	25	
1:00	103.3			
2:00	89.4			중점(95.3℃/2:00)
3:00	94.6			
4:00	105.4			
5:00	117			
6:00	128.1			
7:00	138.9			
8:00	148.8			
9:00	158.6			
10:00	168.5			
11:00	178.8		30(180℃)	
12:00	189.4			1차 크렉(190℃/12:10)
13:00	200.7			
13:50	210.1			로스팅 종료

투입량이 8kg이므로 전 페이지에 비해 가스압을 1.3kPa로 끌어올려 공기 흐름도 크게 하였다.

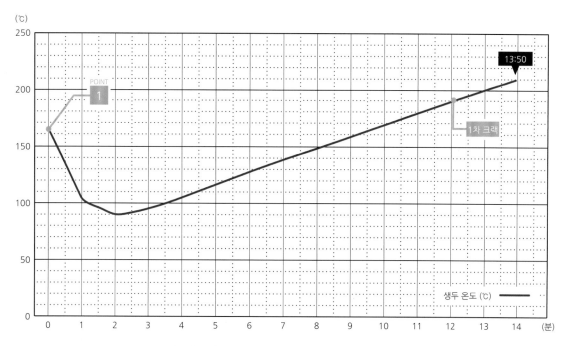

중점, 1차 크랙 그리고 온도 상승은 앞 페이지의 에스프레소와 다를 바 없는 그래프 변화를 보여 준다. 에스프레소보다 약간 낮은 210℃에서 로스팅을 종료한다.

1 예열·생두 투입

200℃까지 데우면 화력을 떨어뜨려 160℃까지 낮추는 작업을 3회 반복한다. 전체적으로 따뜻해지면 첫 번째 배치 때 생두를 투입한다. 생두 온도가 160℃, 가마 내 온도가 180℃일 때 투입한다.

로스팅 종료

로스팅 종류 후 냉각 상자에 스팟 쿨러를 연결해 원두를 식힌다. 또 냉각 팬의 흡입이 약해 연기가 오르는 경우도 있으므로 별도로 연기를 흡입하는 장치도 달았다.

커피 색도계의 수치는 60 전후에 로스팅을 완료한다. 오차가 클 경우에는 로스팅 프로세스를 재검토한다.

로스팅실이 설치되어 있는 신본점은 원래 서점으로
사용되던 건물이었다. 도시가스의 공급량이 충분하
지 않아서 로스터기용, 주방기구용으로 프로판 가스
를 각각 따로 사용하고 있다.

- *Shop*

14 ▶ **Unir**

우니르

- 교토부 나가오카쿄시

Unir 본점
교토부 나가오카쿄시 이마자토 4-11-1
전화번호: 075-956-0117
영업 시간: 10:00~19:00
정기 휴일: 수요일

추출 기구나 컵 등 커피 관련 기구도 판매하고 있다. 내부는 카페로 되
어 있고, 런치나 디저트의 인기도 높다.

150평의 실내에 커피 매장, 로스팅실, 카페, 세미나룸으로 구성되어 있다. 넓이를 살린 사각형 공간 조성, 조명 등을 매달지 않고 돌출물이 없는 천장으로 완성하는 등 곳곳에서 고집이 돋보인다.

카푸치노
520엔

그날의 추천 커피 원두를 사용하고 있다. 기술이 뛰어난 바리스타의 정통 카푸치노를 만끽할 수 있다.

그날의 추천 메뉴를 자유롭게 시음할 수 있다. 커피콩의 산지나 맛의 특징을 자세하게 적은 POP를 붙여 고객의 눈길을 끈다. 고객의 구매 동기를 끌어낸다.

외부에서 배운 것을 스스로 살려 교토의 인기 카페로
'감각'과 '수치'를 기반으로 로스팅 기술을 높이고 있다

'Unir'는 2006년 교토부 나가오카시의 주택가에서 오픈했다. 교토와 오사카의 중간 지점의 교외에 위치하고 있는데, 이제는 교토를 대표하는 스페셜티 커피 전문점 중 하나로 많은 팬이 모이고 있다. 대표인 야마모토 히사시 씨는 직장에 다닐 때 교토나 도쿄의 커피점을 탐방하던 중 스페셜티 커피를 접하게 되었다. 맛은 물론 컵으로 평가한다는 사고방식에도 공감하고 스페셜티 커피로 개업하겠다는 방향성을 찾아냈다. 퇴직 후에는 2년에 걸쳐 개업 준비를 하고, SCAJ(Specialty Coffee Association of Japan) 세미나 및 커피점 오픈 강습회 등에 참가했다. 개업 1년 전에는 프로밧 반열풍식 5kg 로스터기를 구매하고, 본격적으로 로스팅 기술 습득에 몰두했다. 하지만 "처음에는 모든 게 엉망이었죠. 커핑 능력도 없고, 로스팅에 대한 맛 검증도 전혀 할 수 없었어요"라고 야마모토 씨는 말한다. 하지만 개업 후에도 SCAJ의 여러 세미나에 참가하고, 또한 SCAJ 로스트 마스터스 위원으로 활동하며 워크숍 등도 진행하고 있다. 외부로부터의 자극을 받으며, 스스로 로스팅에 대한 피드백을 해오고 있다. "지금 생각하면, 여러 사람과 만나고, 듣고, 그것을 시험했던 것이 큰 성장으로 이어졌어요."라고 야마모토 씨는 회고한다. 동시에 JBC(재팬 바리스타 챔피언) 등의

볶는 강도를 올리는 것은 향이나 크랙이 발생한 후부터의 경과 시간, 온도 등을 보고 판단한다.

35kg의 롤링 스마트 로스터기는 2011년에 도입했다. 도입 당시 35kg 가마는 오버 스펙이었지만, 점포 수나 도매처가 증가한 현재는 월간 2.5톤을 로스팅하고 있다. 굴뚝은 배기, 냉각과 함께 그대로 천장을 뚫고 솟아 있다.

경기대회에도 참가하기 시작했으며, 2010년에는 같은 카페에서 수석 바리스타로 일하는 아내인 야마모토 토모코 씨가 최종 결승까지 진출했다. 이와 같은 성적을 거둠에 따라 실력 있는 카페로 인지도가 널리 알려지기 시작했다. 그리고 소매·도매 분야에서 모두 원두 판매가 점점 궤도에 오르기 시작했다. 2009년에는 나가오카 텐진점을 낸 후 오사카, 교토 시내, 도쿄에도 분점을 내며 현재 5개의 카페를 오픈했다. 2016년에는 150평이나 되는 실내에 로스팅실, 카페, 세미나실 등을 집약한 새로운 본점을 오픈했다. 스페셜티 커피의 보급에도 기여하면서 착실하게 비지니스를 확대해 오고 있다.

커피콩의 '흡열과 발열' 상태를 명확한 이미지로 그리면서 로스팅한다.

야마모토 씨는 자신이 원하는 커피에 대해 "깔끔하면서 산미가 두드러지는 맛"이라고 말한다. 그런 점에서 프로밧(Probat) 로스터기는 커피콩의 풍미와 특성을 잘 낼 수 있는 기계지만, 매일 로스팅 양이

증가하여 1일 30~40배치를 로스팅하게 되면 마지막은 가마 내부의 온도도 높아진 채로 있게 되어 로스팅 조절이 어렵게 된다. 그래서 2011년, 35kg의 스마트 로스터기를 도입했다. 아직 일본에서 도입한 카페는 적었지만, 프로밧의 로스팅 원두를 마셔 보고 비교해 봐도 자신이 원하는 맛에 보다 가깝다고 느껴졌다. 또한, 생두에 가하는 열을 높이고 싶을 때에 높일 수 있고, 내리고 싶을 때 바로 내릴 수 있는 반응의 장점도 마음에 들었다. 현재 스마트 로스터기를 사용한 로스팅 프로세스는 수분을 빼는 로스팅 전반(前半) 단계에서 버너 출력을 약간 억제하고 수분이 빠지고 나면 한 번에 열을 가해서 생두를 디벨롭시키는 것이 기본이다. 특히 중요시하는 것이 로스팅 과정에서 생두가 지금 흡열하고 있는지, 발열하고 있는지를 상상하며 로스팅하는 것이라고 한다. 커피 생두 투입 후 중점(中点)을 넘어 100℃까지는 오로지 생두는 흡열을 계속하며, 100℃를 넘으면 생두의 수분이 증발하기 시작해서 수분이 빠질 준비를 할 수 있다. 이 단계는 생두도 발열을 약간 하지만 아직 열을 흡수할 힘이 약하다. "흡열을 하고

샘플 로스팅은 디스커버리 로스터기를 사용한다. 새로운 커피콩을 입수했을 때는 약볶음으로 해서 원료의 특성을 파악한다.

대표이사:
야마모토 히사시
(山本 尙)

농업 토목 설계 일을 하면서 교토나 도쿄의 커피점을 탐방하던 중 스페셜티 커피를 만났다. SCAJ 세미나 및 인기 카페의 로스팅 강습회에도 참가하며 개업 준비를 진행해 2006년에 Unir를 창업했다.

왼쪽 사진이 현재 Unir의 로스팅 전반을 맡고 있는 니시무라 유지 로스터이다. 로스팅한 원두를 커핑해서 네거티브 요소가 나오지 않았는지 체크한다.

로스팅한 원두는 전부 샘플을 따로 보관하여 클레임 등이 일어났을 때 빠르게 확인, 대처하고 있다.

있어 더욱 화력을 가하고 싶지만 아직 생두 안의 수분이 증발하고 있는 중입니다. 여기에서 열을 과도하게 가하면 생두를 태우게 되므로 수분을 적절하게 뺄 정도로 화력을 가합니다." 그 후 160℃ 정도가 되면 생두의 수분은 거의 빠지고, 겉보기에도 색이 노랗게 된다. 이 단계에서 생두는 발열과 흡열의 균형을 잡고 있는 상태가 된다. "바로 여기가 포인트입니다. 생두 내부까지 수분이 없어졌기 때문에 화력을 한 번에 올려 심지까지 확실히 열이 가해집니다." 그러자 액상이었던 생두 내부는 기포가 나오기 시작해서 캐러멜화(caramelization)한다. 생두 안의 성분이 남김 없이 디벨롭해, 1차 크랙이 발생할 때에 커피의 풍미와 특성이 잘 발산되는 것이다. 1차 크랙 후에는 생두는 흡열을 하지 않고 점점 발열해 간다. 따라서 괜한 활력을 가하면 오버 칼로리가 되므로 화력을 줄인다. 물론 생두의 특성이나 상태에 따라 화력의 조절은 바뀌지만, 기본적으로는 이와 같은 온도 진행과 생두 상태의 이미지를 가지고 로스팅해 간다고 한다. "생두는 로스팅 과정에 점점 밀도가 가벼워지지만, 수치를 내면 처음부터 끝까지 점점 가벼워지는 게 아니라 160℃의 캐러멜화 단계에서 단시간에 한 번에 가벼워지는 것을 알수 있습니다."라고 야마모토 씨는 말한다. 수치면에서도 생두의 디벨롭 상태를 이해하는 것으로 보다 명확하게 이미지를 가질 수 있다고 한다.

위/로스팅 후에는 체로 쳐서 깨진 원두를 제거한 다음. 핸드픽을 한다.
왼/사내 바리스타 및 도매처 트레이닝실에서 경기대회용의 트레이닝 등도 여기에서 실시한다. 에스프레소 머신도 몇 대 있으며 설비가 충실하다. 일반인 대상의 세미나도 여기에서 실시한다.

감각에만 의존하면
만일의 경우 대응할 수 없다.

로스팅 후에는 그날 볶은 원두를 모두 커핑해서 체크한다. 타거나 덜 구어진 로스팅이 원인인 맛을 시작으로, 원료의 변환 시간에 의한 위화감 등 네거티브 요소를 우선 확인한다. 나아가 그때의 로스팅 프로세스에서 맛이 목표한 허용 범위에 들어왔는지를 확인하고 다음날 로스팅에 피드백을 해간다. 이 커핑 결과를 다음 로스팅에 반영하는 사이클이야말로 로스팅 기술을 높이기 위한 요점이며, 여기에서 중요한 것은 "감각과 수치, 양쪽을 중요하게 여기는 것"이라고 말한다. 감각이라는 것은, 예를 들어 커핑했을 때의 인상이나 시음할 때의 관능 표현, 로스팅 중의 향의 느낌이다. 한편 수치는 로스팅의 프로파일 등이지만, 여기에 더해 Unir에서는 로스팅 전과 후에 각각 커피콩의 밀도나 수분 함유량 등을 계측한다. 중점이나 생두의 색이 변하는 포인트, 1차 크랙 때의 온도나 시간도 각 배치에서 전부 기록한다. 나아가 로스팅 후에는 색차 계측기로 볶음도를 체크하고있다.

"커피의 관능 부분만을 쫓는다면, 그게 만일 변했을 때 원인을 모르게 됩니다. 검증을 위해 수치를 철저하게 계산해 두고 감각과 숫자를 서로 연결해 가는 것이 앞으로 바리스타나 로스터의 성장 속도를 높이는 데도 중요하다고 생각합니다."라고 야마모토 씨는 말한다.

경기대회 참가는 바리스타뿐만 아니라 전체의 레벨업으로

현재 Unir의 로스팅은 야마모토 씨로부터 지도를 받은 니시무라 유지 로스터가 맡고 있다. 그밖에 사내의 바리스타도 현재 10명으로 늘었다. J B C (Japan Barista Championship) 대회에도 매년 참가하고 있으며, 근래에는 계속해서 상위에 입상하는 우수한 성적을 보이고 있다. 바리스타, 로스터와 스페셜리스트의 육성도 가게의 테마가 되는 가운데 경기대회에 참가하는 것은 바리스타 개인만의 성장이 아니라 로스팅 검증, 원료 선택, 추출 방법 등 커피에 관한 모든 것과 스태프의 레벨 업으로도 연결된다고 한다. 도매처 및 개업자용의 트레이닝 프로그램도 더욱 충실하게 하고 있는 Unir는 스페셜티 커피의 매력을 넓히기 위해 앞으로도 새로운 도전과 인재 육성에 매진해 가고 있다.

Unir의 커피 제조

[생두 선택]
▼

스페셜티 커피만을 다루고, 생두는 공동 구매 그룹인 'C-COOP'를 통해서 구매하고 있다. 컵 오브 엑설런스(Cup of Excellence)에는 야마모토 씨가 직접 산지에 가서 국제 심사원으로서 품평회에 참가한다. 자신의 눈으로 엄선하고 있다. "탑 오브 탑 커피가 많이 모인 가운데 맛을 확인할 수 있는 것은 커피를 아는 데 있어서 상당히 큰 경험입니다. 코스타리카 등은 지금 새로운 시험을 하는 생산자나 신흥 농가도 나와서 매우 재미있습니다." (야마모토 씨)

[로스팅 양과 판로]
▼

로스팅은 1일 평균 10배치를 하고 있다. 오전부터 실행한다. 1회 로스팅 양은 5~20kg이며, 월간 로스팅 양은 2.5톤이다. 현재 전체의 30~40%가 도매로, 60~70%가 소매로 판매되고 있다. 도매 거래처는 120곳으로 6년 전과 비교해 3배로 늘었다. 그에 따라 에스프레소 추출이나 상품 개발 등 도매처 및 개업자를 위한 트레이닝 메뉴를 충실하게 해오고 있다.

위/SCAA 인정의 로스트 컬러 애널라이저 'Lighttells'. 스코어가 0~100까지 있으며 0에 가까울수록 어둡고, 100에 가까울수록 밝다고 측정된다. 생두, 로스팅한 원두 각각 수분 함유량, 밀도, 온도를 측정할 수 있는 영국산 수분 측정기 'Sinar BeanPro'

[밀도, 수분치, 밝기를 체크]
▼

로스팅 전에 커피용 수분 계측기로 수분치, 밀도, 온도를 측정하고, 생두의 상태를 파악한다. 생두의 로트나 종류마다의 차이를 수치로 알 수 있을 뿐만 아니라 수분치의 변형 시간도 체크할 수 있으므로 정밀도가 높은 로스팅으로 연결할 수 있다. 또한, 로스팅 후에도 수분치와 밀도, 온도를 계측하고 로스팅에 의한 변화를 기록한다. 또한, 로스팅 후에는 로스팅 정도를 체크하기 위해서 색차 계측기에로도 측정해서 가게에서 정한 로스팅 정도와 비교해 큰 오차가 나오는지 확인한다.

[감각과 수치, 양쪽 모두 중요]
▼

"로스터도 바리스타도 실력을 높이기 위해서는 관능 표현과 수치를 모두 중요하게 생각할 필요가 있습니다."라고 야마모토 씨는 말한다. 로스팅이라면 생두의 수치 이외에 로스팅 중의 중점, 색이 변하는 타이밍, 크랙이 발생하는 시간 등을 기록한다. 로스팅한 원두의 맛의 차이를 수치로 검증할 수 있도록 한다. 동시에 커핑 스킬도 관능 표현도 시간을 들여 가르치고, 마실 때의 느낌을 언어로 표현할 수 있도록 단련한다. 한편, 추출에서도 경기대회 때 등에서는 에이징에 의한 변화나 포장 개봉 후의 가스 방출량 등을 측정한다.

Roasting @Unir

생두의 수분이 빠지고 색이 바뀌는 160℃ 부근의 타이밍에서 한 번에 화력을 높여 생두의 속까지 열을 가해 커피콩의 풍미와 특성을 잘 디벨롭시키는 것이 Unir의 로스팅 기법이다. 생두의 밀도나 수분치도 참고하며 매뉴얼 조작에서 화력을 조정해 간다.

ROAST DATA

- □ 로스팅 일시: 2017년 7월 30일 11'00~
- □ 생두: 르완다 밀리비치
- □ 로스터기: 롤링 스마트 로스터 열풍식 35kg 프로판가스
- □ 볶음도: 중볶음
- □ 생두 투입량: 12.5kg
- □ 생두 밀도: 801g/L 수분량: 9.8%
- □ 5배치째
- □ 날씨: 흐린 후 맑음

🔘 르완다 밀리비치

- □ 산미: 루시지
- □ 산지 고도: 1,750m
- □ 품종: 부르봉
- □ 정제법: 풀워시드

동아프리카·르완다의 스페셜티 커피로, Unir에서도 싱글 오리진으로 제공하고 있는 인기 품목이다. 화려함과 산뜻함을 겸비하고 있으며, 플로럴, 자몽, 체리 등의 새콤달콤한 과일 풍미를 느끼게 한다. 로스팅 전 생두의 밀도는 801g/L이다.(1ℓ 중의 무게가 801g)

로스팅 시간	생두 온도 (℃)	배기 온도 (℃)	열풍 온도 (℃)	버너 (%)	현상
0:00	200.0	170	225	20	
1:00	76.1	147	226	30	중점(73.9℃/0:46)
2:00	104.4	163	229	30	
3:00	127.8	163	230	30	
4:00	144.4	171	232	40	
5:00	157.2	180	236	40	
6:00	167.2	187	241	50→60(6:18)→82(6:45)	
7:00	179.4	202	256	82	
8:00	193.9	215	271	82→78→75(8:45)	1차 크랙(203℃/8:50)
9:00	205.0	221	278	68→60(9:32)→20(9:39)	
9:56	211.7	225	283	20	

커피 수분이 빠지고 색이 변하기 시작하는 6분 후부터 화력을 82%까지 올려, 커피콩 성분을 발전시킨다. 1차 크랙 전후에는 생두도 열을 갖게 되므로 화력을 줄이고 로스팅을 종료하기 전에는 20%로 한다.

스마트 로스터는 전자동 로스팅도 가능하지만, 이 카페에서는 매뉴얼 조작으로 로스팅한다.

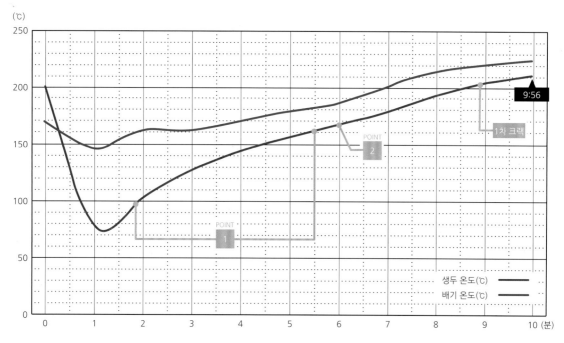

6분 이후, 1차 크랙 전후까지의 온도 진행은 1분당 12~14℃로 생두의 안까지 확실히 열을 가하고 로스팅을 종료한 직후에는 버너를 줄여 느슨하게 진행한다.

POINT
1 차분히 흡열하고 수분을 뺀다.

100~160℃까지는 생두가 열을 많이 흡수하는 단계이다. 수분은 증발하지만 아직 생두 안에 수분이 남아 있으므로 여기에서 화력을 한 번에 올리면 겉이 타버릴 가능성도 있다. 상태를 보며 화력을 조정한다.

2 수분이 빠지면 화력을 한 번에 올린다.

온도 진행과 동시에 원두의 상태도 확인한다. 스마트 로스터기는 크랙 소리가 잘 안 들리므로 크랙 상태도 스푼으로 원두를 떠서 확인한다.

160℃를 넘어 생두가 노랗게 되어 수분이 완전히 빠지면 화력을 한 번에 올린다. 생두 안까지 열을 넣는 것으로 내부가 캐러멜화하고 커피콩의 풍미와 특성이 급격히 발전한다. 생두 자체는 흡열하며 발열도 하기에 생두의 온도 상승률도 올라간다.

1차 크랙이 끝나고 중볶음 정도가 되면 로스팅을 멈춘다. 달고 산뜻한 산미와 부드러운 감촉을 표현할 수 있다.

1호점인 츠키사무 본점은 삿포로 역에서 지하철로 20분 거리에 있으며, 원두 판매 외 카운터에서 카페 이용도 가능하다.

Shop
15 ▶ IWAI COFFEE
이와이 커피

홋카이도 삿포로시

이와이커피 카페 휴테(로스터리)
홋카이도 삿포로시 북구 아이노사토3-4-1-5
전화번호: 0800-600-5294
영업 시간: 10:30~17:00
정기 휴일: 일요일·공휴일

대표이사:
이와이 다카유키
(岩井 貴幸)

1988년 로스터리 카페 '이와이 커피'를 개업했다. 스페셜티 커피 세계를 만난 후, SCAA 콘퍼런스, COE 심사회 등에 참가했으며, 2007년부터 국제 심사원으로도 활동하고 있다.
'Japan Roasters' Network' 동료들과 함께 커피 산지에 가서 공동 구매를 개발하고 있다.

츠키사무 본점의 커피 판매점. COE 입상 생두 외에 싱글, 계절 블렌드, 기프트 세트 등 다종 다양한 품목을 판매하고 있다. 고객의 기호에 맞게 대응하고 있다.

요코하마에 하역된 생두는 삿포로로 옮겨 정온 창고에 저장한다. 필요한 분량을 로스팅 공장까지 운송해 받는다.

열풍기를 사용해서 독자적인 방식으로 로스팅 환경을 체크하며 깔끔하고 달콤한 스페셜티 커피를 만들고 있다

'이와이 커피'는 1998년, 삿포로시의 지하철 츠키사무 중앙역 근처에 자가 로스팅 원두 소매점으로 개업했다. 대표인 이와이 타카유키 씨는 물건을 만드는 일을 직업으로 하고 싶어, 바이크나 소바 가게 등 여러 가지 분야 중에서 '이치랄까 해답을 잘 모르는 것'에 보람을 느껴 카페 개업을 선택했다. 자금 부족으로 로스터기는 사지 못하고 개업 후 반년간은 지인의 로스터리 카페인 '요코이 커피'에서 로스터기를 빌려 구매한 커피콩을 로스팅해 왔으며, 이후 후지로얄 직화식 5kg를 구매했다. 잘 구울 수 있도록 버너를 16개로 늘리고, 불과 드럼과의 거리를 조절할 수 있도록 슬라이드를 붙이는 등 개조하여 독자적인 로스팅 기법을 시행해 왔다. 같은 무렵, 스페셜티 커피를 만났다. 현재는 이

가게가 생두를 공동 매입하고 있는 'Japan Roasters Network'의 전신인 '커피의 아군 학원'의 동료와 함께 SCAA 콘퍼런스 및 COE에도 참가하고 있다. 이후 품평회의 국제심사원으로도 활동하며 '이와이 커피'는 삿포로에서 고급 스페셜티 커피의 매력을 전달하는 전문점으로서 오랜 시간 인기를 모으고 있다.

일본에서는 보기 드문 이탈리아산 열풍 로스터기를 활용

현재 이 가게가 사용하는 로스터기는 이탈리아 'STA IMPIANTI'의 10kg 열풍기이다. 판매 대리점도 없고 국내 유저도 거의 없지만, 이와이 씨는 커피의 풍미와 특성을 보다 잘 뽑아내는 머신으로써

일본에서 유지 보수를 받을 수 없어, 축의 베어링이나 모터 등의 부품 교환 및 수리는 전문 업자의 어드바이스를 받아 스스로 해오고 있다. 제어판도 스스로 만들어 여러 계기를 설치했다.

볼로냐 본사에 직접 의뢰해 구매한 STA IMPIANTI 로스터기이다. 우측 녹색 카울 아래에 버너가 있어 열풍이 한 번 위까지 오른 후 아래의 드럼 안을 빠져나가는 구조이다.

버너는 3개이다. 드럼 왼쪽에 버너를 둠으로써 직접 드럼에 열이 닿지 않아도 열풍에 의한 로스팅을 실현할 수 있다.

주목해, 이탈리아 본사에 직접 의뢰해 2003년에 간신히 도입할 수 있었다. 그 후 2004년 삿포로 교외의 아이노사토에 카페와 로스터리를 겸한 '카페 휴테'를 개업했다. 현재는 여기에 기계를 두고 매일 이른 아침부터 로스팅하고 있다. STA 로스터기에서 특징적인 것은 구조이다. 버너는 드럼의 아래가 아닌 옆에 설치되어 있어 버너의 열은 드럼 옆의 역 L자형의 통기구를 관통해서 위까지 오른 후 드럼 안을 열풍으로 빠져나간다. 일단 위에 오른 열풍을 아래의 드럼에 관통시키는 구조이다. 또한, 열풍기이면서 드럼은 펀칭망도 독특하다. 한편 구조재에는 주물을 사용하고 있어 보열성도 나쁘지 않다. "로스터기에서 예를 들면, 가마에 축열성은 그다지 없으며 버너의 화력으로 로스팅을 진행해 가는 것을 A타입, 가마의 축열성이 높으며 가마 내부의 열로 굽는 이미지의 로스터기를 B타입으로 한다면, STA의 로스터기는 A, B의 중간 정도

보다 정확하게 가스의 칼로리를 측정할 수 있도록 미압계 외에 유량계를 설치했다. (오른쪽은 디지털 계량기) "로스팅에서 사용하는 사람은 없을 거예요."라고 말하는 이와이 씨

가마의 내부 압력을 측정하기 위해 미차압계도 독창적으로 설치했다. 계기에서 나오는 튜브가 배전기의 전면에 꽂혀 있다. 배기의 누수는 이것으로 확인한다.

배기, 냉각 각각 따로 굴뚝을 설치했다. 사이클론 애프터 버너는 외부에 설치되어 있다. (사진 좌) 배기·냉각 팬의 모터이다. 배기 팬은 인버터 제어이다. (사진 우)

의 타입입니다."라고 이와이 씨는 말한다. A는 소위 옛날 로스터기로 축열성이 낮은 만큼 버너의 출력이 약하면 수분 제거에 시간이 걸리는 경향이 있다. 그러면 1차 크랙 후 생두가 디벨롭할 때, 전반에서 시간을 들인 만큼 지나치게 칼로리가 더해지기 때문에 로스팅 후반에 화력을 줄일 필요가 있다. 한편, 프로밧으로 대표되는 B 로스터기는 가마 안의 축열성이 높기에 수분 제거는 원활하지만 배치를 거듭하면 열이 빠지지 못하고 고여 버려서 조절이 어려워진다. 이 점에서 STA 로스터기는 A처럼 화력이 부족하지 않으며, B처럼 가마가 지나치게 뜨거워지는 것도 없다고 한다. 이러한 특징이 자신이 목표하는 커피를 만드는 데 적합하다고 여기고 있다. 목표하는 커피 맛은 '깔끔하고 달며 마시기 쉬운' 것이 우선 대전제라고 이와이 씨는 말한다. 또한, 스페셜티 커피의 각각의 풍미와 특성

을 즐길 수 있도록 하고 있다. 그것을 실현시키기 위해 이와이 씨는 생두가 덜 구워지는 것이나 타는 것을 막는 것은 물론, 로스팅에서는 빠르고 확실하게 수분 제거를 끝내서 1차 크랙 후에 생두의 디벨롭을 잘 진행시키는 것을 중요하게 여기고 있다.

로스팅 환경의 변화를 읽을 수 있도록 오리지널 계기류를 충실히 관리한다.

"실제로 로스팅할 때, 커피콩의 타입(밀도, 크기, 수분량 등)에 따라 볶는 방법을 몇 가지 준비합니다만, 중점 후에 생두의 수분 제거 준비가 되는 120℃ 정도에서 화력을 높여, 1차 크랙 후의 볶음도에 따라 화력을 조절하는 등 어느 정도 간단하게 조작하는 것에 힘을 쓰고 있습니다." STA 로스터기는 이처럼 조절하기 쉬우며 편리하지만, 로스팅 중에 커피콩의 변화에 집중할 수 있도록 로스팅 환경이 가

'카페 휴테'의 메뉴는 프렌치 프레스나 에스프레소로 추출한다.
사진은 좋아하는 원두를 선택하는 '프레스 커피'로 450엔이다. 추
가로 100엔을 더 지급하면 COE에 입상한 원두도 즐길 수 있다.

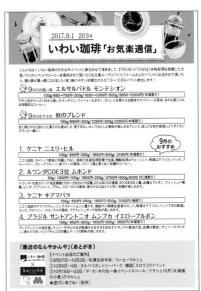

매달 발행하는 전단지이다. 그달의
추천 메뉴를 기재하고 뒤에는 각 상
품의 소개가 적혀 있는 주문표

능한 한 동일하게 되도록 고안했다. 예를 들면 화력
을 측정하기 위해 가스의 마이크로 마노미터 외에
가스의 유량계를 설치했다. 이로써 로스팅할 때 보
다 정확하게 가스의 칼로리를 계산할 수 있게 되었
다. 또한, 드럼 내부 생두의 온도는 로스터기의 앞
부분과 뒤 편의 배기에 가까운 부분 2곳에서 측정
할 수 있도록 새롭게 온도계를 설치했다. 2곳의 온
도 차이에서 오버 로스트 등의 이상이 없는지 체크
할 수 있도록 했다. 그리고 드럼 안의 내부 압력을
측정할 수 있는 미차압계도 설치했다. 계절이나 날
씨에 의한 변동으로 로스팅이 잘 되지 않을 경우에
도 그런 수치를 볼 수 있도록 하는 것으로 수정이
용이해졌으며, 보다 재현성이 높은 로스팅이 가능
하게 되었다. "수치에 의존해서 로스팅하는 것은
아니지만, 어떤 일이 있어났을 때 원인을 빠르게 찾
는 편이 좋습니다. 그러기 위해서 이것저것 설치한
거예요."라고 이와이 씨는 말한다. 원래 STA는 국
내에 대리점이 없기 때문에 로스터기의 유지 보수
나 수리는 그때 가스 기구점, 전기점, 철공소 등의
전문 업자의 조언을 받아 자력으로 실행해 오고 있
다. 그러면서 기계에 관해서도 강해져 고유의 계기
나 센서도 설치할 수 있게 되어 안정된 로스팅 환경
조성을 실현할 수 있게 되었다.

커핑에 따른 맛의 검증은 완전히 식은 상태도 중시한다.

현재 '이와이 커피'의 로스팅 양은 월 700~800kg
이다. 그중 카페나 레스토랑에 도매하는 것은 30%
이며, 많은 부분이 소매로 제공된다. 상품은 COE
에서 입상한 커피콩 외에 싱글 오리진, 10종류 이
상의 블렌드 등으로 다양하며, 고객의 다양한 기호
에 대응하고 있다. "당연히 맛이 있어야 합니다. 거
기에 보다 많은 사람이 마실 수 있도록 하는 것이
중요합니다."라고 이와이 씨는 말하며, 로스팅 전
후의 커핑에 따른 맛 검증에도 신경을 쓴다. 특히
커피가 완전히 식었을 때의 맛은 반드시 체크한다.
소매로 구매하는 고객은 커피를 천천히 마시기 때
문에 반드시 식은 상태에서 마시는 경우가 많다.
그때 맛이 좋지 못하면 리피트 이용은 바랄 수 없
다. 그렇기 때문에 커핑 때에도 식은 상태의 맛의
변화를 보고, 커피콩의 상태나 로스팅 과정을 검증
하고 있다. 가게는 개업한 지 곧 20년을 맞는다. 홋
카이도의 이벤트 노점이나 콜라보 기획 등에도 적
극적으로 참가하고 있어, 맛있는 커피의 매력을 전
달하기 위해 한층 더 진화를 이어나가고 있다.

이와이 커피의
커피 제조

[생두의 투입량은 용량의 반까지]
▼

10kg 로스터기 용량에 대해 1회 생두 투입량은 3~5kg이다. 로스팅 양의 상한선을 가마 용량의 반으로 하는 것은 수분 제거 단계에서 생두에 칼로리가 확실히 전달될 수 있도록 생각해 낸 것이다. "프라이팬에 밥을 가득 채우면 밥알이 살아 있는 볶음밥은 만들 수 없습니다. 그것과 같은 감각입니다." (이와이 씨)

[로스팅 스케줄]
▼

로스팅은 아침 6시부터 시작된다. 매일 12~15배치 정도 로스팅을 한다. 월 로스팅 양은 700~800kg으로 그중 도매가 30% 정도이다. 업무용 판매에서는 원두의 판매뿐만 아니라 기구의 코디네이트나 트레이닝도 병행하며 고객과 함께 오리진 블렌드를 개발하고 있다.

[지향하는 맛]
▼

대전제로는 '깔끔하고 달며 마시기 쉬운' 커피를 지향한다. 거기에 더해 스페셜티 커피의 풍미와 특성의 차이를 즐길 수 있도록 로스팅해 간다. 단맛을 느낀 후 여운이 기분 좋게 이어지는 것을 중요시한다. "원두를 판매하는 가게이므로 맛있는 것도 물론 보장하지만, 그 가운데 소위 요즘 트렌드가 아닌, 많은 사람이 마시고 즐길 수 있는 상품, 맛을 중요하게 생각합니다."

[계절 변동과 로스팅]

추운 곳이어서 겨울이 되면 로스팅의 배기 제거가 나빠지거나 온도가 낮아 로스팅의 온도 상승 속도가 둔해질 때도 있다. 그렇기 때문에 겨울철에는 생두 투입량을 줄이거나 혹은 로스팅 전반의 진행을 약간 느리게 하고 후반에 열을 가하는 형태로 하는 등 방법을 바꿀 때도 있다. 로스터기의 내부 압력을 측량하는 미차압계나 가스의 유량계 등 계기류를 충실하게 하는 것은 이와 같은 계절에 의한 변동을 수치로 알도록 하고 싶은 목적도 있다.

[식은 맛도 중시한다]
▼

로스팅한 원두는 커핑해서, 타거나 덜 익거나 등 로스팅에 의한 결점이 있는 맛이 나오지 않았는지를 주로 검증하고, 커피콩의 풍미와 특성이 충분하게 나오지 않을 경우에는 로스팅을 검증한다. 또한, 검증은 액체가 뜨거운 상태와 식어가는 단계 그리고 완전히 식은 단계로 3번 실행한다. "소매 고객은 커피를 한 번에 내린 후 천천히 마시기 때문에 식었을 때의 맛이 나쁘면 좋은 인상을 줄 수 없습니다. 다 마신 후 식었을 때, 즉 마지막 인상이 좋지 못하면 재구매로 이어지지 않습니다."라고 말하며 도매처에도 "식은 후 커피 맛이 승부입니다. 이것이 가게의 인상을 좌우합니다."라고 전한다.

Roasting @IWAI COFFEE

밀도나 수분량, 크기 등 생두의 성질에 따라 어느 정도의 패턴을 만들어서 로스팅하는 가운데 이번의 콜롬비아는 비교적 정통 타입이다. 가능한 한 수분을 잘 제거해서 커피콩의 디벨롭이 빠른 단계에서 일어나도록 하고 있다.

콜롬비아 엘프로그레소

☐ 산지: 우일라주 아세베도 지역
☐ 산지 고도: 1,500m
☐ 품종: 까뚜라
☐ 정제법: 수세법

2009년 콜롬비아 COE에서 3위에 입상했을 때 대량으로 사들이고 난 후 매년 구매하고 있다. 경도, 크기 모두 비교적 정통 타입의 커피콩이다.

ROAST DATA

☐ 로스팅 일시: 2017년 5월 30일
☐ 생두: 콜롬비아 엘프로그레소
☐ 로스터기: STA IMPIANTI 배전기 열풍식 10kg 프로판 가스
☐ 볶음도: 중강볶음
☐ 생두 투입량: 5kg
☐ 일곱 번째 배치
☐ 날씨: 맑음

로스팅 중, 가마의 내부 압력은 100Pa로 고정되도록 배기 팬을 조절한다. 일정한 배기 풍량을 유지하기에 배기 제거로 커피의 맛을 조절할 일은 없다.

로스팅 시간	생두 온도 (℃)	온도 상승률 (℃/분)	가스 유량 (㎥/h)	현상
0:00	190		0.7	
1:00	97.2	-92.8		중점(92.7℃/1:00)
2:00	108.8	11.6	0.85(125℃/2:55)	
3:00	126.9	18.1		
4:00	143.1	16.2		
5:00	157	13.9		
6:00	169	12.0		
7:00	180.2	11.2	0.68(185℃/7:38)	1차 크랙(185℃/7:38)
8:00	190.8	10.6		
9:00	197.3	6.5	0.59(200℃/9:31)	
10:00	203	5.7		
10:54	208	5.0		로스팅 종료

화력은 가스의 유량계로 측정하며, 단위는 ㎥/h이다. 1시간당 몇 세제곱미터의 유량이 있었는지를 나타낸다. 유량을 알면 콩에 칼로리가 어느 정도 가해졌는지도 알게 된다고 한다.

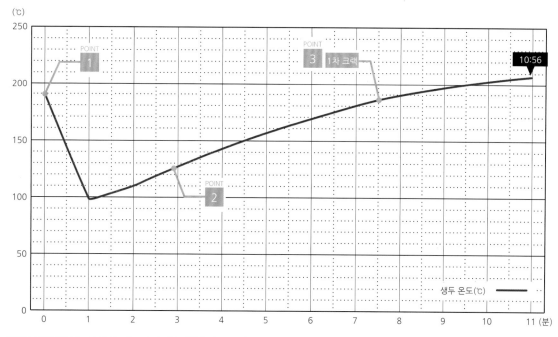

크랙이 시작되기 전, 180°C로 애프터 버너를 점화한다. 로스터기의 가스의 유량이 내려가기 때문에 잘 확인해서 보정한다.

POINT
1 예열 투입

로스팅이 시작될 때와 같은 가스 압력으로 40분 시간을 들여 200°C까지 따뜻하게 해서 규정 온도에서 생두를 투입한다. 생두의 성질, 양에 따라 투입하는 온도는 변하기도 한다.

POINT
2 125°C에서 화력 올리기

3분 정도로 수분 제거 준비는 되기 때문에 수분을 잘 빼는 것과 동시에 로스팅이 진행되도록 화력을 높인다. 확실하게 열을 가한다.

POINT
3 크랙 후에는 천천히

이번 생두의 크랙이 크다는 것과 2차 크랙 전까지 로스팅할 것을 고려해서 풍미와 특성을 잘 잡을 수 있도록 화력을 줄인다.

로스팅 종료는 온도와 향으로 결정한다. 스푼으로 향을 채취해 단 향이 나왔을 때쯤 배출한다.

컵은 살구의 풍미와 밀크 초코와 같은 부드러운 맛이다. 커피가 식은 후에는 초콜릿 풍미를 잘 느낄 수 있다.

155

- **Shop**
  16 ▶ # DOUBLE TALL
  더블 톨

- -

- 도쿄 시부야

DOUBLE TALL 시부야점
도쿄도 시부야구 시부야 3-12-14
전화번호: 03-5467-4567
영업 시간: 11:30~24:00 (토요일은 ~21:00)
정기 휴일: 일요일·공휴일
http://www.doubletall.com/

The Coffee Hangar

로스터 디렉터:
히로이 마사유키
(廣井 政行)

로스팅 경력 30년의 베테랑 로스터이다. 지금까지 직화, 반열풍, 완전 열풍까지 다양한 로스터기를 경험해 왔으며, 각 로스터기의 특성을 살린 로스팅에 주력해 왔다. 이전에 요리사였던 경험도 있어서 머릿속에서 맛을 구성한 깊은 맛을 제조하는 것으로 정평이 나 있다.

독자적인 루트로 구매한 개성 있는 커피콩을
다양한 포인트로 로스팅한다
종합적인 커피 전문점의 새로운 매력을 추구한다

1994년에 창업해서 시애틀 스타일 카페의 선구자적인 존재로서 긴 시간 인기를 모은 'DOUBLE TALL'. 이전에는 미국 시애틀의 '카페 디아르떼'의 생두를 수입해서 사용해 왔지만, 종합적인 커피 전문점을 지향했기 때문에 2007년부터 자가 로스팅을 도입했다.

또한, 로스팅 양이 늘어남에 따라 로스팅할 장소를 갖춘 테이크 아웃 커피숍인 'The Coffee Hangar'을 2012년에 개업했다. 현재는 프랜차이즈를 포함해 7곳의 카페에서 상품으로 사용하는 이외에, 소매 및 도매로 판매하는 콩을 모두 'The Coffee Hangar'에서 로스팅하고 있다. 특히 카페 및 호텔 등 도매 거래처가 늘어나서, 도매용만으로 월 1.5~2톤을 로스팅한다. 로스터기는 디드릭의 IR-3(3kg 가마·반열풍식)과 스마트 로스터 마린 15(15kg가마·열풍식) 2대를 사용한다. 디트리히는 이 가게를 전개하는 유한회사 SS&W 대표인 사이토 쇼지로 씨가 이 기종의 공학적이고 과학적인 이론의 확실성에 반해서 미국의 관련 법인을 통해서 도입한 것이다. 또한, 스마트 로스터기는 로스팅 양이 늘어남에 따라 2013년에 도입했다. 일반적인 스마트

로스터기는 드럼 회전이 있지만, 이 기종은 드럼 회전이 없고, 아래에서 불어 올라오는 열풍만으로 구워내는 완전 열풍식이다. 다루기 어렵긴 하지만 생두를 골고루 구워내는 것이 가능하다는 점에 주목해서 선택했다. 스마트 로스터기는 대량으로 로스팅할 수 있어서 빠르게 구워지고 원두도 예쁘고 통통하게 완성되지만, 장시간 지나치게 구우면 풍미가 날아가기 쉽다. 한편, 디트리히는 세라믹 히터로서 빠르게 속까지 구워내기 때문에 타기 어렵다. 그래서 도매용 등 대용량이나 싱글 오리진 및 에스프레소 블렌드 등을 주로 스마트 로스터로, 소량일 때나 강배전은 주로 디트리히로 로스팅한다. 현재 매일 로스팅하며 디트리히로 20배치 이상 스마트 로스터기로 많을 때는 6~7배치를 볶는다.

커피콩마다 수분량을 고려해서
확실하게 건조한다.

로스팅은 30년 경험이 있으며 로스팅 디렉터를 역임하고 있는 히로이 마사유키 씨가 주로 담당하고 있다. 또한, 로스팅을 배우고 싶어하는 가게의 스태프들도 히로이 씨의 지도 아래에서 경험을 쌓

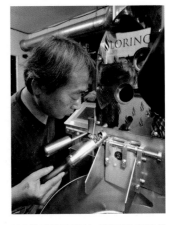

로스팅 과정의 경과는 데이터와 함께 색과 향으로 체크한다. 스마트 로스터기는 다른 로스터기와 비교해서 생두에 색이 입혀지기 어려워 '겉보기보다 구워져 있다'는 점을 고려해서 판단한다.

스마트 로스터기의 굴뚝은 위로 똑바로 세워져 1층의 천장, 단독 주택 2층의 지붕을 통과하고 있다.

로스팅 양이 너무 많아서 효율적인 로스팅을 실행하기 위해서 도입한 스마트 로스터기 마린 15(15kg 가마·열풍식)

고 있으며 주로 3명이 로스팅을 분담한다. 디드릭 IR-3(3kg 가마·반열풍식)은 가스를 본관에서 전용으로 끌어당기고 있어 가스 압력이 약간 높다. 게다가 제거를 잘하기 위해서 로스터기를 일부 개조해 배기 팬의 회전수를 올리고 있다. 디트리히의 경우, 로스팅을 하는 데 걸리는 총 시간은 미디엄 로스트가 약 10분, 시티 로스트가 14분, 풀 시티 로스트가 15분을 목표로 한다. 로스팅 기법은 커피콩의 성질 및 희망하는 볶음도에 맞춰 변화시킨다. 더욱이 시간이 갈수록 떨어지는 커피콩의 신선도도 고려해서 매일 조정한다. 커피콩마다의 차이가 있으며, 특히 중시하는 것은 함유 수분량이다. 새로운 커피콩을 다룰 때는 수분계로 수분량을 측량하고 처음에 가해지는 화력의 양을 조정한다. 예를

들어 높은 칼로리로 미디엄 로스트로 배전할 경우 히로이씨는 처음부터 댐퍼를 50%로 열어 드럼 내부에 공기를 전달해 생두를 건조한다. 실린더와의 접지열에 의한 얼룩을 막기 위해 경우에 따라 70% 전개할 경우도 있다고 한다. 이렇게 함으로써 내부로의 열 침투를 높여 알싸한 맛이나 쓴맛을 남기지 않고 완성시킨다. 한편, 수분량이 10~11%로 제거도 좋은 예멘은 처음에 댐퍼를 닫을 것처럼 해서 어느 정도 시간을 들여 완성시킨다. 이렇게 해서 생두가 노랗게 변하는 6분 정도까지의 사이에 생두의 수분량을 정돈함으로써 안쪽과 바깥쪽에 동일하게 불이 가해져, 이후의 로스팅도 안정적이라고 한다. 온도 상승에 관해서는 기본 라인을 정해두고 크게 벗어날 경우에는 가스 압력 등을 조정해

굴뚝은 실내의 천장까지 올라와 있으며, 건물 바깥의 단독주택 지붕 위까지 올라와 있다. 굴뚝은 연기나 소리가 이웃과의 사이에서 문제가 될 때도 있지만, 이 가게에서는 감연 장치를 설치했으며, 배전도 10시에서 18시까지만으로 하는 등 배려하고 있다.

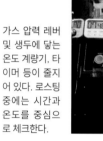

가스 압력 레버 및 생두에 닿는 온도 계량기, 타이머 등이 줄지어 있다. 로스팅 중에는 시간과 온도를 중심으로 체크한다.

오랫동안 사용하고 있는 디드릭 IR-3(3kg 가마·반열풍식) 스마트 로스터기 옆에 설치해서 병행해서 배전한다.

서 맞추어 나간다. 생두에 색이 노랗게 입히면 댐퍼를 서서히 연다. 약볶음일 때는 많이 열지 않으며 타고 남은 찌꺼기는 그대로 남긴다. 이때 타고 남은 찌꺼기는 그다지 작지 않기 때문에 배출할 때에 어느 정도 날아가며, 남더라도 풍미가 더해진다고 생각해 그대로 사용한다. 한편, 강볶음의 경우에는 타고 남은 찌꺼기가 작아서 생두에 붙어버리기 때문에 50% 정도 댐퍼를 열어 타고 남은 찌꺼기를 날려버린다. 130℃쯤에서 자동으로 반응하는 애프터 버너가 작동하기 시작한다. 이후 강볶음의 경우에는 1차 크랙이 끝나면 댐퍼를 완전히 연다. 이는 신선한 산미를 전달하는 편이 맛있게 완성된다고 생각하기 때문이다. 또한, 로스터기의 축열성이 매우 높고, 생두 그 자체의 열도 있기 때문에

2차 크랙 이후로 가는 경우에는 210~215℃에서 가스 압력을 OFF로 하고 천천히 볶는다.

한편, 스마트 로스트기의 경우에는 프로파일을 입력하면 반자동으로 라인대로 로스팅이 진행된다. 온도 상승을 체크하며 화력 등은 그다지 손대지 않고 로스팅 시간으로 조정한다. 완전 열풍식으로 장시간 볶으면 풍미가 날아가므로 싱글 오리진용은 10분 정도, 에스프레소 블렌드는 13분 정도 볶는다. 핸드픽은 색이 입혀지는 편이 죽은 콩 등을 구분하기 쉽기 때문에 주로 로스팅 후에 실행한다. 하지만 소량으로 구매하는 예멘 등은 전후 모두 핸드픽을 해서 전체의 15~17%로 확실하게 제거한다. 로스팅한 원두가 식으면 바로 그 자리에서 커핑해서 맛을 체크한다. 새로 구매한 커피콩의 질을 확인할 때는

로스팅 디렉터인 히로이 마사유키 씨(사진 중앙)와 그에게서 배운 이시이 히로히코 씨(사진 좌), 이다 하루히코 씨(사진 우). 주로 세 명이 로스팅을 담당한다.

'DOUBLE TALL'과 'The Coffee Hangar'를 경영하는 유한회사 SS&W의 대표이사 사이토 쇼지로 씨. 커피콩의 구매를 담당하며 독자적인 루트로 희소한 커피콩을 입수하고 있다.

2017년, 하와이에 9에이커의 토지를 매입하여 하와이 카우의 농장과 공동으로 커피 농장을 개설했다. 사이토 씨와 히로이 씨가 직접 커피 모종을 심었다. 지금까지 하와이에서 기르지 않았던 품목의 모종으로 앞으로의 전개가 기대된다.

약볶음으로 로스팅하고 애프터 테이스트를 중시하며 모두가 함께 커핑해서 로스팅 방침을 정해 간다. 또한, 로스팅은 하나의 생두에 대해 한 종류만으로 정하는 것이 아니라, 적어도 2가지 타입의 포인트를 준비한다. 맛의 폭을 넓혀, 폭넓은 고객의 취향에 대응하기 위해서이다.

다른 가게에는 없는 개성적인 커피콩으로 독창적인 가게 만들기.

커피콩의 구매는 주로 사이토 씨가 담당한다. 현재 일본 및 미국의 무역회사를 통해 구매한 것과 독자적인 루트를 통해 직접 구매한 비율이 비슷하다. 무역회사를 통한 루트는 커피콩의 품질과 양이 안정되기 때문에 대량 도매용 중심으로 사용한다. 현재 브라질, 콜롬비아, 과테말라, 케냐, 에티오피아,

페루, 만델링 등이 있다. 새로운 커피콩을 찾을 때는 SCAJ 등 커피 관련 이벤트를 활용해서 리스트업하여 샘플을 받아 테스트 로스팅을 한 다음, 커핑해서 도입을 검토한다. 스페셜티 커피도 늘려갈 예정이다. 한편, 직접 구매한 커피콩은 쇼트 로트로 다른 가게에서는 다루지 않는 특색 있는 커피콩을 선택해서 다른 가게와의 차별화에 도움이 되고 있다. 현재는 인도, 예멘, 하와이 카우, 파푸아뉴기니 등이 있다. 일본에서는 거의 루트가 없고 사이토 씨가 개인적으로 개척한 루트도 많다. 예를 들면 인도의 왕실 납품 업자의 농장에서 구입한 최고급 로부스타는 사이토 씨 개인이 왕실과의 관계를 가지고 있는 것을 계기로 엘살바도르의 저명한 커피 어드바이저의 소개로 시작된 것이다. 또한, 모카 특유의 맛이 특징인 예멘 콩은 예멘 출신의 커피 소유주로부터

커피 라떼
370엔

'The Coff eeHangar'용으로 에스프레소 블렌드를 사용한다. 제대로 된 쓴맛 안에서 레드 와인과 같은 맛이 나며 마셔도 질리지 않는 맛이다.

'The Coffee Hangar'는 도쿄 시부야역에서 도보 10분 거리의 건물 안쪽 골목에 위치해 있다. 가게 내부에서 로스팅을 하며, 커피는 테이크아웃만 가능하다. 근처에서 근무하는 단골 고객을 중심으로 인기를 모으고 있다.

직접 사들인다. 또한, 최근 품질 향상이 두드러진 하와이 카우의 농장은 사이토 씨의 부친이 1945년부터 하와이의 일본계 조직에 종사한 것이 계기가 되어 11년 전부터 거래를 개시했다. 히로이 로스터도 함께 몇 번이나 현지로 가서 커피콩의 수확이나 정제법을 확인하는 등 밀접한 관계를 유지하고 있다. 또한, 2017년에는 하와이섬에 9에이커의 토지를 구매했다. 하와이 카우의 농장 사람들과 함께 자주 농원을 개간하고, 일전에 사이토 씨, 히로이 씨와 함께 커피 모종을 심어 왔다. 커피나무 재배를 통해 커피콩에 대해 보다 깊이 알 수 있으며, 해외 커피 관계자들과의 관계도 깊어진다. 앞으로도 'DOUBLE TALL'만 가능한 유일무이한 커피가 만들어지는 것을 기대하고 싶다.

DOUBLE TALL의 커피 제조

[생두 구매 과정]

생두는 직접 구매과 상사를 통한 구매 비율이 반반 정도이다. 직접 구매의 경우, 후지 씨가 개별적으로 찾아낸 농장에서 소량의 로트로 구매하고 있다. 독자적인 루트에 의해 인도의 왕실 납품업자의 농원에서 구매한 최고급 로부스타(사진 좌)는 에스프레소에 10~15% 사용하며, 로부스타만의 감칠맛과 크레마를 나타낸다. 하와이 카우의 러스티 하와이안(Rusty's Hawaiian) 커피 농장에도 자주 방문하여 깊은 관계를 맺고 있다.

[맛 체크]

블렌드를 바꿨을 때 등 로스팅해서 2~3일 후에 커핑한다. 로스팅 담당자 3명과 카페 점장을 포함한 복수의 사람들과 체크하는 것이 기본이다. 로스팅해서 2~3일 후에 커핑하고, 드립이나 프레스로 시험해 보거나, 수일 후의 변화를 보기도 한다. 특히 프레스로 내렸을 때 잡미가 남아 있는지, 신맛이나 단맛이 있는지를 체크한다. 새로운 커피콩이나 블렌드의 배합이 변했을 때에도 반드시 복수로 체크하고 객관적으로 맛을 만들어 낸다.

Roasting @DOUBLE TALL

커피콩의 풍미를 살리기 위해서 가능한 한 빨리, 타지 않고 속까지 익히는 것을 중시하며 로스팅한다. '이르가체페 코차레'는 자체 매장 및 도매용으로 사용하고 있으며, 자체용은 미디엄보다 약간 깊게 로스팅한다. 이번 로스팅은 도매용 버전으로 강볶음으로 로스팅했다.

ROAST DATA

- ☐ 로스팅 일시: 2017년 5월 25일 13:30~
- ☐ 생두: 에티오피아
- ☐ 로스터기: 디드릭 IR-3(반열풍3kg) 도시가스
- ☐ 생두 투입량: 1.3kg
- ☐ 첫 번째 배치
- ☐ 날씨: 흐림

 ## 에티오피아 이르가체페 코차레 내추럴

- ☐ 산지: 코차레 마을
- ☐ 품종: 이르가체페 G1
- ☐ 정제법: 내추럴

고품질로 알려진 이르가체페 중에서도 최상급인 G1. 에티오피아 커피콩은 플로럴계와 베리계로 나뉘지만, 이 콩은 후자로 스트로베리나 베리계의 깊이 있는 신맛을 가지고 있다.

시간 (분)	생두온도(℃)	가스 압력 (inch WC)	댐퍼 (%)	현상
0:00	200	2.0	20	
1:00	142			
2:00	134			중점
3:00	140	1.5	40	
4:00	150			
5:00	161			
6:00	172			
7:00	184			
8:00	195	0		1차 크랙(195℃)
9:00	205			로스팅 종료(205℃)

갈변 반응이 일어날 때까지 생두에 손상을 가하지 않는다는 이론을 기반으로, 노랗게 색이 변할 때까지 센 불이나 중간 정도의 센 불로 수분을 증발시킨다. 그 후 가스 압력을 줄여서 시간을 들여 정성껏 로스팅한다.

디드릭 IR-3의 가스 압력 미터는 inchWC로 표시한다. inchWC는 0.249kPa, 2inchWC는 0.498kPa이다.

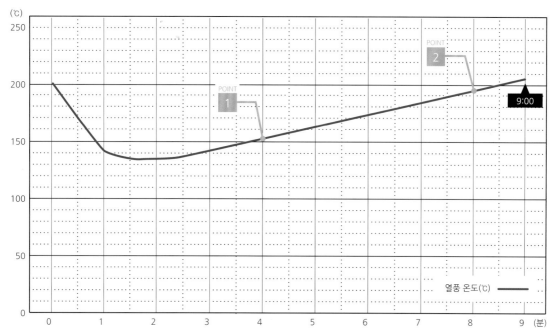

전반에는 화력을 가해 수분을 확실히 제거하고, 후반에는 가스 압력을 줄여서 천천히 온도를 상승시키며 시간을 들여 정성껏 로스팅한다.

POINT 1 생두가 노란색으로

생두가 노랗게 변할 때까지 수분을 제거해 놓는다. 색이 노랗게 변할 지점은 4분 정도로 화력으로 조정한다.

POINT 2 가스 압력을 0으로

1차 크랙 후에는 가스 압력을 0으로 해서 댐퍼로부터의 신선한 산소와 생두의 발효 효과, 가마의 축열로 구워낸다.

로스팅 종료

로스팅 종료 후에 핸드픽을 한다. 색이 변해 있지 않은 것을 제거한다. 죽은 콩 등은 전부 제거하지만, 발효 콩은 많이 제거하지 않고 맛의 특징으로 삼는다.

결점두가 적으며 찌꺼기도 남기 어렵다. 조금 남아 있는 찌꺼기는 풍미로써 그대로 살린다.

Roasting @DOUBLE TALL

맛의 안정성을 고려해서 프리믹스로 한다. 에스프레소의 블렌드는 입지마다 고객층이나 도매처의 희망으로 바꾸고 있으며, 사용하는 로스터기나 로스팅 정도, 생두가 각각 다르다. 이 블렌드는 'DOUBLE TALL' 센다이에 있는 2곳의 카페용이다. 신맛을 싫어하는 사람이 많이 있음으로 초콜릿 느낌을 강조한 맛을 만들고 있다.

로스팅 시간	생두온도(℃)	배기 온도	열풍 온도	버너 (%)	현상
0:07	131.1	152.2	464.4	20	
0:30	70.0	110.0	457.2	40	중점(69.4℃)
1:00	102.2	122.8	488.3	50	
1:30	120.6	133.9	509.4		
2:00	135.6	143.9	522.2	55	
2:30	146.7	152.2	533.3		
3:00	155.0	158.3	539.4		
3:30	162.2	165.0	545.0	60	
4:00	168.9	170.6	551.1		
4:30	175.0	175.6	556.7		
5:00	180.6	180.0	560.6		
5:30	186.1	185.0	565.0		
6:00	190.6	188.9	568.9		
6:30	195.6	193.3	572.8		
7:00	200.0	197.2	576.1		
7:30	205.0	201.7	580.0		
8:00	209.4	206.1	582.8		1차 크랙 (206℃)
8:30	212.8	209.4	585.0		
9:00	216.1	212.2	585.0		
9:30	220.0	215.6	585.0		
10:00	225.0	219.4	587.8		
10:30	228.3	222.2	570.0	40	2차 크랙 (228℃/10:30)
11:00	231.1	224.4	555.0		
11:30	233.9	227.2	546.1		
12:00	236.7	230.0	540.0		
12:05	237.2	229.4	538.9	20	로스팅 종료

에스프레소 블렌: 브라질, 멕시코, 에티오피아, 인도(로부스타)의 프리믹스

ROAST DATA

☐ 로스팅 일시: 2017년 5월 25일 13:00~
☐ 생두: 에스프레소 블렌드
☐ 로스터기: 롤링 스마트 로스터 열풍식 15kg 도시가스
☐ 볶음도: 강볶음
☐ 생두 투입량: 7.5kg
☐ 첫 번째 배치
☐ 날씨/흐림

매회의 로수팅 데이터는 배치마다 초 단위로 측정된다. 사전에 설정한 데이터와 거의 그대로 진행한다.

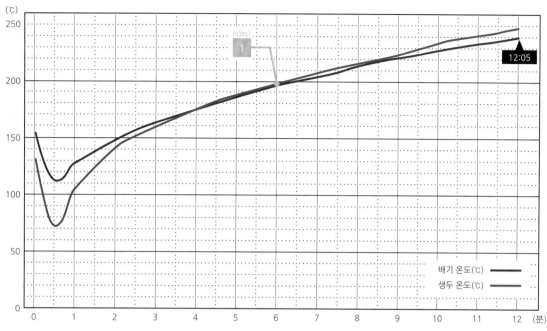

(℃)

에스프레소 블렌드는 천천히 열을 가해서 12~13분 동안 볶는다. 일반적인 생두의 경우는 10분 정도이다.

POINT 1 향을 확인

중도 경과는 데이터와 함께 색과 향으로 확인한다. 스마트 로스터기는 다른 로스터기와 비교해서 볶음도에 비해 생두에 색이 입혀지기 어렵기 때문에 겉보기보다 볶음도가 진행되어 있는 것을 고려해서 향을 맡는다. 6분 정도면 수분이 단번에 없어지기 때문에 확실하게 수분이 제거되었는지 확인한다.

로스팅 종료

2차 크랙 후에는 화력을 떨어뜨려, 온도 진행을 느릿하게 해서 로스팅 시간을 연장시킨다. 향을 확인하고 이번에는 초콜릿 같은 느낌이 나온 타이밍에서 배출한다.

나온 색깔보다도 더욱 깊은 로스팅이 완성된다. 산미는 되도록 적게 하려고 노력했다.

MATSUMOTO COFFEE

마츠모토 커피

- -

효고현 고베시

(주) 마츠모토 커피
효고현 고베시 효고구 기레토초1-9
전화번호: 078-681-6511
http://www.matsumotocoffee.com

매장에서는 소매용 원두나 커피 기구 외에 리퀴드나 드립팩 등의 가공품도 판매한다. 생두의 도매처가 가공품을 판매하기 위해 위탁하는 로스팅도 하고 있다.

마츠모토 싱고
(松本 真悟)

사장인 마츠모토 유키히로 씨로부터 이어받아 브라질, 콜롬비아, 과테말라, 케냐, 에티오피아 등지에 스페셜티 커피를 구매하러 가면 도매처를 위한 로스팅 지도도 하고 있다. 브라질 산투스상공회가 인정한 커피 감정사이다.

심플하게 스페셜티 커피가 지니고 있는 본래의 맛을 살린다
최신 로스터기를 도입해서 '몇 잔이라도 마실 수 있는' 커피를

전국 자가 로스터리 카페에 생두를 도매하는 것을 시작으로, 카페나 음식점에 원두 판매, 커피 관련 기구의 판매나 코디네이터, 나아가서 카페 개업을 희망하는 사람이나 바리스타를 위한 세미나, 커핑회 등 (주)마츠모토 커피는 커피 비즈니스에 관련된 사람들을 다양한 형태로 서포트하는 회사로서 알려져 있다. 대표이사인 마츠모토 유키히로 씨가 동사를 창업했던 때는 1993년이다. 당시에는 고베시에 7평짜리 점포를 차려, 3kg의 중고 로스터기를 사용한 자가 로스팅 원두를 갈아서 파는 가게로서 시작했다. 그 후 로스팅에 시행착오를 겪으면서도 커피에 대한 공부를 거듭해 나갔으며, 머지않아 보다 맛있는 고품질 커피를 구하러 커피 생산지를 방문하게 된다. 16년 전 처음 방문한 생산지는 인도네시아이다. 일본에서 공부해 온 재배, 정제 지식과 현지에서 하는 방식의 차이에 놀랐다고 한다. 당시에는 아직 스페셜티 커피의 여명기로 고품질을 원하는 생산과는 맞지 않았다. 그 후 현재는 마츠모토 씨의 아들인 마츠모토 싱고 씨가 구매 담당으로 브라질, 콜롬비아, 과테말라, 케냐, 에티오피아 등 세계 각지의 산지에서 생두를 매입해서 양질의 스페셜티 커피를 공급하고 있다. 1년에 5~6회 각국의 생산지를 방문하여 현지의 수출 기업을 중심으로 거래하고 있으며, 그 자리에서 커핑해서 생두의 구매를 결정할 때도 많다. 물론 도매처의 용도나 기호도 고려하지만, 현지에서 가장 좋은 생두를 구매한다고 한다. 그 장소에서 사는 것이 신뢰 관계를 생성하고, 다음번에는 이쪽의 요망에도 응답해 주기 때문이다. "사장님이 쌓아온 이런 신뢰 관계를 이어받아서 상류에서 하류까지 잘 연결되도록 해 나가고 싶습니다."라고 싱고 씨는 말한다 현재 취급하는 생두는 전부 냉동 컨테이너로 수송되어 이너백 포장이 되어 있는 것도 이 신뢰 관계 속에서 실현되어 온 것이다. 또한, 일본에 도착한 생두의 검품도 전 종류를 대상으로 실시하고 있으며, 정온 창고의 보관도 보다 온도가 안정되어 있는 공간에 두는 등 품질 관리를 철저하게 한다. 생두의 품질이 좋은 점과 이와 같은 활동에 동의하여 생두의 도매처로는 유명 가게나 인기 있는 카페도 많다.

외부로부터의 신선한 공기를 가스와 혼합시켜 버너로 열풍을 만들어 낸다. 특수 단열재도 사용되어 더욱더 보열성이 높아진다.

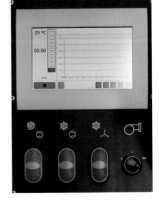

액정 패널에 로스팅 데이터가 표시되어 프로파일로도 로스팅이 가능하다. 버너 조작도 디지털 표시로 미세하게 조절하는 것이 가능하다.

2016년 6월, 일본 제1호기로서 도입한 최신형 프로밧 5kg 가마이다. 강제 급속한 배기에 의한 열풍으로 로스팅하며 섬세한 풍미가 요구되는 커피를 로스팅한다.

열풍 로스터기를 도입해서 마시기 좋은 맛을 비교적 단시간에 완성시킨다.

현재 구매하고 있는 스페셜티 커피는 86점 이상 고품질 생두가 많다. 최고 수준의 생두이므로 그냥 구워도 맛있으며, 이전처럼 로스팅 과정에서 결점이 있는 맛을 커버할 필요도 없다. 그러므로 마츠모토 커피에서도 생두가 가진 맛을 살리는 심플한 로스팅에 신경을 쓰고 있다. 구체적으로는 수분 제거 단계에서 생두에 열을 잘 전달해서, 중점 이후의 온도 상승률을 일정하게 한 후, 1차 크랙 전후에는 적절하게 화력을 줄여 풍미와 특성을 끌어낸다. 비교적 단시간에 로스팅하는 이미지이다. 물론 생두의 딱딱한 정도나 수분치, 익은 정도에 따른 차이가 있기 때문에 로스팅할 때는 생두마다 차이를 의식하여 수분치를 측정한 다음 로스팅하고 있다. 입하로부터 시간이 경과한 크롭이라면 원료에서 향미와 성분이 빠질 가능성도 있으므로 다소 천천히 볶아서 맛이 지나치게 빠지지 않도록 조절할 때도 있다. 자사에서 로스팅할 경우 당연히 도매용 원두는 단골 거래처의 형태, 희망에 맞춰 로스팅을 하지만, 그 가운데에서도 원하는 맛은 '소재가 가진 깔끔한 신맛을 느낄 수 있는 커피'이다. 생두 구매의 판단도 이 부분을 중시한다고 한다. 또한, 한 가지 더 중요하게 생각하는 것이 마시기 쉬운 커피이다. "미국 카페에서는 모두가 커피를 벌컥벌컥 마시고 있어요. 지금은 맛있는 커피를 구할 수 있기 때문에 더 많은 양을 마시게 할 기회입니다. 물론 전문 킷사텐(일본식 찻집)과 같이 한 잔의 맛의 강도에 만족해 주는 것도 중요해요. 하지만 저는 몇 잔이든 부담없이 편안하게 마셔 주었으면 합니다."라고 마츠모토 사장은 말한다. 로스팅한 원두의 도매처는 오피스 등도 있다. 그래서 매일 마시는 사람에게 커피를 더 가깝고 친근한 것으로 하고 싶다고 한다. 이러한 마시기 쉬운 커피를 생각해서

후지로얄 20kg 배전기. 총구 모양의 버너에 의한 열풍으로 로수팅한다. 대형이어서 어느 정도 로스터기의 온도가 오르면 온도 조절이 어려워지기 때문에 비교적 간단한 로스팅 과정의 생두나 강볶음, 아이스커피용 생두 등을 다룬다. 많을 때는 생두 16kg로 1일 15배치 로스팅한다.

배기·냉각 팬 모두 각각 독립되어 있다. 지붕 위까지 굴뚝이 설치되어 있다. 바다에 가까이 위치하고 있어 오전과 오후에 풍향이 바뀌어 배기가 변화할 때도 있다.

마츠모토 커피에서는 열풍 로스터기를 도입했다. 1대는 후지로얄 20kg이고, 다른 1대는 2016년 6월에 도입한 최신형 프로밧 5kg이다. 열풍기만의 마시기 쉬운 맛을 강조할 수 있는 것, 연기나 탄 맛이 나오기 어려운 것이나 생두에 가하는 열이 안정되기 쉬운 것도 열풍기를 사용하고 있는 이유라고 한다. 현재 20kg 로스터기로는 주로 블렌드 등의 주요 생두 로스팅이나 강볶음, 액체 커피 등의 가공품용의 로스팅을 한다. 대형이기 때문에 어느 정도 배치를 거듭하게 되면 로스터기가 열을 가져 온도 조절이 어려워지므로 비교적 심플한 로스팅 과정의 생두를 볶는다. 한편, 프로밧은 미세한 맛을 만드는 것이 필요한 상품이나, 약볶음으로 섬세한 풍미가 요구되는 생두를 맡는다. 기존의 프로밧은 로스팅하는 사람들 사이에서는 '열풍처럼 구워지는 반열풍식'이라는 공통 인식이 있으며, 드럼 내부의 독자적인 서블 구조에 의해 생두를 균일하게 구울

수 있는 것이 특징적이지만, 최신식은 신형 버너가 탑재되어 있어 깨끗한 공기와 혼합한 열풍이 드럼에 보내진다. 터치패널에는 로스팅 데이터도 표시되어 버너의 미세한 조정도 가능한 열풍식으로 되어 있다. 화력을 조작하고 난 후의 반응도 빠르다. 여기에 더해 2017년 연말부터는 2.5kg 용량의 디드릭 로스터기를 새롭게 설립한 공장에서 가동할 예정이다. "우리는 생두와 함께 로스터기도 판매하고 있음으로 먼저 각각의 로스터기 특성을 이해하고, 다양한 로스팅 방법에 대한 데이터를 가지고 고객에게 제안할 수 있도록 하고 있어요. 개업을 희망하는 사람에게 로스팅을 지도할 때도 있음으로 2.5kg 크기의 소형 로스터기도 갖추어 대응하고 있습니다." (싱고 씨) 로스팅을 잘하기 위해서는 로스터기의 특성을 이해하고 오랫동안 사용해서 길들이는 것이 중요하다고 생각하면서 로스팅 스태프가 매일 다양한 로스팅 방식에 몰두하고 있다.

비스듬한 아래서부터 원적외선 버너로 열을 전하는 구조이다. 돌가마 드럼이므로 가마에서 복사열로 깔끔하게 생두를 굽는다.

신 공장 설립과 동시에 도입 예정인 디드릭 IR-2.5이다. 로스팅 용량은 2.5kg로 소형 로스터기를 원하는 유저를 위한 트레이닝도 고려해서 도입했다. 탁상 실시로 사이클론은 가로로 놓아둔다.

그날의 방향성을 정하기 위한 샘플 로스팅을 매일 아침 거르지 않는다.

매일 로스팅을 한 다음, 커핑으로 맛을 검증한다. 많을 때는 20종류 이상 커핑하며, 로스팅에서 의도한 맛이 나오는지, 또한 로트나 커피콩의 특성에 의한 차이도 확인하고 위화감이 있을 경우에는 다음 로스팅에서 수정한다. 그 가운데 동사의 활동으로 주목한 것이 검증의 결과를 살리기 위해서 매일 '그날의 로스팅 방향성을 확인하고 공유하기' 위한 샘플 로스팅을 한다. 이는 매일 아침 로스팅을 하기 전에 소형 로스터기인 디스커버리를 이용해서 실행한다. 방향성이 걱정되는 커피콩이나 주요 커피콩을 몇 종류 굽는다고 한다. 예를 들면 매일 로스팅한 커피콩이 생각했던 향이나 맛이 나오지 않았을 경우 조금 더 화력을 억제하는 등 수정하여 샘플 로스팅을 실시한다. 그날의 날씨나 계절에 따른 미세한 조정도 이때 방향성을 정해 간다. "매일 로스팅하다 보면 어느샌가 지향하는 방향성에서 벗어나는 경우도 있어요. 그것을 매일 리셋하고 동시에 스태프와 맛이나 로스팅의 방향성을 공유하는 것도 목적이죠. 수년 전부터 시작한 활동이지만, 지금은 좋은 커피콩을 어디에서도 살 수 있기 때문에 도매처를 위한 품질 보증의 일환으로서 보다 전문적으로 엄격하게 활동을 이어 가는 것이 중요하다고 생각되요."라고 싱고 씨는 말한다.

도매처의 로스팅도 확인하고, 함께 성장해서 질 좋은 커피를 보급한다.

최근에는 개업 지망자의 상담이 더욱 급증했다. 그중에는 아무런 로스팅 경험도 없는 사람도 있어서 "괜찮을까?" 하는 사람도 적지 않다. 가게를 시작한다면 오랫동안 지속해 주길 바라며 맛있는 커피를 널리 퍼뜨리고 싶다. 그렇기 때문에 생두를 거래할 때는 우선 본사까지 오게 해서 자사의 활동이나 노하우를 보여 주는 것이 대전제라고 한다. 거래한다면 보다 밀접한 관계를 쌓아가고 싶기 때문이다. 앞에서 말한 신공장에는 커핑이나 로스팅 트레이닝 설비나 세미나실도 만들어 신규 개업들에게 서포트를 더욱 충실하게 할 예정이다. 거래가 시작된 후에는 도매처가 로스팅한 원두를 정기적으로 받아 맛을 확인하고 어드바이스도 한다. 이렇게 동료와 함께 성장해서 고품질에 맛있는 커피의 매력을 보급해 가는 것이 마츠모토 사장과 싱고 씨의 공통적인 바람이다.

취급하는 생두는 주요 품목만 40 종류 이상이다. 전부 냉동 컨테이너 운송을 하며 질이 나빠지는 것을 막는 이너백 포장이 되어 있다. 쉬운 운반을 고려해서 포장의 크기는 보통 사이즈의 반으로 한다.

대표이사인 마츠모토 유키히로 씨(사진 좌)는 커피 업계에서 40년 이상의 경력을 가지고 있다. "맛있는 커피를 널리 퍼뜨리고 싶어요. 그러기 위해서라도 역시 도매처에 대한 지원이나 어드바이스를 하고 싶습니다. 공장 이전도 그 일환이에요."

'고베를 느끼는 커피를' 이라는 목표로 개발한 소매용 신상품 'KOFE' 이다. 명수백선에 선정된 고베 '누노비키 폭포'의 물을 사용한 커피 베이스이다.

MATSUMOTO COFFEE의
커피 제조

[같은 풍속으로 로스팅하기]

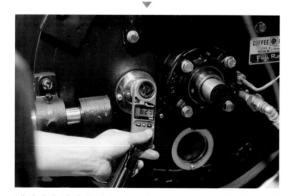

계절이나 날씨에 따른 배기량 변동에 대응하기 위해서 풍속계를 활용한다. 매번 같은 풍속이 되도록 댐퍼를 조정해서 로스팅의 재현성을 높인다. 가열하면 드럼 내부의 압력도 높아지므로 로스팅 중에도 기회를 봐서 풍속을 확인한다. 각각 로스팅 과정에 적합한 풍속에 맞춘다. 날씨가 바뀔 무렵에는 기압이 변하기 때문인지 배기 제거가 잘 되거나 할 때도 있다고 한다.

[매일 아침 그날의 샘플을 채취하기]

매일 아침 주요 커피콩 몇 종류를 디스커버리로 샘플 로스팅하며, 그날의 로스팅 방향성을 정한다. "매일 로스팅하는 가운데 어느샌가 맛의 방향성이 벗어나지 않도록 매일 샘플 로스팅으로 교정하는 것이 목적입니다."(마츠모토 씨) 예를 들면 어제 로스팅한 커피콩의 맛이 생각한 대로 나오지 않았다면 그 수정을 다음 날 샘플 로스팅으로 이행한다고 한다. 날씨나 계절 변동도 고려해서 "오늘은 이런 방향성으로 가자."라고 스태프 사이에서 정보 공유를 한다. 로스팅 원두의 도매처에 대한 부가가치로서 수년 전부터 실시하고 있다.

Roasting @MATSUMOTO COFFEE

최신 프로밧 5kg 가마로 테스트 로스팅을 한다. 열풍식 프로밧은 약볶음이나 섬세한 풍미의 커피 콩 등의 로스팅에 활용한다. 버너만으로 조작하기 에 간단하지만 로스터기의 특성을 살려 차근차근 일정한 온도 상승을 보여 준다. 반열풍과는 다르 며 버너 조작을 한 이후의 반응도 빠르다고 한다.

ROAST DATA

- □ 배전 일시: 2017년 7월 31일 10:30
- □ 생두: 에티오피아 블루나일
- □ 로스터기: 프로밧 'PROBATONE 5' 열풍식 5kg 도시가스
- □ 생두 투입량: 4kg
- □ 볶음도: 약볶음
- □ 첫 번째 배치
- □ 날씨: 맑음

 ## 에티오피아 블루나일

- □ 산지: 시다모 구지
- □ 산지 고도: 1,900 ~ 2,400m
- □ 크롭: 2017년
- □ 품종: 에티오피아 재래종
- □ 정제법: 워시드 아프리칸 베드에서 건조

마츠모토 커피에서는 에티오피아의 워시드 커피를 '블루 나일'이라고 이름을 지어 그해의 최고의 품질의 상품을 소개한다. 2017년에는 근래 질이 높은 것으로 인기 있는 구지 지구의 커피이다. 현재 업자 지정 으로 선택된 원료를 사들여 최상급 등급 1의 품질이다. 알갱이가 작으 며 밀도는 높다.

시간 (분)	생두 온도(℃)	버너 (%)	현상
0:00	195	70	
1:00	105		중점
2:00	113		
3:00	127		
4:00	144		
5:00	163	50	
6:00	176		
7:00	187		
8:00	198		1차 크랙(203℃/8:30)
9:00	209		
9:32	212		로스팅 종료

댐퍼는 오리지널로 방화 밸브 등에 사용되는 타입과 같 은 것을 이용한다. 계절이나 날씨, 생두의 투입량에 따 라 배기량을 조절하고 있다.

화력 40%에서 40~50분 예열한 후 195℃에 생두를 투입한다. 수분 제거의 시간 대에서 확실하게 불을 넣어 속까지 불을 가한다. 170℃ 전후에서 버너를 줄여 진 행을 완만하게 한다.

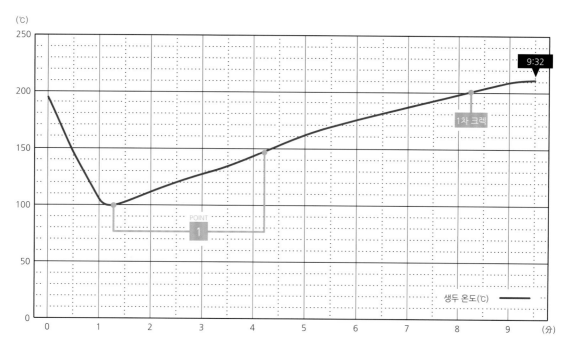

9분 반이라는 짧은 시간에 약볶음 마무리. 1차 크랙은 200℃ 전후에서. 1차 크랙의 막판 정도에서 로스팅을 종료한다.

POINT

1 초반부터 커피콩의 상태를 확인

투입 후의 수분 제거 단계에서 적절하게 불이 가해졌는지를 판별하는 것이 로스팅의 좋음과 나쁨을 결정한다고 생각하여, 로스팅 초반부터 생두의 색, 향 등 상태 변화를 확인한다.

배기와 냉각, 각각 팬이 독립되어 있어 연속 로스팅이 가능하다.

어떠한 볶음도라도 특성을 표현할 수 있지만 약볶음이라면 화려함, 플로럴, 시트러스, 재스민의 요소를 느낄 수 있다. 얼룩이 적은 것도 열풍기만의 매력이라고 한다.

Roasting @MATSUMOTO COFFEE

2017년 말에 가동한 신공장에 설치 예정인 디드릭. 2.5kg의 반열풍기로 소형 로스터기의 유저를 위한 트레이닝용으로도 활용할 예정이다. 프로밧과 같이 간단한 조작으로 원활한 온도 상승의 로스팅이 이루어지지만, 시간과 생두의 상태를 보면서 미세한 조정을 하고 있다.

```
ROAST DATA

□ 일시: 2017년 7월 31일 12:30
□ 생두: 과테말라 로스 세라헤스 농원
□ 로스터기: 디드릭 IR-2.5 반열풍식 2.5kg 프로판
  가스
□ 생두 투입량: 1.5kg
□ 볶음도: 중볶음
□ 첫 번째 배치
□ 날씨: 맑음
```

과테말라 로스 세라헤스 농원

□ 산지: 우에우에테낭고 주 리베르땃 지역
□ 산지 고도: 1,850~2,200m
□ 크롭: 2016년
□ 품종: 부르봉 아종(55%), 티피카 아종(25%) 산라몬 아종(25%)
□ 정제법: 수세식(발효 시간 36~48시간 100% 천일 건조)

우에우에테낭고의 소규모 농장의 커피이다. 높은 고도에서 만들어 내는 밤과 낮의 온도차, 알맞은 수분과 기후, 비옥한 토양으로 의한 높은 품질의 맛을 만들어 낸다. 알갱이는 작으며 단단한 질감의 커피콩이다.

시간(분:초)	생두 온도	가스 압력 (inchWC)	댐퍼	현상
0:00	166	7	50%	
1:00	90	11		중점(85°C/1:20)
2:00	100			
3:00	123.5			
4:00	140.2	9	80%(4:50)	
5:00	155.9			
6:00	170.9	4.5		
7:00	181.7	2.8		1차 크랙(183°C)
8:00	188.8		살짝 닫는다	
9:00	192.5	3.5		
10:00	195.2	4(10:28)		
11:00	198.8			
11:12	199.9			로스팅 종료

댐퍼는 3단계이다. 실린더의 배기와 냉각의 배기의 비율은 '닫힘'이 30:70 '열림'이 80:20으로 중앙이 50:50이다. 가스 압력은 inchWC로 표기된다.

중점부터의 온도 상승이 늦는 것을 보고 가스 압력을 11로 한다. 투입량이나 설정으로 로스팅 종료의 시간을 어느 정도 정해, 그것에 맞추어 조작을 조정하는 형태이다.

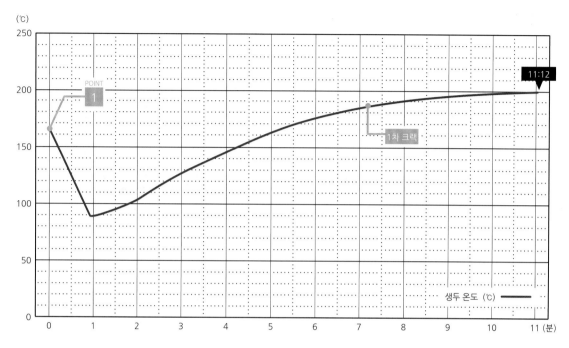

5분 정도에 수분이 제거된 것을 느껴 댐퍼를 열어 가스 압력을 떨어뜨렸지만, 예상보다 터짐이 빨랐기 때문에 수분이 완전히 제거되지 않았을 가능성을 고려해서, 댐퍼를 약간 닫아서 압력을 올렸다. 가마가 안정돼 있지 않은 1배치이기 때문에 미세한 조정을 했다.

POINT 1 예열·투입 온도

예열은 200℃까지 데운 후에 화력을 떨어뜨려 150℃까지 내리면 재점화한다. 165~170℃가 되면 생두를 투입한다. 댐퍼는 정중앙에서 시작하며 가마 내부에 압력을 조금 가해서 수분을 제거한다.

앞 페이지의 에티오피아와 비교해서 생두의 색의 변화가 빠르므로 투입 후에 스푼으로 생두의 상태 변화를 본다.

카카오, 캐러멜 등의 단 향이 특징이다. 로스팅에 의해 복잡하며 농후한 과실맛도 끌어낸다.

🔥 Roasting @MATSUMOTO COFFEE

강볶음이나 로스팅 양이 많을 때 사용하는 후지로열의 열풍기에서의 로스팅을 소개한다. 총기 모양의 버너에 의한 열풍 조작은 다소 시차가 있으므로 시간차를 예측한 조작을 익히는 것이 중요하다. 열풍으로 로스팅하므로 강볶음이라도 복잡한 맛이 적으며 마시기 쉬운 커피를 만들어 낸다.

ROAST DATA

☐ 일시: 2017년 7월 31일 11:00
☐ 생두: 이탈리안 블렌드
☐ 로스터기: 후지로얄 열풍식 20kg 가마 도시가스
☐ 생두 투입량: 15kg
☐ 볶음도: 강볶음
☐ 첫 번째 배치
☐ 날씨: 맑음

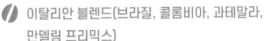 이탈리안 블렌드(브라질, 콜롬비아, 과테말라, 만델링 프리믹스)

마츠모토 커피 중에 가장 강볶음 블렌드로써 아이스커피용으로도 활용된다. 브라질, 콜롬비아, 과테말라로 기본 맛을 형성하며 만델링을 10% 정도 넣어 맛에 깊이를 추가한다.

시간 (분:초)	생두 온도 (℃)	화력 (℃)	댐퍼 (1〜10)	현상
0:00	190	450	5(750ft/min)	
1:00	123	450→510(1:30)		
2:00	112	550(2:45)		중점(112℃)
3:00	118		살짝 닫는다	
4:00	129	500(4:00)		
5:00	139	450(5:00)		
6:00	147	490→500(6:40)	6(950ft/min)	
7:00	156	400(7:10)		
8:00	165		6〜7(1000ft/min)	1차 크랙(168℃/8:29)
9:00	173	400→440		
10:00	179			
11:00	183	380→350(11:21)		
12:00	190	300(12:30)		2차 크랙(189℃/12:25)
13:00	197		8(1200ft/min)	
13:25	200			로스팅 종료

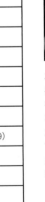

후지 코키의 댐퍼는 10단계의 눈금을 가지고 있다. 로스팅 전, 로스팅 중간에 풍력계로 측정하고 정한 풍력이 되도록 댐퍼를 조정한다. 투입할 시기는 750피트/분, 크랙이 일어나는 로스팅 후반에 걸쳐 서서히 풍량을 올려간다.

가마가 열을 가지기 전인 1배치째이기 때문에 초반의 열풍은 상당히 높은 550℃까지이다. 화력 조작과의 시차가 있는 가운데 여러 번 화력을 조절해서 로스팅을 진행했다.

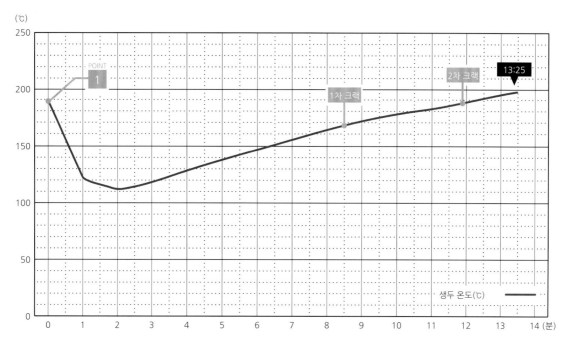

강볶음으로 13분 반에 로스팅을 종료했다. 1차 크랙 소리는 꽤 크고 잘 부풀어 오른 인상이다. 2차 크랙 이후에는 생두 자체도 열을 가지고 로스트가 진행되기 때문에 화력을 줄이고 댐퍼도 닫아서 진행을 느슨하게 한다.

2차 크랙의 절정에서 로스팅을 종료한다. 로스팅이 깊이 진행되었기 때문에 연기도 많이 나온다.

후지로얄의 제어판. 위의 다이얼 열풍 온도를 조작한다. 그 아래의 아날로그 미터는 가마 안의 열풍 온도, 디지털 미터가 콩의 온도를 표시한다.

초반 3~5분에 생두가 크게 변하기 때문에 자주 스푼을 꺼내서 확인한다. 5분 정도에 생두가 노란색으로 변하지만 그때까지의 과정에서 결과가 정해진다고 한다.

POINT 1 예열·투입

180℃까지 데워지면 불을 끄고 160℃에서 재점화한다. 190℃까지 온도가 오르면 그대로 투입한다. 예열하는데 50분 정도 시간을 들여 가마를 잘 데운다. 투입 직후에 풍속계로 측정한다.

만델링도 들어가므로 볼록하게 큰 알갱이가 특징이다. 매끈한 식감으로 플로럴한 여운이 남는다. 프리믹스이지만 열풍 배전이라서 그런지 얼룩이 나오지 않는다.

인기 '블렌드 커피'
900엔(세금 포함).

커피를 추출하는 점장 사
토 유키에 씨. 맛있는 커
피를 고집해서 플라넬 드
립으로 추출하고 있다.

로스팅실의 모퉁이(사진 좌측)에 커피 로스팅용 냄새/연기 감량 장치인 '로스팅 클
린 그레이트(RCG-7AS)'를 설치했다. 영업 중에도 냄새를 신경 쓰지 않고 로스팅
할 수 있게 되었다.

커피 로스팅용 냄새/연기 감량 장치인
'로스팅 클린 그레이트'를 도입해서 냄새와 연기 문제를 해결!

'310.COFFEE(사토 커피)'는 엄선된 커피를 제공해서 인기를 얻고 있는 자가 로스터리 커피 전문점이다. 이 가게의 맛에 대한 고집은 첫 번째가 고품질의 커피콩이다. 두 번째가 커피콩의 개성을 이끌어내는 로스팅 기술이다. 세 번째가 감칠맛과 깊이 있는 맛을 중요하게 한 플라넬 드립에 의한 추출법이다. 추천 메뉴는 '블렌드 커피/900엔'와 2종류의 '금일 스트레이트 커피/900엔'으로 격주로 바뀌서 제공하고 있다. 이 가게는 커피콩을 로스팅할 때에 발생하는 냄새나 연기 문제를 해결하기 위해서 산타 주식회사의 커피 로스팅용 냄새/연기 감량 장치인 '로스팅 클린 그레이트'를 도입하여 활용하고 있다. 오픈(2016년 2월) 직후인 3월 중반쯤에 도입했다. "냄새나 연기는 별거 아니라고 생각했지만, 실제로 로스팅을 해 보니 되게 곤란했어요… 옆 건물의 종업원으로부터 클레임이 들어와서 급하게 인터넷에서 검색해서 산타 장치를 알게 되었고, 가나자와 본사에 방문해서 성능의 우수성을 듣고 도입을 결정했죠."(사토 유키에 점장) 도입 후에는 로스팅에 의한 냄새와 연기 문제를 단번에 해결했다. 테스트 로스팅에 의해 어정쩡한 마무리 상황을 조정했다. "이제까지보다 맛이 좋아졌다."라는 고객도 있어, 맛의 향상에도 영향이 있다고 한다. 유지 보수는 월 1회로 작업도 편하다. 전문업체에 의뢰할 필요가 없기에 그만큼 경비 절감에도 도움이 되고 있다.

310. COFFEE(사토커피)

주소: 도쿄도 중앙구 긴자 7쵸메 11-6
전화번호: 03-6264-5585
영업 시간: 11시 ~ 20시 (토, 일, 공휴일은 11시~19시)
정기 휴일: 일정하지 않음

카페 바흐(Cafe Bach) '올바른 배전'을 위한 상식

로스팅을 실행할 때, 이것이 절대적이라는 정답은 없다. 그러나 맛있는 커피 제조를 실현하기 위해서는 기억해 두는 편이 좋은 요소나 기법이 있는 것은 사실이다. 독자적인 로스팅 기술을 쌓아 올리는 데 있어 도움이 되는 '로스팅 상식'에 대하여, 전국으로부터 커피 애호가를 모은 자가 로스팅의 유명 가게인 '카페 바흐(Cafe Bach)'가 모체가 되어, 기술 지도와 개업 지도를 하고 있는 카페 바하 트레이닝 센터에 문의했다.

(주)Cafe Bach
도쿄도 다이토구 니혼즈쓰미 1 - 6 - 2
전화번호: 03-3872-0387
http://www.bach-kaffee-planandconsul.jp

자가 로스팅 커피점에 요구되는
로스팅 기술이란

||||||||||||||||||||||||||||||||||||||||||||||||||||||||||||||||||||||||||||||||||||||||||||||||||||||||

오랜 기간 커피 생산은 수확량을 늘려 재배하기 쉽게 하는 등 경제적 요소에 따라 개량을 더해 왔다. 그러나 스페셜티 커피의 개념이 등장하고, 널리 보급이 진행됨에 따라 커피의 질은 크게 변화되고 있다. 경제적인 것을 우선시하는 흐름에서 보다 양질의 커피를 많은 일반 소비자가 즐길 수 있도록 상향되었다.

커피 소비국이 양질의 커피콩을 비싸게 사서 생산지에 방문해 재배에서 유통까지 커피의 레벨업을 실현시키기 위한 움직임도 활발하게 진행되고 있다. 생산자 측도 맛에 대한 노력을 계속해 오고 있다. 이러한 양질의 커피에 대한 지식이나 정보도 옛날과 비교하면 보다 많은 사람이 알 수 있게 되었다. 일본의 소비자도 주어진 것을 그대로 받아들이는 게 아니라 자신이 좋아하는 커피를 적극적으로 선택하는 시대가 되었다. 맛있는 커피에 관한 지식이나 미각 체험도 아주 오래전과 비교해서 현격히 진보하고 있다. 그러는 가운데 앞으로의 자가 로스팅 가게는 단지 로스팅한 원두를 파는 것만으로는 장사를 계속 이어나가는 것이 상당히 어렵다고 할 수 있다. 또한, 오늘날 계속해서 커피 가격이 오르고 있다. 가격 경쟁에 뒤지면 중소 로스팅 커피점은 점점 어려운 상황이 될 것임이 틀림없다.

그러나 같은 기호식품이라도 완성된 것을 구매해서 그대로 판매하는 와인 등과는 다르게 커피에는 로스팅이라는 공정이 있다. 이 로스팅에서는 맛의 조정이 가능하다. 이 점이야말로 중소의 자가 로스팅 커피점이 승부하는 포인트 중 하나이다. 양질의 커피도 포함해 다양한 종류의 커피가 나오는 가운데 스스로 커피콩을 선택하는 눈과 혀를 가지고 가격과는 다른 부분에서 차별화할 필요가 있는 것이다.

모든 커피콩의 '로스팅 맵'을 만들자.

로스팅을 할 때, 최근 커피점을 보면서 신경이 쓰이는 것은 1종류의 커피콩에 대해 1종류의 로스팅밖에 할 수 없다는 것이다. 하나의 로스팅을 시험해 보고 우연히 '좋은 맛'이 나왔다고 하자. 그러면 '어떻게 하면 그 맛을 재현할 수 있을까'만을 추구해 버리는 것이다.

그러나 하나의 커피콩에 대해 한 가지 로스팅, 한 가지 맛의 제조밖에 못 한다면 어느샌가 막다른 곳에 다다르는 것은 뻔하다. 지식도 미각 체험도 풍부한 고객이 내점해서 자신의 커피점에는 없는 맛을 요구할 때 그 요구에 적합한 커피를 제공할 수 없다면 그 고객이 다시 한번 더 내점할 가능성은 적을 것이다. 다양한 고객의 취향에 응할 수 없다면 자가 로스팅 커피점의 생존은 상당히 어려워진다.

그래서 커피점을 오래 이어나가는 것을 목적으로한 로스팅 기술의 향상을 위해서 반드시 전념해주길 바라는 것이 '로스팅 맵'을 만드는 것이다(표 1). 방법은 이렇다. 어느 하나의 커피콩에 대해서 이것보다 약볶음이라면 아무런 맛이 없다는 것을 하한선으로, 이 이상은 탄화해 버린다는 것을 상한선으로 해서 이 사이를 예를 들면 8단계로 볶음도를 나눠 로스팅한다. 그리고 각각 로스팅 포인트에서 맛을 시험하고 평가를 기입해서, 미세한 칸의

표 1

생두 종류 \ 볶음도	약볶음			중볶음				강복음	
생두 A	○	◎	○						
생두 B	△	△	○	◎	△				
생두 C			△	○	○	○	◎	○	
생두 D				○	◎	○			D

볶음도는 적어도 4~8단계이다. 가능하다면 16, 32로 상세하게 나눠 배전하는 것이 맛 평가의 정밀도도 높아진다.

보다 많은 커피콩의 종류로 로스팅 맵을 만든다. 그렇게 함으로써 닮은 듯한 경향의 생두를 알 수도 있고, 생두의 산지, 특성에 의한 맛의 차이도 정리해서 이해할 수 있다.

각 볶음도에 따라 어떤 맛의 특징이 있었는지를 기재해 간다. ○△ 등으로 체크하여 그 커피콩에 대한 최적의 볶음도, 차선의 볶음도를 파악한다.

지도를 만든다. 이를 다른 생두로도 동일하게 시험해 간다. 카페 바하 트레이닝 센터에서는 이를 '기본 로스팅'이라고 부르며 자가 로스팅을 시작했을 무렵부터 철저하게 실행하고 있다. 한 종류의 커피콩으로 여러 방법으로 로스팅을 하게 되면 그 커피콩의 맛이나 특징의 변화를 파악할 수 있다. 기본 로스팅에 의해 어떤 볶음도로 어떤 맛이 나는지와 같은 각각 커피콩의 특징을 알고 있으면 어느 것이 베스트인지를 정해서 로스팅하거나 판매하거나 해서 자신의 커피점의 특색을 내세울 수 있는 것이다. 한편, 모든 커피콩의 로스팅 맵을 만들면 그 맛을 매일 로스팅에서 재현하는 것이 요구된다. 그러나 이러면 로스팅 과정의 치밀함이나 섬세함만을 추구해서 미로에 빠져 버린 듯 고민하는 사람도 적지 않다. 그러나 어떤 로스팅을 하더라도 결과적으로 가장 중요한 것은 '맛'이다. 로스팅이 재현되었는지 어땠는지를 확인하는 것도 자신의 미각이다. 오늘날의 자가 로스팅 커피점에 있어서는 다종다양한 커피 맛을 이해할 수 있고 미각과 눈, 귀, 오감을 사용해서 커피의 맛을 판단할 수 있도록 노력하는 것에 중요성을 더하고 있다.

'좋은' 로스팅이란, '나쁜' 요소를 없애는 것

좋은 로스팅, 맛있는 커피를 제공하는 것을 목표할 때, 하나 더 알고 있어 주길 바라는 것이 있다. 그것은 '이것을 하면 맛이 좋아진다'를 추구하는 것보다는 '이대로 하면 맛이 절대적으로 나빠진다'라는 요소를 철저하게 제거하는 것이다. 예를 들면 결점두이다. 나중에 말하겠지만 결점두가 섞여 들어가면 커피의 맛에 악영향을 끼친다. 결점두가 많은데 그것을 무시하고 아무리 맛에 대한 고집을 추구했다고 해도 맛이 좋아질 리는 절대 없다. 카페 바흐가 특히 중시하여 매일 전념하고 있는 핸드픽이란 이 커피의 맛이 나빠지는 요소를 철저하게 제거하는 것이다. 좋은 로스팅이란, 이와 같은 커피의 나쁜 요소가 왜 있는지를 모두 알며, 어느 정도 나쁜 요소인지를 이해해서, 무엇보다도 우선으로 배제해 가는 것에서 나타나는 것이다.

생두와 로스팅의 관계

|||||||||||||||||||||||||||||||||||||||||||||||||||||||||||||||||||||||||||||||||||||||||||||||||||||||||||||||||||||||||||||||||

흔히 '단단한 생두는 로스팅이 어렵다', '이 생두는 로스팅하기 쉽다'라고 하는데, 생두의 상태나 특징의 차이를 아는 것은 로스팅의 접근법을 정하는 데 중요한 포인트이다. 물론 커피콩마다 최적의 로스팅 방법이 있지만, 생두의 특징과 로스팅의 관계에는 어느 정도의 법칙성도 있다. 그 판단 기준이 되는 포인트를 소개한다.

생두의 크기, 두께

같은 화력과 배기량으로 똑같이 로스팅한 경우, 작은 생두와 비교해서 당연히 큰 생두 쪽이 로스팅하기 어렵다. 잘 구워지지 않는데도 화력이 부족한 채로 있으면 생두의 심 잔재가 남기 쉬우며 결과적으로 맛있지 않은 커피가 될 가능성도 있다. 그 점에서 일반적으로 큰 생두는 로스팅이 어렵다고 말한다. 마찬가지로 생두는 두께가 두꺼운 쪽이 얇은 생두와 비교해서 로스팅하기 어려워 심 잔재가 생기기 쉽다. 또한, 큰 생두라도 얇은 것은 비교적 로스팅하기 쉽지만, 작아도 두꺼운 생두는 로스팅이 어렵다. 따라서 로스팅을 할 때 크기가 다른 생두가 같이 있으면 굽는 정도가 그 크기에 따라 달라진다. 그런 로스팅 얼룩을 없애기 위해 생두의 알갱이 크기는 일정한 편이 로스팅에서 실패할 확률을 줄이게 된다.

산지 고도

산지의 고도가 높고 기온이 낮은 고지에서 시간을 들여 천천히 성장한 커피콩은 일반적으로 단단하며 작은 알갱이가 되는 경향이 있다. 혹독한 환경에서 재배된 결과, 맛과 향도 풍부한 경우가 많다. 예외도 있지만, 저지대 산보다 고지대 산의 커피콩이 귀중하게 여겨지고, 높은 가격으로 거래되는 케이스도 많다. 로스팅에 있어서는 단단한 생두는 부드러운 생두와 비교해서 로스팅하기 어려우며 수분 제거도 나쁘기 때문에 로스팅할 때 칼로리가 부족하면 심 잔재가 생기기 쉽다. 또한, 1차 크랙 후에도 생두의 표면의 주름이 부드러운 생두와 비교해서 퍼지기 어렵다.

수분량

일반적으로 수분량이 많은 생두인 만큼 녹색, 청색 계통의 색이 진하게 나오고 수분량이 적은 생두는 갈색, 백색 계통의 색이 된다(산지에 따른 예외도 있다). 수분량이 많고 적음은 산지의 재배나 정제법, 운송법 등에 의해 차이가 나는 외에, 보관 상태에 따라 다르지만 시간이 흐르는 것과 함께 감소해 가는 것이 일반적이다. 하지만 수분 제거법은 커피콩에 의해 차이가 크고 수확으로부터의 일수만으로는 단순하게 계산할 수 없다. 로스팅에 있어서는 수분 함유량이 많은 생두 쪽이 로스팅하기 어려우며 로스팅 얼룩이나 심 잔재가 생기기 쉽기 때문에 로스팅이 어려워진다. 그러므로 로스팅 과정에서 수분 제거를 잘하는 것이 포인트가 된다.

뉴크롭과 경과 시간의 변화

그 연도에 수확된 커피콩을 뉴크롭이라고 부른다. 갓 입하한 것은 기본적으로 싱싱하며 수분 함유량은 많고 커피콩의 풍미나 산미도 잘 깃들어 있다. 그러나 시간이 경과함에 따라 수분 함유량이 감소하며 서서히 색은 하얗게 변해 간다. 수분량과 동시에 커피콩이 가진 향이나 산미도 조금씩 잃어가기 때문에 커피콩의 경과 시간 변화에 따라 로스팅 방법을 조절하는 것도 중요하다.

실버스킨이 붙어 있는 상태

생두의 표면을 감싸고 있는 얇은 피를 실버스킨이라고 부른다. 은빛을 띠고 있는 편이 좋다고 여겨져 갈색으로 색이 변해 있는 경우는 품질이 떨어

표 2 커피 정제법

자연 건조식(내추럴)

자연건조식(내추럴) 혹은 비수세식(언워시드) 등으로 불리는 정제법은 채취한 커피의 과실을 햇볕에 말려서 건조한 후 과육 등을 제거한다. 원래 브라질 등에서 주로 행하는 제조법이다. 독특한 향과 맛이나 부드러운 산미가 나오기 쉬워 애호가도 많다. 정제소의 퀄리티에 따른 점이 크지만 다른 정제법과 비교해서 결점두의 혼입이 많아지기 쉬워 고르지 않은 크기의 생두가 나오기 쉽다.

수세식(워시드)

수세식(워시드)은 간단하게 말하면 물로 헹구고 나서 건조하는 방식이다. 과육을 제거한 후에 발효조에서 내과피에 남은 점액(점질물)을 제거해서 물로 헹구는 풀 워시드와, 점질물을 기계에서 강제적으로 제거하는 세미 워시드 2가지 방법이 있다. 정제도가 높으며 커피콩의 표면도 고르기 때문에 일반적으로 고품질로 간주된다. 다만 관리가 나쁜 공장이라면 발효 과정에 있어서 커피콩에 발효 향이 옮겨지는 경우가 있다. 그 발효 콩을 포함한 채로 로스팅한다면 다른 커피콩까지 허사가 되어 버린다. 맛으로는 마실 때 혀에 느껴지는 산미가 강하게 나오는 경향이 있다.

반수세식

반수세식, 펄프드 내추럴 등으로 불리는 정제법은 자연 건조식과 수세식의 절충형이다. 과육을 제거한 후에 그대로 건조시킨다는 방법으로, 남은 점액(점질물)에 의해 은은한 단맛이나 꿀과 같은 풍미가 더해진다. 수세식의 좋은 점을 가지면서 산미를 조정하고 싶을 때도 적합하다. 근래에는 커피의 풍미를 중시하는 시장의 동향에 맞추어 도입하는 나라가 늘어나고 있다. 또한, 과육 제거 과정에서 과육이 남은 정도로 맛에 차이를 두는 다양한 기법이 시험되고 있다. 다만 건조하는 데 시간이 걸리기 때문에 커피콩의 부패, 발효되기 쉬운 위험도 있어서 건조 공정이 복잡하게 된다. 하나 더 말하자면, 인도네시아 수마트라섬에서는 수마트라식으로 불리는 독특한 정제법이 행해지고 있다. 과육을 제거한 후에 덜마른 채로 탈곡해서 햇볕에 건조한 후 내외피를 제거한다. 다른 수법과의 차이를 한 번에 알 수 있는 듯한 깔끔하고 짙은 녹색으로 완성된다.

지는 것이 많다.

자연 건조식(내추럴) 혹은 비수세식(언워시드) 등으로 불리는 정제법은 채취한 커피 열매를 햇볕에 말려서 건조한 후 과육 등을 제거한다. 원래 브라질 등에서 주로 행하는 제조법이다. 독특한 향과 맛이나 부드러운 산미가 나오기 쉬워 애호가도 많다. 정제소의 퀄리티에 따른 점이 크지만, 다른 정제법과 비교해서 결점두의 혼입이 많아지기 쉬워 고르지 않은 크기의 생두가 나오기 쉽다. (펄프드 내추럴 방식이나 폴리시 등에 의한 예외가 있다.) 로스팅을 할 때 실버스킨은 맨 처음 열이 가해지고 벗겨져 분리된다. 벗겨진 것은 남은 찌꺼기(얇은 피)로 불리며 로스팅이 진행되면서 화재 등의 위험이 동반되기 때문에 댐퍼 조작 등으로 날리는 일이 많다. 남은 찌꺼기의 양은 정제 방법의 차이가 크게 영향을 미친다. 수세식의 경우는 실버스킨이 떨어지는 경우가 많고, 자연 건조식의 경우는 탈곡 후에도 실버스킨이 남아 있는 경우가 많다. 또한, 수세식 커피라면 약볶음에서는 센터컷의 실버스킨이 하얗게 남아 있다. 건조식의 경우 센터컷의 실버스킨이 구워져 거뭇하게 되는 경향이 있다. 로스팅 후 남은 찌꺼기는 잔류량이 너무 많으면 떫음의 원인이 되기 때문에 가능한 한 제거한다.

표 3 주요 결점콩의 종류

미성숙 콩
성숙하기 전에 채취된 미성숙두이다. 잡미, 알싸한 맛을 초래하는 듯한 불쾌한 맛의 원인이 된다. 기계 선별만으로는 제거하는 것이 어려우며 핸드픽으로 제거할 필요가 있다. 생두의 상태로는 독특한 녹색을 띤 약간 작은 커피콩으로 판단이 어렵다.

발효 콩
수세식의 발표조에서 길게 담가두거나 수세용 물이 더럽혀져 있는 경우에 생겨나는 것으로 창고 안에서 보관할 때 균이 묻은 것이 있다. 달달한 것부터 음식물 쓰레기에 가까운 것, 약품과 같은 냄새의 원인이 되며, 발효두 한 알로 50g의 커피콩을 못 쓰게 만든다고 불릴 정도로 영향력이 크다.

검은콩
성숙 후 지표에 떨어진 콩이 장기간에 걸쳐 흙과 접촉해서 발효된 것이다. 검게 색이 변해 있어 발견하기 쉽다. 부패 냄새나 혼탁함에 원인이 된다. 영향이 상당히 크며 한 알이 섞여 들어가면 커피 1잔 분의 풍미를 손상시킨다고도 불린다.

곰팡이 냄새 콩
건조 불량이나 수송 보관이 충분히 이루어지지 않아서 곰팡이가 발생한 것이다. 곰팡이 냄새의 원인이 된다.

조개껍데기 콩
건조 불량이나 이상 교배, 생육 불량 등에 의해 생겨난다. 센터컷부터 나뉘어져 버려, 커피콩의 안쪽이 움푹 파여서 조개껍데기같이 보이는 것에서 이름이 붙여졌다. 로스팅 얼룩의 원인이 된다.

정제법

커피콩의 정제법은 자연 건조식, 수세식, 반수세식 크게 3종류로 나뉜다(P179 표 2). 정제법에 의해 향이나 산미가 나는 법이 바뀌고 맛에 크게 영향을 미치지만, 근래에는 이 정제법으로 여러 방안을 연구하는 움직임이 커피 생산국에서 성행하고 있다. 다양한 정제법이 생산자에 따라 시험되는 것으로 다양한 맛의 커피를 즐길 수 있다는 장점이 있는 한편, 정제법에 따라 뽑아낸 개성이 너무 두드러지는 경우 자신의 가게가 원하는 맛과 어긋날 가능성도 있다. 생두를 구매할 때는 사전에 그런 정제도 포함한 트레이서빌리티(traceability)의 정보를 정확하게 파악하고, 구매하는 쪽이 정확한 목적 의식을 가지고 생두를 선택하는 것이 요구된다. 더구나 커피는 정제 후에 건조시키는 공정이 있다. 일반적으로 햇볕에 말리고 기계 건조 등이 있지만 최근에는 선반에 망을 치고 그 위에 천화 건조시킨 '아프리칸 베드'라는 방식을 채용하는 생산자도 세계 각국에서 늘어나고 있다. 천천히 건조하기 때문에 커피의 맛을 손상시키지 않고 건조할 수 있는 점이고, 교반이나 결점 콩의 제거를 하기 쉬운 등 작업 효율에 있어서 좋은 점도 있어서 스페셜티 커피의 건조법으로서도 일반화되고 있다.

결점 콩

스페셜티 커피가 대두되면서 이전보다 커피콩 전체의 레벨도 높아지고, 특히 스페셜티 커피에서는 결점 콩의 혼입은 감소되고 있다. 그러나 아무리 평가가 높고 점수가 높은 커피콩이라도 결점 콩이 전혀 없는 것은 아니다. 소량이라도 섞이면 커피의 맛과 고객의 신용을 크게 손상시켜 버리기 때문에 보다 고품질의 커피를 제공하기 위해서는 핸드픽이 불가피하다고 할 수 있다. 반대로 핸드픽을 확실하게 하는 것으로 구매한 가격 이상의 가치를 부여하는 것도 가능하다. 결점 콩이나 이물질을 제거하는 것이 핸드픽의 목적이지만, 결점 콩은 로스

팅하면 구분하기 어려워지는 것과 로스팅 후에 발견하기 쉬운 것이 있다. 그러므로 핸드픽은 생두의 상태와 로스팅한 후 2회 행하는 편이 좋다. 미성숙 콩이나 발효 콩은 로스팅 후의 판단이 어렵기 때문에 반드시 로스팅 전에 상태를 보고 위화감이 있는 것은 제거하는 것이 현명하다. 주요 결점 콩의 타입은 표 3과 같다.

memo

수송 포장이 진화하고 있다.

산지로부터 생두의 수송이나 포장 방법에 있어서도 스페셜티 커피의 등장으로 변화가 나타나고 있다. 예를 들면 수송을 할 때 고온이나 급격한 온도 변화는 커피콩에 손상을 입힌다. 그렇기 때문에 스페셜티 커피 등의 수송은 일정 온도에서의 보관이 가능한 냉동 컨테이너를 이용하는 케이스가 늘어났다. 또한, 오랜 세월 마대로 포장을 하는 것이 일반적이었지만, 작은 포션으로 진공팩이나, 열이나 온기에 강하고 산소나 수분을 차단하는 곡물용 비닐백(통칭 그레인프로)가 등장하며 생두의 신선도 유지의 기대도 높아지고 있다.

생두의 상태를 어떻게 파악할까?

커피콩 전문가는 그 생두의 상태나 특징을 손으로 만지면 알 수 있다는 사람이 많다. 날마다 커피콩을 건지거나 잡거나 하기 때문에 차이를 감각적으로 아는 것이다. 예를 들면 평소와 같은 양을 손에 잡아 보고 가볍게 느껴진다면 부피에 대한 커피콩의 비중이 적다고 판단할 수 있다. 또한, 가볍게 집어 봐도 찬 기운이 느껴지는 것은 수분량이 많으며 뉴크롭일 가능성이 높다는 것도 판단할 수 있다고 한다.

로스팅 프로세스와 로스팅 중 생두의 변화

로스팅은 로스터기의 타입이나 용량, 로스팅에 대한 그 커피점의 사고방식 등에 의해 조작 방법의 차이는 있지만 적절한 로스팅을 하면 로스팅의 대략적인 과정이나 로스팅에 따른 커피콩의 상태 변화는 거의 동일하게 변해 간다. 로스팅 작업의 기본적인 프로세스와 커피콩의 변화를 소개한다.

예열

로스팅은 1일 작업 가운데 여러 차례 연속 로스팅을 상정하여 로스팅을 시작하기 전에는 로스터기를 미리 따뜻한 공기로 운전하여 가마를 데워 둔다. 이를 예열이라고 하는데, 가마에 열량을 비축해서 생두를 투입한 후에 원활한 온도 상승을 촉구하기 위해 필요한 작업이다. 예열하는 방법을 언제나 일정하게 하는 것으로 항상 동일하게 로스팅할 수 있도록 한다. 또한, 예열을 어느 정도의 화력 세기로 어느 정도의 온도까지 할지, 가스 압력이나 온도 상승의 시간 등을 매일 데이터로 축적해 가면 계절에 따른 로스팅의 변동에 대응하기 쉬워진다. 로스터기의 구조나 화력에 따라 다르지만, 예열에서 급격하게 온도를 상승시키면 가마 전체에 열이 두루 미치지 못하고, 그 후의 로스팅에서의 온도 추이가 불안정하게 될 때도 있다. 또한, 급격한 가열에 의해 금속인 가마가 팽창해서 가마 그 자체를 손상시키거나 소모시켜 버릴 경우가 있다. 따라서 예열은 어느 정도 시간을 들여 실행하며 가마 전체를 충분하게 데운다.

생두의 투입 온도(표 4의 ①)

생두를 로스터기에 투입할 때 가마 내부의 온도는 그 후의 로스팅에 걸리는 시간의 길이에도 관계된다. 다른 조건이 동일하다고 하고 투입 온도가 높다면 로스팅은 빠르게 진행되는 식이 된다. 투입 온도는 생두의 투입량이나 로스팅 시의 기온에 따라 바꾸는 곳도 있다. 카페 바하에서는 투입 온도는 가능한 한 변경하지 않는다.

생두의 투입량

동일한 로스터기에서 화력 등을 같은 조건으로 로스팅한 경우, 생두의 투입량에 따라 그 후의 온도 추이는 달라진다. 생두의 양이 많으면 온도의 상승은 완만해지고, 적으면 빠르게 온도가 높아지는 식이다. 그리고 온도의 상승 방법이 바뀌면 마무리 맛에도 차이가 나온다. 일반적으로 생두의 투입량은 가마의 용량이 기준이 된다. 5kg용이라면 5kg이 기준이 된다. 용량에 비교해서 양이 너무 적은 경우는 맛의 요동이 크며 조절이 어려워진다.

중점(표 4의 ②)

상온의 생두를 투입하는 것으로 가마 내부의 온도는 낮아진다. 완전히 내려간 바닥의 온도를 중점이라고 하며, 맛의 재현성을 계획할 때의 기준으로 삼고 있다. 지금까지의 로스팅 데이터와의 차이를 이 중점에서 확인하고, 그 원인을 짐작하여 화력이나 로스팅 시간을 조정해서 대처하는 것이다.

수분 제거의 단계(표 4의 ③)

생두를 투입해서 중점에 달하면 그 후는 로스터기의 생두 온도계의 온도는 상승하고 생두의 수분이

표 4

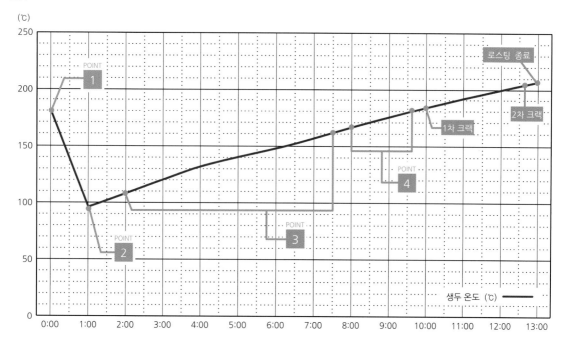

서서히 제거된다. 생두의 섬유 간 결합도 완만해진다. 이 과정에서 수분의 제거법이 균일하지 않다면 로스팅 얼룩의 원인이 된다. 또한, 생두의 단단함이나 수분 함유량에 따라 수분 제거법에도 차이가 나온다. 여러 번 로스팅해서 수분 제거가 적절하게 이루어지는 불과 배기 조절의 설정을 확실하게 찾는 것이 중요하다.

1차 크랙 전(표 4의 ④)

수분이 제거되면 생두는 노랗게 변한 후 서서히 부피가 작아져 오그라든다. 가장 오그라들 때는 1차 크랙 직전이다. 센터컷의 하얀 부분도 두드러지게 된다.

1차 크랙

수분이 빠지면서 생두에 열이 들어가 생두 안에서 화학 변화가 진행된다. 이 화학 변화에 따라 커피의 독특한 산미나 향이 형성된다. 그때 수증기나

이산화탄소도 발생하며 차츰 커피콩을 부풀어오르게 한다. 그 내부 압력에 견디지 못하고 커피콩의 세포가 파괴되어 터지는 것이 1차 크랙이다. 탁탁 하는 소리를 내며 커피 향이 감돌기 시작한다. 색깔도 점점 갈색을 더해 간다. 1차 크랙이 완전히 끝나는 단계가 소위 미디엄 로스트가 된다.

1차 크랙 → 2차 크랙

1차 크랙 후에도 가열을 계속하면, 화학 변화가 진행되어 거듭해서 내부에 가스가 발생하고 재차 터진다. 이것이 2차 크랙이다. 1차 크랙보다 약간 약하며 톡톡 하는 소리가 2차 크랙이다. 커피콩 표면의 주름도 펴진다. 1차 크랙 후에는 커피콩이 가진 맛의 성분이 점점 발생해서 동시에 로스팅에 따른 쓴맛이나 깊이도 형성되어 간다.

2차 크랙 이후

2차 크랙 후 더욱 로스팅을 진행하게 되면 프렌치 로스트, 이탈리안 로스트로 볶음도가 진행되어 간다. 연기도 점점 나오기 때문에 댐퍼 등으로 연기를 배출하는 조작이 필요하게 된다. 또한, 커피콩 자체가 고온이 되기 때문에 온도 상승도 빨라질 수 있다.

로스팅 종료

커피 맛의 재현성을 높이기 위해서는 가장 중요한 포인트이다. 예정된 볶음도까지 진행되면 커피콩을 가마 밖으로 배출하는 것이 '로스팅 종료'이다. 2차 크랙 전후에서는 진행이 상당히 빠르며 정말 몇 초 만에 맛이나 향이 변해 버린다. 또한, 콩이나 가마의 잔열로도 로스팅이 진행되기 때문에 언제나 앞을 내다보면서 조작할 필요가 있다. 로스팅 종료의 기준은 다양하지만, 알기 쉽게 판단하기 쉬운 것은 커피콩의 색깔이다. 나아가 커피콩 모양, 커피콩 표면의 주름, 표면의 윤기 등도 참고하기 쉽다. 로스팅 종료 전에 스푼으로 로스팅 과정의 커피콩을 떠서 샘플 콩과 비교하고, 동일한 색이 되는 타이밍에서 커피콩을 배출하는데 색을 기준으로 할 때는 방의 조명이나 로스팅 과정의 커피콩을 비추는 라이트를 항상 일정한 밝기로 해두는 것이 중요하다. 또한, 침침한 방이 아닌 방 전체가 밝은 환경에서 색을 보는 편이 보다 재현성 높은 로스팅을 할 수 있을 것이다.

냉각

배출한 커피콩은 냉각함에서 휘저으면서 팬에 의한 강제 냉각으로 식혀진다. 냉각이 불충분하면 커피콩 전체의 열로 로스팅이 진행되어 버려서 적절한 로스팅 종료를 했다고 해도 맛에 변화가 생겨 버리기 때문에 가능한 한 빠르게 냉각하는 것이 바람직하다.

'온도 상승 · 배기'와 맛의 관계

||||||||||||||||||||||||||||||||||||||||||||||||||||||||||||||||||||||||||||||||||||||||||||||||||||||||||||||||||||||||

로스팅은 어느 일정한 프로세스를 거쳐 진행되며, 온도 진행을 그래프로 나타내면 다음 페이지와 같은 로스트 곡선을 그린다. 이 곡선의 기울기 정도, 즉 로스팅 시간과 온도 상승률의 차이에 따라 마무리 맛도 변한다. 그 차이를 아는 것은 로스팅에서 매우 중요하다.

수분 제거의 단계에서 온도 상승을 완만하게 한 경우

생두의 수분량이 많거나, 수분량이 고르지 못하거나 할 경우에는 수분 제거의 시간을 약간 길게 함으로써 생두의 수분 제거법이 균일하게 되어 로스팅이 고르게 이루어지지 않는 것을 방지하는 효과가 있다. 또한, 산미를 연하게 하고 싶을 때에도 유효하다. 다만 맛이 약간 단조로워질 가능성이 있다.

1차 크랙 → 2차 크랙의 온도 상승을 완만하게 했을 경우

그 커피콩이 가진 특징적인 향이나 맛을 끌어내거나 조정하고 싶은 때, 온도 상승을 완만하게 하는 것은 효과적이다. 다만 화력 조정에 실패해서 온도를 내려버리면 발색이나 향이 나빠지거나 맛도 무거워진다.

댐퍼의 역할

댐퍼 조작이란, 드럼 안의 연기나 남은 찌꺼기의 배출, 드럼 안의 풍량과 열량 조정, 외부로부터의 산소를 끌어들이는 것에 관계된다. 찌꺼기나 연기를 배출하고 싶을 때는 댐퍼를 연다(배기에 인버터가 달린 팬을 이용하는 경우는 팬의 회전 속도를 올리는 것으로 배기량을 늘린다). 댐퍼의 개폐는 커피콩에 열을 가하는 방식에도 관련하여 로스팅에 따른 맛을 만드는 데 조정하는 역할을 한다. 예를 들면 댐퍼를 닫은 상태에서는 뜨거워져 팽창한 공기가 가마 내부에 자욱하게 된다. 가마의 내부 압력이 높아진 상태에서 커피콩에 열이 가해져 가는 이미지다. 한편, 댐퍼를 개방한 상태에서는 가마 내부의 공기나 증기는 배출되어 항상 가마 내부에 공기가 흘러가는 상태가 된다. 열을 띤 공기가 커피콩의 표면에 닿는 형태로 열이 더해져 가는 이미지다. 그 가운데 소위 중립 형태로 가마 내부의 팽창한 공기가 자연스럽게 배기된다. 로스팅은 급격하게 진행되지 않으며 어떤 커피콩이라도 똑같은 맛, 풍미가 될 경향이 있다.

1차 크랙 - 2차 크랙 시의 배기

1차 크랙 후에는 커피콩에서 수중기나 연기의 성분이 많이 나오기 때문에 댐퍼를 열어서 배출하는 것이 일반적이다. 이때의 배기를 어느 정도로 할지에 따라 맛의 완성에 차이가 나온다. 모자라게 열릴 경우는 커피콩에 스모키한 향이 배여 커피의 다른 향을 없애 버릴 경우가 있다. 전체적으로 무거운 맛이 될 가능성이 있다. 한편, 댐퍼를 너무 열어 버리면, 향이나 맛의 성분 가운데 발휘성이 높은 요소가 날아가 버려 어딘가 부족한 맛의 커피가 되어 버린다. 2차 크랙 후에는 커피콩에서 더욱 많은 연기가 방출되어 온도 상승도 진행되기 때문에 더욱 배기량을 늘려갈 필요가 있다. 배기가 부족하면 매캐한 맛의 커피가 된다.

표 5

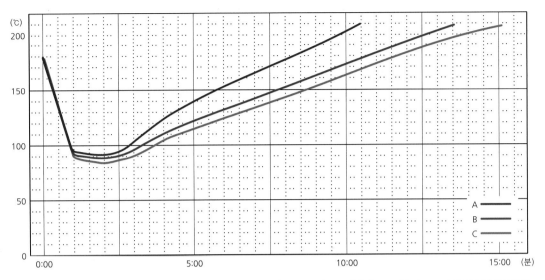

위의 그래프는 생두의 투입 온도나 투입량, 로스팅 종료 온도도 포함해 모두 같은 조건에서 로스팅하여 A, B, C로 로스팅 시간을 바꾼 것이다. A는 짧은 시간 로스팅으로 강한 화력을 가해서 온도의 상승률을 빠르게 한 것이다. C는 화력을 억제해서 시간을 들여 로스팅한 것이다.

A의 맛

짧은 시간에 생두에 열량을 가한 경우, 커피콩의 산미가 강하게 형성되어 윤곽이 뚜렷한 강한 맛이 될 경향이 있다. 터지는 방식도 크고 커피콩의 섬유조직의 파괴도 커진다. 그렇게 되면 커피콩이 가진 향이나 맛의 성분이 빠른 속도로 방출되기 때문에 로스팅 직후부터 명확한 향과 맛이 나온다. 다만 성분이 휘발하는 것이 빠르기 때문에 로스팅 후 며칠이 지나면 급격하게 향이나 맛을 잃어 버려 아무런 맛이 없는 커피가 된다. 또한, 적절한 화력의 허용을 넘어 급격한 온도 상승으로 더욱 짧은 시간에 로스팅을 하게 되면 생두의 표면이 타서 로스팅 얼룩이 지며 떫음만이 남은 커피가 된다.

C의 맛

화력을 억제해서 장시간 들여 로스팅을 하게 되면 산미의 형성도 완만해지고, 동일한 볶음도의 경우 다른 A, B와 비교해서 쓴맛을 느끼기 쉽다. 전체적으로는 마일드한 맛이 될 경향이 있다. 로스팅 후에도 향이나 맛의 성분이 완만하게 방출되기 때문에 비교적 긴 기간, 같은 풍미를 유지하는 것이 가능하다. 다만 시간을 너무 들여 버리는, 즉 생두에 최저한의 칼로리를 가하지 않은 상태라면 생두에 색이 입혀지는 것만으로 향도 아무런 맛도 없는 커피가 된다.

로스터기의 타입에 따른 차이

로스터기는 크게 직화식, 반열풍식, 열풍식 3가지 타입으로 나뉜다.

직화식

드럼에는 무수한 구멍이 뚫려 있어 직접 생두에 열원을 닿게 하는 것이 직화식이다. 맛은 커피콩이 가진 맛과 향을 끌어내기 쉬우며 명확하고 강한 커피 맛을 만들기 쉽다. 결점은 생두에 직접 불이 닿기 때문에 타기 쉬우며 생두의 부푸는 정도가 약간 모자랄 경우가 있다.

반열풍식

열풍식의 한 종류로 열원이 직접 실린더를 데우며, 또한 배기 팬에 의해 빨아들인 열풍에 의해서도 드럼 안의 생두에 열이 가해진다. 드럼에 구멍은 뚫려 있지 않기 때문에 열원이 직접 생두에 닿을 일은 없다. 직화식과 같은 고소함이나 강한 맛은 내기 어렵지만 마일드하고 균형이 잡힌 맛을 만들기 쉽다. 생두는 잘 부풀어 오른다.

열풍식

드럼에 직접 열을 가하는 것이 아닌 다른 유닛의 건버너 등으로 데운 열풍을 드럼 안에 보내서 로스팅한다. 고온까지 로스팅해도 타기 어려우며 온도도 조절하기 쉽다. 보다 가볍고 마일드한 맛의 커피를 만드는 것이 가능하다. 열풍기는 공장을 가진 대규모 로스터리에서 사용되는 대형 열풍기가 주류이지만 최근에는 소형 열풍기도 널리 이용되고 있다.

열풍기 제조 회사에 따른 차이

열풍기는 한정된 제조 회사에서 생산되지만, 그 제조 회사의 설계 방식에 따라 기계의 구조나 재질, 드럼 제작법까지 의외로 큰 차이가 있다. 어떤 로스팅 방법에 적합한지, 기동성 등도 달라지는 것이다. 따라서 구매할 때는 예산은 물론이거니와 자신의 커피점이 어떤 커피콩을 로스팅하고 싶은지, 타깃으로 하는 고객층도 고려할 필요가 있다. 최근에는 조작 방법을 지도하는 제조 회사가 늘어나고 있으므로 구매 전에 가능성 있는 기계는 모두 시험해 보는 것이 바람직하다.

로스터기 용량의 크기

로스터기는 동일한 제조 회사라도 다양한 드럼 용량의 로스터기를 갖추고 있다. 일반적으로 업무용으로는 용량 3~30kg을 소형 로스터기, 30~100kg을 중형 로스터기, 100kg 이상을 대형 로스터기로 부른다. 1kg 이하는 샘플 로스팅용으로 분류된다. 날마다 어느 정도의 양을 로스팅할지에 따라 어떤 크기를 선택할지 바뀐다. 조금씩 로스팅해서 다양한 종류의 판매를 하고 싶거나, 큰 도매처가 있는 등 커피점의 영업 형태에 따라 판단하고 싶지만, 자가 로스터리 카페로서 커피콩의 소매를 염두에 두고 영업을 한다면 적어도 3kg 이상의 로스터기는 필수이다.

날씨나 계절, 로스팅 환경과의 관계

커피 로스팅은 계절이나 날씨에 따른 기온, 습도의 변화에 의해 영향을 받을 때가 있다. 예를 들면 여름철에 기온이 높을 때는 생두의 상온 상태의 온도도 높아지기 쉽다. 그러면 평소와 같은 온도로 생두를 로스팅해도 중점이 높아지거나 온도 상승률이 빨라지거나 하는 경우도 있다. 한편, 겨울이 되면 이번에는 생두의 온도가 낮아져 중점이 낮아지거나 온도 상승이 완만해지게 된다. 또한, 장마철과 가을에 걸쳐서는 폭풍우 등의 영향으로 통풍관의 배기가 약해질 때도 있다. 그렇게 되면 화력이나 댐퍼의 미세한 조정이 필요하게 되는 경우도 있다. 오직 최종적으로 중요한 것은 완성된 커피의 맛이다. 로스팅 후에 커핑으로 맛을 확인하고 목표했던 맛이 나오면 미세한 변화에 너무 예민해질 일은 없다.

로스팅실의 환경 조성

로스터기의 설치 환경도 안정된 로스팅을 실행하는 데 있어서 중요한 요소가 된다. 예를 들면 로스팅하는 방은 공기 유입구와 배기구가 충분히 설치되어 있는 것이 바람직하다. 흔히 신축 빌딩 등에 새롭게 로스터기를 설치할 때 공기 유입구가 충분하지 않아 배전기 버너의 연소가 안정되지 않는 일도 있다. 또한, 최근에는 카페의 내부, 외부에서 잘 보이는 장소에 로스터기를 설치하는 경우도 있지만, 그 중에는 고객 좌석에 가까운 곳에 놓여진 경우도 있다. 영업 중에는 로스팅하지 않더라도 안전 면이나 안정된 로스팅을 위해서 로스터기와 고객 좌석 사이에는 유리창 등으로 구분하고 로스팅실로 확실하게 확보해 두는 것이 바람직하다. 또한, 최근에는 차고 등을 로스팅실 대용으로 사용하는 사례도 있지만 그러한 바깥 공기의 영향을 받기 쉬운 장소에서는 안정된 로스팅은 어려울 것이다.

굴뚝을 세우는 방법

로스팅 환경을 조성함에 있어서는 배기 설비의 상황도 로스팅에 영향을 미친다. 배기 통풍관의 배관법이나 굴뚝을 세우는 법에 따라 배기 제거법이 변동하기 때문이다. 일반적으로 밖에 세운 굴뚝은 높게 세우면 세울수록 배기의 제거는 강해지고, 방 내부 옆의 통풍관이 길면 길수록 배기 제거가 약해진다. 그러므로 굴뚝에 따른 배기 효과를 얻기 위해서는 가로 길이와 비교해 1.5배 이상의 세로 높이가 필요하다고 여겨진다.

'좋은 로스팅'의 평가

자가 로스터리 카페에서 맛을 객관적으로 평가할 수 없다면 로스팅에 따라 맛을 조정할 수 없다. 또한, 고객에게 추천하기 위해서라도 자기 카페의 커피 특징을 파악하는 것이 필수적이다. 그러기 위해서는 실제로 맛을 확인하는 프로세스가 필수이다. 많이 마셔 보고 혀와 감각을 단련해야 한다. 예를 들면 겉보기의 색이 갖추어 있고 깔끔한 상태인 편이 '좋은 로스팅'이라고 할 수 있다. 맛에 관해서도 쓰고 시큼해도 기호의 문제이지만, 다 마신 후에 불쾌한 산미나 떫음이 좀처럼 없어지지 않는 것은 '좋은 로스팅'이라고 할 수 없다. 우선 최소한 마이너스가 되는 맛이 없는 것이 '좋은 로스팅'을 위한 판단 기준이 된다. 특히 미숙한 로스팅 기술에 의해 나타나는 맛의 요소로서는 다음과 같은 것을 꼽을 수 있다.

매캐한 맛

휘발 성분이나 연기의 방출이 많아질 때, 그것에 대한 적절한 배기가 이루어지지 않는다면 매캐하거나 혹은 가스를 뒤집어 쓴 맛이 된다. 코가 뻥 뚫리는 듯한 코끝이 찡한 자극취가 나는 경우도 있다.

떫음

상쾌한 맛의 끊어짐이 없고 계속해서 아래턱에 남은 듯한 맛이 있다. 불쾌하고 지독한 산미, 생나물을 씹은 듯한 떫은맛, 끊임 없는 불쾌한 쓴맛 등의 경우가 있다. 주로 심 잔재나 로스팅 얼룩이 원인이다. 로스팅 얼룩은 커피콩 하나씩의 색이 얼룩진 것이다. 겉보기로 판단할 수 있다. 심 잔재는 불이 잘 통하지 않아 커피콩의 중심부와 표면 부분 사이에 구워지는 정도에 따라 차이가 있어 중심까지 불이 통하지 않은 것이다. 중심 부분이 구워지지 않아서 표면상으로는 일정하게 구워진 것처럼 보이기 때문에 판단이 어렵다.

초소형 로스터기 디스커버리의 로스팅 기법

커피 로스팅에 대한 관심이 다양한 형태로 확산되고 있다. 일반인이 수망(手網) 로스팅이나 홈 로스터를 이용해서 맛있는 커피 제조를 추구하는 사례도 늘어나고 있다. 그런 가운데 로스팅 초보자의 연습용 또는 샘플 로스터기로서 활용되는 것이 초소형 로스터기 '디스커버리'이다. 그 로스팅 기법을 제조회사인 (주)후지코키에게 문의했다.

(주)후지코키의 초소형 로스터기 디스커버리이다. 반열풍식으로 배기 댐퍼나 냉각 기능, 미조정 펄프, 가스 압력계, 소수점 온도 표시와 같은 업무용 로스터기와 동일한 기능을 갖추고 있으면서 356 (W)×710(D) ×631(H)mm의 소형화를 실현시켰다.

■취재 협력/주식회사 후지코키
http://www.fujiko-ki.co.jp/index.html

오사카 본사와 도쿄 지사에서는 로스팅 기법이나 로스터기의 유지 보수 등을 주제로 세미나를 정기적으로 개최한다. 상세 내용은 공식 사이트 참조

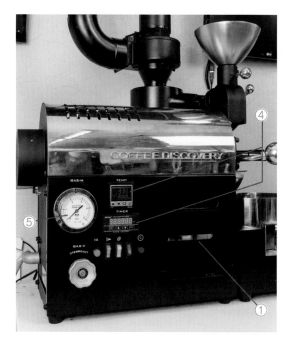

2008년에 발매한 이후 많은 자가 로스터리 카페에서 샘플 로스터기로 구매하고 있다. 업소용 크기의 로스터기를 그대로 크기만 줄인 형태이다. 앞으로 자가 로스팅으로 독립을 생각하고 있는 사람을 위한 연습용 로스터기로 추천한다.

250g의 소량 로스팅이 가능하므로 소량으로 다양한 로스팅 기법을 시험해 볼 수 있다.

원래 디스커버리는 '일반인이 취미로 즐겨 줬으면 해서' 개발된 소형 로스터기이다. 지금은 일반 유저에게도 친근하지만 주로 자가 로스터리 카페에서 샘플 로스터기로 널리 활용되고 있다. 1회 로스팅 양은 생두 중량으로 250g이다. 1kg 용량 이상의 업소용 로스터기에서 200g 정도의 생두를 로스팅하게 되면, 온도계 센서에 생두가 닿지 않기 때문에 온도를 측정할 수 없고, 정확한 로스팅을 할 수 없기도 해서 디스커버리는 정밀도가 높은 샘플 로스터기로써 활용되고 있다. 디스커버리는 소형이면서 업소용 로스터기와 동일한 장비를 갖추고 있기 때문에 업소용 로스터기와 동일한 프로세스로 로스팅할 수 있다. 그렇기 때문에 소량씩 다양한 로스팅 기법을 시험해 볼 수 있으며, 로스팅 초보자나 앞으로 자가 로스팅으로 독립을 생각하는 사람들에게 매력적이다. 스스로 원하는 커피 맛을 추구하는 데 있어서도 알맞은 연습용 로스터기라고 할 수 있다.

디스커버리 로스터기의 특징

① 고칼로리 버너
최대 열량은 1,900kcal이다. 소형이면서 고칼로리를 실현한다. 드럼 용량이 작기 때문에 15분 이내의 단시간 로스팅에 적합하다.

② 단독 배기·냉각 팬
냉각과 배기 팬이 따로따로 되어 있기 때문에 연속 로스팅을 할 수 있다. 여러 종류의 테스트 로스팅을 할 때 편리하다.

③ 배기 댐퍼
로스터기의 정면 부분, 앞 통풍관 오른쪽 옆에 배기 조정 댐퍼가 설치되어 있다. 눈금은 1~5까지이다.

④ 온도계·타이머
온도계는 소수점 단위까지 상세하게 온도를 표시한다. 로스팅 시간 계측용의 카운터 타이머도 로스터기 전면에 붙어 있다.

⑤가스 압력계·펄프
온도계 옆의 가스 압력계도 소형이면서 눈금 표시로 되어 있어 보기 쉽다. 그 아래의 가스 조정 펄프는 핸들식으로 미세하게 조정할 수 있다.

(주) 후지코키 도쿄지점 지점장:
스기이 유키 (杉井 悠紀)

자신이 좋아하는 맛을 첫 단계로 다양한 로스팅을 시험해 보자

저희 회사에서는 로스팅에 관한 세미나 등을 개최하고 있지만 정해진 프로파일을 전해드리고 있진 않습니다. 지향하는 맛에 따라 로스팅의 접근법은 다양하게 있습니다. 우선 자신이 좋아하는, 지향하는 맛을 확실하게 가져야 합니다. 그리고 그 맛을 목표로 다양한 로스팅 방법을 시험해 보는 것이 로스팅 초보자에게 있어서 실력을 향상시키는 지름길이 되지 않을까 싶습니다. 예를 들면 같은 볶음도로 로스팅한다고 해도 로스팅 시간이 약 10분 정도인 단시간 로스팅과 15분 정도의 로스팅, 20분 가까이 걸리는 장시간 로스팅의 커피 맛은 크게 달라집니다. 단시간 로스팅은 높은 화력으로 생두의 온도를 올립니다. 그러면 로스팅 감이 연하고 커피콩 본래의 풍미가 나와서 산미도 확실하게 느낄 수 있는 커피가 될 경향이 있습니다. 단맛이나 고소함과 같은 뉘앙스는 그다지 나오지 않습니다. 장시간 로스팅은 산미나 풍미와 같은 맛은 옅어지면서, 한편으로 단맛이나 여운도 끌어냅니다. 각각 특징이 있기 때문에 어떤 맛으로 하고 싶은지에 따라 로스팅 기법은 바뀝니다. 이번에는 테스트 로스팅으로 같은 로스팅 종료 온도에서 10분과 15분 정도의 로스팅 시간으로 로스팅 맛의 차이를 검증해 봤습니다. 이러한 로스팅 테스트가 손쉽게 가능한 것도 소형 디스커버리 로스터기의 매력입니다. 꼭 다양한 기법을 시험해 보기 바랍니다.

Roasting File

같은 생두를 사용해 1회차 로스팅 시간이 15분, 2회차는 10분으로 테스트 로스팅한다. 생두의 투입 온도는 동일하게 180℃, 로스팅 종료 온도도 동일하게 217℃로 커피 맛에 차이가 어디까지 나올지를 검증했다.

사용하는 생두는 과테말라이다. 고지 재배로 단단한 콩이며, 크랙 소리는 들리기 쉽다. 생두 투입량은 2회 모두 200g이다.

ROAST DATA

- [ ] 로스팅 일시: 2017년 8월 7일 15:00
- [ ] 생두: 과테말라
- [ ] 생두 투입량: 200g
- [ ] 로스터기: 디스커버리
- [ ] 날씨: 맑음

[예열, 투입 온도]

1회차는 가스 압력 0.8kPa로 180℃까지 데운 후 생두를 투입한다. 중점은 100℃를 상정하고, 생두의 투입 온도를 180℃로 결정했다. 투입 온도는 180~200℃ 정도가 표준이다. 중점이 너무 낮으면 화력이 따라잡지 못하고 온도 상승에 시간이 지나치게 걸려 버리기 때문에 어느 정도 데운 후 생두를 투입한다.

1회차 **15분 로스팅**　　　　　　　　　　　　　　　　　　　　　　　　※댐퍼는 1이 닫힘이고 5가 전체 열림

시간 (분)	생두 온도 (℃)	상승 온도차 (℃)	가스 압력 (kPa)	댐퍼 (1~5)	현상
0:00	179.3	0	0.4	3	
1:00	102.2	-77.1			중점 (97.7℃ /1:28)
2:00	100.4	-1.8			
3:00	110.8	10.4			
4:00	120.7	9.9			
5:00	128.8	8.1	0.8	3.2	
6:00	137.1	8.3			
7:00	146.2	9.1			
8:00	155.1	8.9	1.0		
9:00	163.5	8.4			
10:00	172.1	8.6			
11:00	181.1	9.0		4	
12:00	190.6	9.5			1 차 크랙 (192.1℃ /12:09)
13:00	199.5	8.9			
14:00	205.8	6.3			
15:00	214.0	8.2			2 차 크랙 (216.0℃ /15:13)
15:21	217.6				

약 180℃에서 생두를 투입한다. 중점은 97.7℃이다. 이후의 온도 상승이 1분당 9~10℃가 되도록 가스 압력을 조정한다. 같은 화력이라면 온도 상승은 조금씩 느려진다.

배기는 '중립'으로

이번 로스팅에서 배기는 소위 '중립'인 상태를 유지했다. 생두의 투입구를 열어 손을 댔을 때 드럼 안의 열이 올라오지 않으며, 반대로 내부로 공기를 흡입하는 상태도 아닌 자연스런 배기가 가능한 것이 중립이다. 프로파일을 보면 로스팅의 진행에 의해 생두에서 수분이나 연기가 나와 드럼 내부의 상태가 변하기 때문에 중립을 지키기 위해 댐퍼는 조금씩 개방하고 있다. 댐퍼의 눈금은 1~5까지밖에 없지만 투입구에 손을 대서 댐퍼의 작용 부분을 미세하게 조정했다.

10분 단시간 로스팅

※댐퍼는 1이 닫힘, 5가 전체 열림

시간 (분)	생두 온도(℃)	상승 온도차 (℃)	가스 압력 (kPa)	댐퍼 (1~5)	현상
0:00	181.4	0	1.0	3	
1:00	110.7	-70.7			중점 (107.8℃ / 1:23)
2:00	113.3	2.6			
3:00	127.7	14.4			
4:00	142.2	14.5			
5:00	155.5	13.3	1.2	3.5	
6:00	168.8	13.3			
7:00	180.3	11.5			
8:00	191.0	10.7			1차 크랙 (193.2℃ / 8:12)
9:00	201.3	10.3			
10:00	210.3	9			2 차 크랙 (213.8℃ / 10:20)
10:36	217.4				로스팅 종료

180℃에서 생두를 투입하고, 중점은 107.8℃이다.
1분당 온도 상승을 13~14까지 지속하기 위해 가스 압력도 1.0~1.2kPa로 1회차보다 화력을 올린다.

중점 이후의 1분당 상승 온도를 보면서 온도 진행이 둔한 타이밍을 예측해서 가스 압력을 조금씩 올린다.

로스팅 온도의 진행을 자동적으로 기록하는 후지코키의 소프트웨어 '로스팅 컴퍼스'. 중점 온도, 시간도 자동적으로 기록하며 1분당 온도 상승도 자동으로 표시한다. 1차 크랙, 2차 크랙도 간단하게 기록할 수 있다.

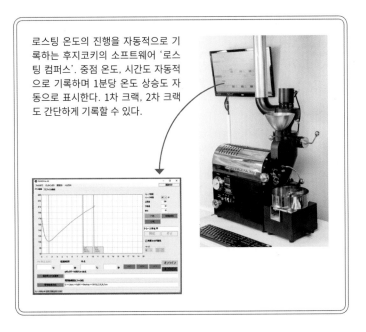

ROAST DATA

☐ 일시: 2017년 8월 7일 15:30
☐ 생두: 과테말라
☐ 로스터기기: 디스커버리
☐ 두 번째 배치
☐ 날씨 맑음

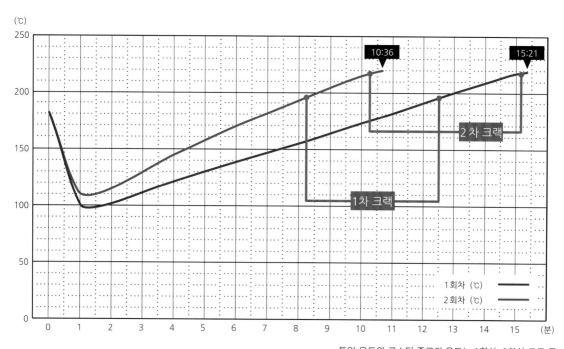

투입 온도와 로스팅 종료의 온도는 1회차, 2회차 모두 동일하다. 화력을 바꾸어 로스팅 시간을 10분, 15분으로 차이를 두었다. 로스팅 후, 원두의 색깔 차이는 그다지 없지만 추출 후의 맛은 놀랄 정도로 차이가 난다.

1 회차

로스팅 시간 10분인 2회차와 비교하면 똑같이 로스팅 종료가 217℃라고 해도 원두의 색깔이 조금 진하다. 산미가 느껴지면서도 안정적인 맛으로 단맛이나 여운을 느낄 수 있다.

2 회차

1회차와 비교하면 약간 색이 연하다. 감귤과 같은 산미를 느낄 수 있지만, 소위 '덜 구워진'것 같은 맛이다. 추출 후의 맛도 가볍고, 여운이 도중에 끊긴다.

1회차, 2회차 모두 로스팅 종료는 2차 크랙이 발생한 직후인 217℃에서 종료된다. 같은 로스팅 종료 온도라도 로스팅 온도의 진행에 따라 맛의 차이가 나온다.

자가 로스터리 카페를 시작하기 위한 생두의 선정 방법

자가 로스터리 카페를 개업하는 데 있어 개업 희망자가 해야 할 것, 해결해야 할 과제는 산적해 있다. 이번에는 생두 도매업을 하는 usfoods에 생두의 선정 방법, 나아가 자가 로스터리 카페 개업 포인트를 문의했다.

usfoods주식회사
주소: 도쿄도 아다치구 야나카 1쵸메 8번 17호
TEL: 03-5697-7390
https://usfoods.co.jp/

먼저 usfoods에 대해 소개해 주세요

저희 회사는 1989년에 창업해서, 1995년경부터 생두를 도매 판매하고 있습니다. 항상 100종류 이상의 생두를 취급하고 있으며, 도매처의 점포 수는 1,500개 점포를 넘었습니다. 저희 회사의 최대 특징은 단지 생두를 판매할 뿐만 아니라 자가 로스터리 카페를 위한 개업 지원이나 매일 영업 중에 발생하는 다양한 문제에 대해 종합적인 컨설팅 서비스를 제공하고 있습니다.

생두의 상품 구색은 처음에는 몇 종류를 음미하고 영업 상황에 대응하여 품목 수를 늘린다!

자가 로스터리 카페에서 커피콩의 라인업은 어떻게 선택해야 할까요?

저희 회사에서는 기본적으로 처음에는 이것저것 욕심 부리지 않고 과하지 않은 수를 추천하고 있습니다.

상시 100종류 이상의 생두를 비축하고 있는 usfoods의 본사 창고이다. 세계 각지에서 엄선한 생두를 구매하고 있다.

usfoods 취급 생두의 한 예

01 브라질 산토 안토니오 프리미엄 쇼콜라

SCAA 평가: 83.5점
생산지: 브라질 미나스제라이스주 산토 안토니오 도 암파로 주변
고도: 1,000~1,100m
수분치: 9.9
정제법: 내추럴식
수확 시기: 5~9월
크롭: 2016/17
품종: 문도노보, 카투카이, 카투아이

커피 산지의 정석 브라질 커피콩으로 동사에서 5년 이상 가장 인기 있는 상품이다. 풍부한 토양과 수자원의 혜택을 받은 조금 높은 언덕지인 산토 안토니오 지역의 약 20개 농원의 생산자 공동체의 콩으로 브라질다운 견과류나 초콜릿의 풍미, 단맛이 특징이다.

02 콜롬비아 마그달레나 SUP

SCAA 평가: 83.38점
생산지: 우일라 지역의 남부 산아구스틴 마을
고도: 1,350~1,850m
수분치: 11.0
정제법: 워시드식
수확 시기: 9~12월
크롭: 2016/17
품종: 카투라, 카스티요, 티피카 등

감귤계 풍미나 단맛이 풍부하게 퍼진다. 우일라주 산 아구스틴 마을의 생산조합 중에서 친환경 재배를 한 생산자에게 주어지는 레인포리스트·얼라이언스 인증을 받은 생산자로부터 구매하는 고품질 커피이다.

늘리는 것은 나중에라도 간단하지만, 반대로 한 번 들여놓은 커피콩의 종류를 줄이는 것은 그 커피콩을 늘 구매하는 단골이 있는 경우 등 어려운 점이 있습니다. 또한, 로스팅을 한 원두만큼은 아닙니다만, 생두도 시간이 경과함에 따라 품질이 나빠져 가기 때문에 생두를 확실하게 사용할 수 있는 양을 그때그때 구매하는 것이 상품의 품질을 보존하는 데 중요합니다. 저희 회사에서는 각 상품을 10kg 단위로 주문을 받고 있습니다. 단기간에 다 사용할 수 있는 양만을 구매할 수 있도록 자가 로스터리 카페에 부탁하고 있습니다.

생두는 어느 정도 기간 내에 다 사용하는 것이 좋을까요?

생두의 보관 상태에 따라 변화되기 때문에 일률적으로 말하는 것은 어렵습니다. 이상적인 보관 방법을 말하자면, 완전하게 산소를 제거해서 밀봉하고 냉동 보존하면 장기간 보존할 수 있습니다. 하지만 현실에서는 그렇게 안 되는 경우가 대부분이라고 생각합니다. 추천하는 관리 방법은 직사광선을 피해 곰팡이가 생기지 않는 습기가 적은 장소에 두는 것입니다. 방의 입구 부근은 문의 개폐에 따라 온도 변화가 심하기 때문에 피해야 합니다. 또한, 생두를 디스플레이용으로서 가게 내부에 장식하고 있는 커피점도 있습니다만, 직사광선이 닿는 장소이거나 에어컨 근처이거나 하면 생두에 부담

말씀해 주신 분들

usfoods 이데리하 스즈시로 대표이사(좌), 시치쿠 유다이 시니어 어드바이저(우)

이 크므로 그 경우는 디스플레이용으로만 이용하는 것이 좋습니다. 또한, 생두는 약볶음, 중볶음, 강볶음 등 볶음도를 바꾸면 각각 다른 맛의 표정을 보여 줍니다. 1종류의 생두에 대해 볶음도를 바꾸어 각각 다른 상품으로서 판매하는 것으로 하나의 생두로부터 상품의 다양성을 늘릴 수 있는 기술도 있습니다.

어떤 생두를 취급하고 있나요?

저희 회사는 상시 100종류 이상의 커피콩을 취급하고 있습니다. 그 가운데에서도 특히 품질이 좋은 커피콩을 'US 프리미엄' 추천 상품으로 하고 있습니다. 매년 각 지역별 담당자가 산지로 가서 생산자와 커뮤니케이션을 하고 신뢰 관계를 구축하며 거래를 하고 있습니다

하고 싶은 커피점의 이미지나 콘셉트의 확립이 개업의 첫걸음

usfoods가 하는 컨설팅 서비스란, 어떤 것인가요?

개업 희망자는 콘셉트 수립, 물건 찾기, 로스터기의 도입, 생두의 구매, 메뉴 구성… 할 일은 산더미

(03) 인도네시아 만델링 빈탄리마

SCAA 평가: 85.125점
해발: 1,400m
수분치: 11.5
정제법: 수마트라식
수확 시기: 11~1월
크롭: 2016/17
품종: 티피카

수많은 만델링 가운데에서도 특히 풍미가 뛰어나며 깔끔하고 든든함이 느껴진다. 한정된 지역에서 재배된 원료를 사용하기 때문에 품질의 편차가 적다. 아이스커피의 블렌드에 더하는 것도 추천이다. 질감과 애프터 플레이버가 향상된다.

(04) 과테말라 안티구아 SHB 아조테아 농원

SCAA 평가: 84.75점
생산지: 과테말라 안티구아 아조테아 농원
고도: 1,600m
수분치: 10.7
정제법: 워시드식
수확 시기: 12~3월
크롭: 2016/17
품종: 부르봉

사과, 감귤계 풍미, 깔끔한 산미와 확실한 바디감이 있는 품위 있는 커피이다. 어느 볶음도로 로스팅해도 각각의 진가를 발휘하는 전지전능한 점이 매력이다. 농장의 지정 커피콩으로 철저하게 관리된 재배로 보다 높은 품질을 유지하고 있다.

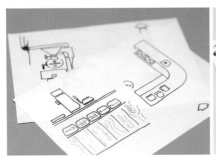

사진 좌: 개업 상담 과정에서 커피점 내부의 레이아웃을 제안할 때도 있다. 사진은 어느 자가 로스터리 커피점에 대한 내부 레이아웃의 제안 방안이다.

사진 우: 각 생두에 대해 커피콩의 정보를 정리한 상품 POP를 준비한다. 그대로 커피점에서 사용하는 것이 가능하다. 이러한 영업용 도구도 풍부하게 준비한다.

처럼 많습니다. 어떻게 하면 좋을지 모르겠다고 생각하는 분은 저희 회사에 한 번 상담받으러 오셨으면 합니다. 매주 화요일과 목요일을 예약제로 개업 상담일에 맞추고 있습니다. 거기서는 생두뿐만 아니라 개업에 관련된 고민 전반에 대해서 어드바이스나 제안을 하고 있습니다. 개업 상담이지만, 별다른 상담료 등은 받지 않습니다. 저희 회사는 어디까지나 생두의 판매를 수익원으로 하고 있습니다. 커피점의 영업이 순조롭게 진행되고 번성하면 생두가 팔리고 저희들의 이익으로 연결됩니다. 그렇기 때문에 우선은 확실하게 커피점으로서 운영될 수 있도록 서포트하는 것이 저희 회사의 사명이라고 생각하고 있습니다.

어떤 상담을 받고 있나요?

사람에 따라 상담 내용은 다양하지만, 생두에 대해서 뿐만 아니라 커피점 전체의 고민에 대해서 상담할 때도 있습니다. 로스터기의 선정법, 커피점 내부의 설비나 레이아웃, 메뉴 구성, 오퍼레이션,

커피의 추출 기구, 커피 원두 판매용 봉지나 스티커, 상품 POP나 깃발 같은 판촉물 등 다양합니다.

개업 희망자가 먼저 해야만 하는 것은 어떤 것인가요?

무엇보다 자신이 만들고 싶은 커피점의 형태나 콘셉트 등 막연한 것을 간단하게라도 좋으니 정리해서 통합해 두는 것이 중요합니다. 그것이 정해져 있으면 저희 쪽에서도 보다 좋은 제안을 할 수 있고 상담도 원활하게 진행됩니다. 우선은 그것이 개업의 첫걸음이겠네요. 이렇게 하고 싶다고 정해져 있는 부분과 고민하고 있는 부분에 대해 각자가 명확하게 되어 있으면 전자에 대해서는 상담자의 희망을 존중하면서, 후자에 대해서 저희 회사의 경험 풍부한 스태프가 다양한 각도에서 어드바이스를 제공하는 것이 가능합니다. 저희 회사는 자가 로스터리 커피점의 개업 희망자들께 이인삼각으로 가게를 지원하는 존재로 있고 싶습니다.

---

⑤ **코스타리카 감보아 농장의 블랙허니**

생산지: 타라스지역 감보아 농장
고도: 1,850m
정제법: 펄프 내추럴식
수확 시기: 12~2월
크롭: 2016/17
품종: 카투라

취재 시 한정 입하. 마이크로랏. 과육을 머금은 채로 건조시킨 펄프드 내추럴(블랙 허니)이라는 정제법으로 처리하고, 단맛을 강하게 느낄 수 있는 마무리가 된다. 레드와인이나 포도나 감귤계의 풍미, 캐러멜의 단맛, 깔끔한 산미가 특징이다.

⑥ **인도네시아 와하나 농장**

SCAA평가: 86.75점
생산지: 인도네시아 북수마트라 주 다이리현 시디 칼랑 와하나 농원
고도: 1,250~1,300m
수분치: 12.4
정제법: 워시드식
수확 시기: 11~2월
크롭: 2016/17
품종: 롱베리

취재 시 한정 입하. 마이크로랏. 에티오피아 원산지인 롱베리라는 품종의 커피콩이다. 생두 모양도 임팩트가 있다. 오렌지, 레몬, 홍차, 우유의 풍미를 느낄 수 있어 깔끔하면서 달고 독특한 맛이다.

로스터기 설치, 유지 보수의 기초 지식

앞으로 로스터기를 도입하는 사람, 자가 로스터리 카페를 개업하는 사람에게 로수팅 기술을 익히는 것 이상으로 중요한 것이 '설치, 유지 보수' 지식이다. 사전 지식이 없어 쓸데없는 비용이나 부담을 거듭하거나 생각지도 못한 트러블을 불러일으키는 일이 없도록 확실하게 배워 두자.

■ 취재협력/주식회사 후지코키

로스터기 설치의 필수 지식

　로스터기 특유의 설치 조건도 있으므로 로스터기 설치의 기초 지식을 확실하게 숙지하고 로스터기나 설치 장소를 선택해야 한다. 먼저 신규 개업을 목적으로 설치하는 경우에는 로스터기나 주변 기기의 종류를 정하고, 도입하는 설비의 사용하는 가스량과 전기량을 확인하자. 커피점에 가스가 없는 경우에는 가스를 끌어들이는 공사가 발생한다. 전기에 관해서도 기기에 따라서는 3상 200V가 필요하게 되는 경우나 원래 전기 용량이 적은 경우에는 예상 외의 전기 공사가 발생할 때도 있다. 그다음에 반드시 확인해 줬으면 하는 것은 커피점의 벽에 구멍을 내도 괜찮을지, 외부에 굴뚝을 세워도 괜찮을지이다. 로스터기 설치에 있어 로스팅 중의 열이나 연기를 배출하기 위한 배기 통풍관의 관통 구멍이 반드시 필요하게 된다. 외부에 세워 올리는 굴뚝도 인접한 땅의 경계가 너무 가까운 경우나 건물이 높은 경우 등은 설치할 수 없거나 공사 비용이 많이 들 때가 있다. 물건을 계약해서 후회하지 않도록 하기 위해서라도 계약 전에 꼭 집주인이나 내장 업체에 확인 상담하는 것이 좋다.

첫째, 배기 환경 설치를 생각한다.

　로스터기를 설치할 때는 로스터기뿐만 아니라 로스팅한 원두에서 나오는 찌꺼기를 제거하는 사이클론, 로스팅에서 나오는 연기를 배출하는 통풍관 등 전체적으로 배기 설비를 생각하는 것이 중요해진다. 배기 환경을 정비하는 것은 안정된 로스팅으로 연결되는 것은 물론, 로스팅에 따라 생기는 연기가 주변에 미치는 영향에 대한 배려도 중요하다. 통상 로스터기를 설치할 때는 우선 굴뚝을 어떤 위치에서 세울지 생각하고 거기서부터 로스터기의 설치 장소나 배기 통풍관의 설비 방법을 정한다. 또한, 로스팅이 진행되면 통풍관은 물론이고 굴뚝도 고온이 된다. 그러므로 굴뚝은 외벽에서 일정 거리를 떨어뜨려 세워 올린다. 그중에는 굴뚝을 이중 구조로 해서 단열하는 경우도 있다. 또한, 소방법 등에 따르면, 굴뚝의 설치는 커피점 위쪽에서 60cm 이상의 높이를 유지하는 것이 규정으로 되어 있다. 당연하지만 배기 설비의 정비가 어려운 지하에서의 로스터기 설치는 거의 불가능하다고 생각하는 편이 좋다.

주택가라면 연기를 없애는 대응도

또한, 로스팅 장소의 주변이 주택가나 상업지 등 사람이 밀집하는 입지의 경우, 연기에 따른 클레임을 방지하기 위한 기기를 도입하는 것이 필요하게 된다. 연기를 제거하는 기기는 소형 로스터기용의 연기를 없애는 장치와 애프터 버너가 있다. 예를 들면 후지코키의 '로열 클린'의 경우 필터로 큰 먼지를 제거하고 연기 안의 미립자에 전기를 가해 전극판에서 하전된 진연을 집진한다. 이는 1kg 용량의 로스터기에 대응한다. 또한, 3, 5, 10kg 용량의 로스터기에서도 확실하게 연기를 없애는 효과를 얻을 수 있는 것은 '무연기 필터'이다. 석회 가루를 붙인 필터에 연기 성분을 부착시켜 제거하는 방식인데, 조금 대형이기 때문에 설치 장소를 고려해야 한다. 두 기기 모두 예산은 100만 엔 정도이다. 단 두 기기 모두 연기 처리 장치이기에 냄새는 남게 된다. 탈취 장치는 보다 고액이므로 신규 개업의 경우에는 예산이나 능력을 비교하면서 도입을 검토하도록 한다. 한편, 애프터 버너는 사이클론으로부터 앞의 배기 통풍관 부분에 화로를 설치하고 화로 안에서 연기를 고온으로 태우는 것으로 연기를 완전하게 제거하는 것이다. 냄새도 다소 전멸된다. 대형 로스터기에도 대응 가능하며 작은 공간에서도 설치하기 쉽고 유지 보수가 간단한 점도 장점이다. 다만 연소 소음이 발생하기 때문에 조용한 주택가의 경우 소음(消音) 장치가 필요한 경우도 있다. 또한, 가스비가 여분으로 드는 데다가 배기되는 공기의 온도도 상당히 고온이 된다. 예산도 200만 엔 이상은 들게 된다. 물론 개점 장소가 이런 연기를 없애는 기기가 필요하지 않는 입지라면 그보다 더 좋은 것도 없다. 예산도 많이 들지 않고 연기를 없애는 기기의 유지 보수의 수고로움도 없어지기 때문이다. 로스팅 장소의 선택은 간단한 것이 아니지만, 그런 점도 고려해서 행했으면 한다.

배기뿐만 아니라 '공기 공급'의 확보를

하나 더, 로스터기의 설치에서 주의했으면 하는 것은 통풍관의 배관이다. 가끔 배관을 지붕 아래에 숨기는 경우도 보이는데, 이는 좋은 방법이 아니다. 통풍관 청소가 어렵거나 만일 통풍관 화재가 일어났을 때도 소화가 곤란해지기 때문에 통풍관은 노출 배관이 기본이다. 알루미늄제의 플렉시블 통풍관(주름관 형태의 것)도 주의했으면 한다. 이는 주름관 형태의 부분에 진연이나 유분이 쌓이기 쉬우며, 배기 온도가 고온이 되면 통풍관 자체가 타버릴 위험성도 있다. 또한, 설치 장소의 사정에 따라 다르지만, 배기 통풍관은 가능한 한 간단하게 배치하는 것이 바람직하다. 통풍관을 3~4번 구부리면 당연히 배기의 제거는 어려워지고, 배관 내부에 먼지나 입자도 쌓이기 쉬워진다. 그렇게 되면 안정된 로스팅도 하기 어려워지기 때문이다. 통풍관의 청소가 하기 쉽도록 배관의 탈부착이 쉽거나 소제구를 설치하는 등도 배려해야 하는 점이다.

로스터기는 고온이 되기 때문에 벽과의 거리를 떨어뜨려 설치하는 것이 기본이다. 배기 통풍관은 유지 보수, 안전성의 면에서 봐도 노출 배관이 불가결하다. 내열성이 부족한 알루미늄제의 유연한 통풍관은 권장하지 않는다.

로스터기는 고온이 되기 때문에 벽과의 거리를 떨어뜨려 설치하는 것이 기본이다. 배기 통풍관은 유지 보수, 안전성의 면에서 봐도 노출 배관이 불가결하다. 내열성이 부족한 알루미늄제의 유연한 통풍관은 권장하지 않는다.

한편, 로스팅실의 환경 조성에서 놓치기 쉬운 것이 '공기 공급'에 대한 배려이다. 외부에서 공기를 끌어들이는 공기 공급이 부족하면, 로스팅실의 실내가 산소 결핍의 상태가 된다. 본래 푸른 불꽃으로 연소되어야 하는 버너가 불완전 연소 상태의 불꽃이 되어 로스팅에 영향을 미친다. 연기의 빠짐도 나빠지고 로스팅의 온도 변화에도 영향을 미친다. 커피콩의 맛에 변화를 미치기에 주의했으면 한다. 공기 공급이 부족할지 아닐지를 판별하는 포인트로는 로스팅 중에 문을 살짝 열어보고 그때 휴…하고 밖에서 공기가 안에 들어오는 듯하면 공기 공급이 부족하다는 증거이다. 새롭게 공기 공급구를 설치할 필요가 있다.

유지 보수의 지식

로스터기를 장기간 계속해서 사용하며 여느 때와 같은 로스팅 환경을 유지하기 위해서는 정기적인 청소·유지 보수를 빠뜨릴 수 없다. 자가 로스터리 카페에서도 로스팅의 재현성을 원하는 점주라면 청소와 유지 보수는 확실하게 이행하는 것처럼 보인다. 특히 배기 통풍관이나 굴뚝은 청소하지 않으면 대량의 찌꺼기나 입자가 달라붙어 통풍관을 막을 정도로 쌓이게 될 때도 있다. 그렇게 되면 적절한 배기를 할 수 없게 되고 입자에 불이 붙어 화재가 일어날 위험도 있다. 극히 간단하지만 로스터기의 유지 보수의 예를 오른쪽에 적었다. 실제로는 각 메이커의 매뉴얼에 따라 적절하게 실행하도록 한다.

발화할 때의 대처법

더군다나 로스팅 중 로스터기 내부에서 생두가 발화하는 현상은 드물기는 하지만 일어날 때가 있다. 이탈리안 이상의 강볶음으로 진행되면 생두 자체의 온도가 점점 높아져 타오르는 것이다. 그렇게 되면 통풍관도 고온에서 새빨개지기 때문에 눈으로 확인할 수 있다. 가령 발화해 버린 경우에는 우선 진정한 후 전원을 끄고 공기 공급을 끊는 것으로 산소 결핍 상태로 만들어 소화(消火)를 하자. 당황해서 원두 배출구나 사이클론의 문을 열려고 하면 더욱 불길이 번져서 탈 위험이 있기에 조심해야 한다. 생두가 타면 그 온도는 700℃에 도달할 때도 있다. 로스터기는 250℃를 넘으면 가스를 자동으로 차단하기 때문에 발화의 위험성은 높지 않지만 만일의 경우에는 진정하고 대처하길 바란다.

1kg 소형 로스터기의 연기를 없애는 장치 '로열 클린'. 필터와 전극판에서 연기를 제거하는 시스템이다. 프리필터로 큰 먼지를 제거하고 유니셀로 더러워진 입자를 흡착시킨다.

10kg의 로스터기에 대응할 수 있는 '무연기 필터'. 관 형태의 필터에는 두께 2~3mm 정도의 석회 가루의 층이 붙어 있기에 여기에서 연기 성분을 부착시킨다.

로스터기의 유지 보수
(후지로얄 로스터 3kg~10kg 가마)

① 냉각통
펀칭 구멍이 막히면 냉각 기능이 저하되므로 월 1회 청소기로 찌꺼기 등을 흡수한다

② 앞 통풍관
오염 물질을 방치하면 배기량의 저하로 이어지므로 월 1회 앞 통풍관을 분리하고 개구 부분 등의 오염 물질을 스크레버로 제거한다.

③ 버너
매번 불꽃 색을 체크한다. 푸른색 불꽃이 나오지 않으면 관측 창의 스테인리스 판을 떼어내고 버너 윗부분과 노즐을 청소한다.

④ 세로 통풍관·연결 통풍관
입자나 유분이 특히 쌓이기 쉽기 때문에 월 1회 청소한다. 동시에 통풍관을 분리하고 내측을 굴뚝 브러시로 청소한다. R 부분은 특히 오염 물질이 쌓이기 때문에 잘 청소한다.

⑤ 사이클론·사이클론에서 끝의 배기통
이것도 월 1회 청소한다. 사이클론은 소제구부터 굴뚝 브러시로 내부의 오염 물질을 제거한다. 배기통도 확실하게 청소한다.

⑥ 팬
모터 베이스마다 팬을 분리하고 스크레버 등으로 오염 물질을 없앤다. 청소를 게을리하면 최악의 경우 오염 물질에 불이 붙는다.

⑦ 댐퍼 케이스
나사를 빼서 댐퍼를 분리한 후에 오염 물질을 제거한다. 댐퍼의 회전이 나빠졌을 때에는 기계 오일을 친다.

⑧ 앞 페어링
매번 회전하고 있는 것을 확인한다. 회전이 나빠지면 부착되어 있는 그리스를 떼어내고, 식품 대응 스프레이 오일로 내부의 오염 물질을 씻어 내리고 새로운 내연 그리스를 붙인다.

SCAJ 로스트마스터즈위원회 주최
리트리트(로스팅 합숙) 리포트

2017년 7월 4일~6일 3일간 도쿄 하치오지의 대학세미나 하우스에서 일본 스페셜티커피협회의 로스트마스터즈위원회 주최로 제10회 리트리트(로스팅 합숙)가 개최되어 전국 각지에서 총 51명의 로스터가 한데 모였다. 그 내용을 리포트한다.

10회째를 맞이하는 리트리트는 기업이나 카페에서 3년 이상의 로스팅 경험이 있어야 참가할 수 있다. 해당 조건을 만족하는 45명과 로스팅 경험 1년 미만의 옵저버가 6명, 총 51명이 전국에서 모였다. 13~14명씩 4그룹으로 나뉘어 3일간 그룹 워크를 진행했다.

지정된 생두를 사용해 그룹별로 블렌드 제조

올해 그룹 워크의 테마는 '가성비가 좋고, 소비자들의 지지를 받는 스페셜티 커피의 로스팅과 블렌드를 생각한다'이다. 산지와 등급이 각기 다른 5종류의 생두가 주어지고, 그것들을 그룹별로 로스팅해 블렌드를 만들어 제출하고, 마지막 날에는 프레젠테이션을 진행하는 것이다. 전년도에도 거의 동일한 내용이었지만 작년에는 싱글 생두를 로스팅하는 데 그쳤다면 올해는 로스팅한 뒤 블렌드의 배합까지 고안하는 것이 큰 차이점이다. 해당 테마를 설정한 의도에 대해 로스트마스터즈위원회의 우치다 가즈야 씨는 이렇게 말한다.

"최근의 커피는 어쨌든 가격이 저렴한 것과 맛은 좋지만 가격이 비싼 것으로 양극화가 진행되고 있는 것처럼 보입니다. 고객들에게 있어 맛도 있고 저렴하게 즐길 수 있는 커피가 줄어들고 있습니다. 이러한 상황을 고려해 소비자의 시각에서 5종류의 생두를 어떻게 로스팅하고 어떻게 블렌딩할지, 그리고 원가에 비해 어떻게 가격을 설정할지 등을 생각하고 의논해서 가성비가 좋은 블렌드를 만드는 것입니다. 이 과제를 통해 로스터 자신의 성장과 업계의 발전에 기여할 수 있을 것으로 생각합니다."

3종의 로스터기를 체험하고 실천&검증하다.

대회장에는 프로밧, 스마트 로스터기, 디스커버리가 설치되어 그룹별로 각 로스터기를 교환해 가며 로스팅을 진행한다. 로스팅한 원두는 대회장 내에서 바로 커핑해 검증한다. 각 그룹은 작업 중에 서로 의견을 교환하며 블렌드를 완성해 나갔다. 2일째인 7월 5일에는 마루야마 커피(나가노)의 헤드 로스터인 미야가와 겐지 씨가 진행하는 특별 강연회도 프로그램에 포함되어 있어, 로스팅에 종사하는 이들에게는 뜻깊은 3일간이 되었다.

대회장에는 3종류의 로스터기를 준비했다. 참가자는 로스팅 양상을 진지하게 관찰하면서 각각의 로스터기의 특징과 다른 로스터의 메소드를 학습했다. 후지커피의 소형 로스터기 디스커버리(사진 상단). 롤링사의 스마트 로스터기(사진 우측 상단). 프로밧(사진 우측 하단).

로스팅 시의 화력과 온도 등 숫자 데이터는 프로파일 표에 기입해 검증 시 사용한다.

로스팅한 원두는 즉시 커핑으로 향미를 확인한다. 참가자들의 희망으로 페이퍼 필터와 프렌치 프레스도 준비해 그것들로 추출해 보는 것도 가능하다.

第10回リトリート　課題シート

チーム

●ターゲット　（年齢、性別、家族構成、所得、職業、住んでいる地域、住居は何処か、コーヒーに対して支払える例えば月額金額、ある程度美味しければある程度の高値を支払われるか、美味しさがほとんど変わらないとそのお客様が判断したコーヒーは、安いほうが良いと考えているか、など作成したブレンドを販売する対象となる市場を明確にしてください）

●販売価格　　　　　円/KG

●配合率

KENYA		%
BRAZIL　Monte Alegre P&N		%
BRAZIL　DUTRA		%
GUATEMARA　San Cristobal Honey		%
BRAZIL　Commercial Coffee		%

●コスト　　　　　円 /KG

●コメント（想定したターゲットにとって、作成したブレンドがどのようにコストパフォーマンスが高いと感じられるのか詳しく説明してください。）

금번 과제 시트. 지정된 5종의 생두를 로스팅해 블렌드를 만들어 그룹별로 제출한다. 평가 대상은 높은 가성비다. 향미와 가격의 밸런스가 핵심이다.

자가 로스터리 카페·커피숍

유명 로스터의
로스팅 기술과 장인정신

한국편

취재 정영진(웨일즈빈 대표)

프롤로그

|||||||||||||||||||||||||||||||||||||||||||||||||||||||||||||||||||||||||||||||||||||||||||||||||||||||||||||||||||||||||||||||||||||||||

로스터리 숍은 리허설이 아닌 진짜 실력을 무대에서 보여 주는 완성형의 커피숍일 것이다. 긴 시간 쌓은 지식과 경험에 근간이 되는 기술이나 철학을 종합적으로 보여 주는 가장 오래된 형태이다. 그리고 로스터리 숍은 전문적인 지식이나 기술은 물론 트랜드에 대한 상식의 기틀을 다지고 동료 간의 협업과 소비자와의 공감 능력, 표현 능력을 발휘하여 보다 견고하게 진화시킨 모습을 담은 커피숍의 최종형이기도 하다.

이 책의 한국편은 일본의 유명 도서를 리메이크하여 취재·집필하였다. 일본 도서인 《인기점의 커피 배전》을 한국어로 번역함과 동시에 우리나라의 커피 기술과 철학 중심 커피숍을 분석 및 소개한다. 진정한 커피인을 찾아나서서 커피 마니아가 인정하는 '로스터리 숍'을 엄격하게 선별하였고, 커피 전문가의 시선으로 그들의 기술과 노하우를 끌어냈다. 말 그대로 심오한 수준의 책이다. 일본 커피 장인의 특별한 기술과 철학을 엿보았다. 그리고 한국의 커피 문화와 더불어 로스터리 숍의 남다른 기술과 철학을 취재하고 분석한 내용이다. 그만큼 충분히 커피를 사랑하는 이들에게 재미있는 이야깃거리가 될 것이다.

책의 제작이 가까워지는 시점에서 불편하지만, 이 지면을 빌려 꼭 전하고 싶은 말을 해본다.
커피에 빠진 사람들은 다 똑같은 성향을 가지고 있는 것 같다. 그 깊은 맛과 향을 '함께 나누고 싶다.'라는 선한 마음이다. 커피를 배우는 과정도 행복하다. 모두 내 편이고 친절하다. 전문가라고 인정받는 자격증도 덤으로 손에 쥐게 된다. 그러다가 리스크는 줄일 수 있고 결실만 얻을 수 있다는 주장을 내세우는 영업사원의 현란한 말솜씨에 현혹되어 커피숍을 개업하곤 한다. 부족한 기술과 경험을 갖고 그렇게 시작해 버린 커피숍은 돌이킬 수 없는 홀로서기가 된다.

본사만 배 불리는 수익 구조의 프랜차이즈, 실패 사례만 넘쳐나는 컨설팅 업체, 부족한 경험과 역량의 학원 컨설팅, 권위 없는 바리스타 자격증과 의미 없는 커리큘럼…
결국에는 공허한 꿈으로 건물주의 배만 불려가며 경기 탓, 시절 탓, 남 탓과 손님 핑계로 일관하며 버텨내는 모습이 농후하다.

지금도 무수하게 맛있는 커피를 나누려는 순수한 커피인의 마음을 이용하여 그렇게 그들에 의해 길러지고 양산되어 그들은 몸집을 불린다. 가까운 거리 목 좋은 장소는 대형 프랜차이즈 업체가 선점한다. 주변 상권에서는 무수한 커피숍이 생겨나고 없어지고를 반복하며 커피의 대중화는 이루었지만, 땀이 맺은 결실은 오롯이 커피와 관련한 것들을 수입 판매하고 교육하며 컨설팅하는 이들의 몫으로 귀속되었다. 그들의 헤게모니 속에 커피숍을 준비하는 점주들이 그들에게는 수입 창출을 위한 고객이다.

한편으론 대한민국에서 커피숍을 한다는 것, 참 좋은 기회로 여긴다. 베이커리가 맛있는 집, 디저트가 맛있는 집, 인테리어가 멋진 카페들도 많다. 아이템으로 차별화한 카페 또한 많다. 하지만 '커피가 맛있는 집'은 찾기 어렵다. 커피가 맛있는 집은 '최소한의 성공'을 보장한다. 커피 가격에 상응하는 맛있는 커피를 제공하면 어렵지 않게 신뢰를 쌓을 수 있다. 그곳에는 맛있는 커피를 찾는 손님과 서로 긍정적인 상호관계를 형성한다. 오가는 고객에게 감사하는 마음이 있고, 넉넉한 인심 속에 아름다운 관계를 맺어 간다.

물론 자신의 커피가 맛있다고 내세우는 카페도 쉽게 찾을 수 있다. 주류를 이루는 그들은 협회의 지위나 자격증을 내세우기도 하고, 주관적 또는 감성적 마케팅에 의존하기도 한다. 나아가 커피에 생명을 부여하여 캐릭터나 컨디션 등의 표현을 가감 없이 사용한다. 로스팅하는 과정을 샤머니즘의 의식인양, 추출하는 과정은 주술적인 퍼포먼스인 듯 지나친 의미를 부여하기도 한다. 그런 다양한 의미 부여 방식에도 불구하고 카페의 고객들은 그와 같은 카페들에 대해 일시적인 흥미만을 느낄 뿐 대부분 자신의 스타일에 맞지 않는다는 이유로 외면하기 일쑤다. 내 커피는 개성 있다는 믿음이 과한 것은 아닐까? 그래서 커피에 대해 표면적인 공부를 한 것에 만족하고 더 이상 배우기 싫어하고 있는 것은 아닐까? 내 커피가 진정 고객이 원하는 맛이고 특별한 커피일까? 의심하고 자각하는 시간이 필요하지 않을까 생각한다.

내가 취재한 로스터리 숍들이 보여 주는 다양한 지식과 경험이 현업에 종사하는 커피인들에게 큰 영감을 주었으면 좋겠다. 커피를 매개로 미래를 설계하고 있는 커피 마니아들에게도 귀감이 되길 바란다.
더불어 《맛있는 커피의 비밀》, 《커피 디자인》에 이어 세 번째 도서를 출간할 수 있도록 지속해서 지원해 주시는 광문각출판사 박정태 회장님과 어서 좋은 글 달라며 채근해 주시는 이명수 편집이사님, 늘 도움 주시는 정하경 감사님과 김동서 편집부장님, 편집을 담당해 주신 전상은 님께 감사의 말씀을 전하며, 커피의 향미를 표현하는 법을 알려준 '카페 평화(강북구)'의 이제숙 님께 감사드린다.

알아둘 만한 커피 용어

||||||||||||||||||||||||||||||||||||||||||||||||||||||||||||||||||||||||||||||||||||||||||||||||||||||||||||||||||||||||

■ 팝핑(popping)? 크랙(crack)?

커피 로스팅에 있어서 외래어 표기가 정리가 되지 않은 부분이 있다. 로스팅 과정에 있어서 두 차례에 걸쳐 파열음 구간을 경험하게 된다. 이 두 번의 파열음을 흔히들 '1팝, 2팝' 혹은 '1차 크랙, 2차 크랙'으로 부르고 있다. 이 책에서는 이러한 용어를 통일하여 1차 파열음이 들리는 구간을 '팝핑(popping)', 2차 파열음이 들리는 구간을 '크랙(crack)'으로 정의하고자 한다.

첫 번째 파열음이 들리는 '팝핑'은 흔히들 센터컷(center cut)이 갈라지며 나는 소리라고 하는데 사실은 밀폐된 원두 내부의 임계 압력이 원두 구조의 가장 약한 부분을 통해 빠져나갈 때 원두 조직(발아구 반대편)이 파열되는 소리이다. pop이라는 말 자체가 '터져 나오다', '뻥 하고 소리 나다'의 의미가 있기 때문에 1차 파열음의 현상을 정확히 말해 주는 용어이다.

두 번째 파열음이 들리는 '크랙'은 1차 파열음 이후 지속적인 열분해로 수분의 팽창과 이산화탄소의 팽창 압력이 작용하여 원두의 표면 조직이 균열(즉 갈라짐)하는 소리이다. 여기서 crack라는 용어는 갈라짐의 뜻을 가지고 있기 때문에 2차 파열음에 적합한 용어다.

■ 로스팅기

원두를 볶는 기계를 흔히들 '로스팅기', '로스터기', '배전기', '로스팅 기계' 등으로 부르고 있다. '로스팅기'는 로스팅(roasting) 하는 기계의 준말이고 '배전(焙煎)'이라는 말은 일본식 한자 표기이다. '로스터기'는 로스터(roaster)에 기계라는 말이 합쳐진 것으로 이미 'roaster'라는 말 자체가 로스팅하는 기계의 의미를 가지고 있다. 이 때문에 기계를 의미하는 '기'를 붙이는 것은 '로스팅 기계'라는 틀린 말이 되며 '로스터(roaster)'라는 표현을 로스팅하는 사람으로 정의하기도 하므로 혼동을 피하기 위하여 이 책에서는 '로스팅기'로 용어를 통일하겠다.

|||||||||||||||||||||||||||||||||||||||||||||||||||||||||||||||||||||||||||||||||||||||||||||||||||||||||||||||||||||||||||||

■ 로스터리 숍

생두를 직접 로스팅하여 판매하는 카페를 말한다. 로스터리 숍(Roastery Shop) 또는 로스터리 카페(Roastery Cafe)라고도 한다. 사실 이 용어는 영어를 쓰는 원어민들은 사용하지 않는 표현인데 roastery라는 영어 단어는 '로스팅하는 장소'라는 뜻이라서 영어만 놓고 봤을 때 '로스팅하는 장소 카페'라는 중복 표현이 되고 만다. 하지만 국내에서 딱히 다른 대안 없이 통용되는 용어이기에 그대로 사용하였다.

■ 생두 & 원두

일반적으로 로스팅 전의 씨앗을 생두로 지칭하고 로스팅된 씨앗은 원두라 지칭한다. 이 책에서도 로스팅 전의 씨앗을 생두로 지칭하고 로스팅된 씨앗은 원두라 하며 로스팅 과정에 있는 씨앗 또한 원두로 통일하였다.

커피팩토리쏘

Shop 01 ▶

Coffee Factory Ssoh

- -

서울특별시 영등포구 신길동

주소: 서울특별시 영등포구 신길동 453-5 남경빌딩
전화번호: 02-845-5501
운영 시간: 07:00 – 23:00
홈페이지: http://www.factoryssoh.com

코로나19 발생 이후 절대다수의 자영업자들은 매출 하락을 겪으며 참 힘든 시기를 걷고 있다. 영업 시간 제한, 집합 제한 등의 조치로 직접적인 영향을 받는 커피숍도 예외는 아니다. 더욱이 재유행의 가능성을 점치고, 또 다른 감염병을 예측하는 기사에 시름이 더욱 깊어지지만, 시대의 변화를 겪으며 길어지는 감염병에도 남다른 기술과 철학을 가진 일부 로스터리 숍은 견고하게 유지하고 있다. 포스트 코로나에도 굳건할 것이다. 조금은 특별하게 여겨지는 건 로스팅을 직접 한다는 것뿐인데, 준비 안 된 창업자의 생존형 창업과는 사뭇 다르다. 주어진 맛에 순응하기보단 적극적으로 맛을 찾

커피로 미래를 그리는 이들에게 보여 주고 싶은 곳…
로스터리 숍에는 맛있는 커피와 사람, 사람과 사람 사이에 오가는 이야기가 있다

고 연구하는 모습이 남다르기 때문일 것이다. 다음에 찾은 곳은 최소한 커피로 미래를 그리는 이들에게 현실적으로 해야 하는 노력을 알려 주고 싶어 방문한 로스터리 숍이다.

로스터리 숍에는 맛있는 커피와 사람, 사람과 사람 사이에 오가는 이야기가 있다.

커피를 수단으로 꿈과 미래를 설계하고 로스팅 전문가의 길을 걷고 있는 '커피팩토리쏘'의 정소향 대표를 찾았다. 서울에 6개, 양평에 1개의 매장을 현재 운영하고 있다. 모두 직영점이다. 지기의 이력이 남다른 건 커피를 매개로, 많은 이야기를 가진 바리스타와 로스터, 산지 탐험 여행자, 커피 강사, 그리고 《100년 가는 동네 카페 만들기》 책을 쓴 작가이기도 하기 때문이다.

이 책에서 쓰는 '지기'는 몇몇 명사 뒤에 붙어 그것을 지키는 사람의 뜻을 더하는 접미사로 등대지기, 청지기, 카페지기 등처럼 친근한 의미로 쓰였다.

젊은 시절의 열정을 오롯이 커피에 쏟은 지기에게 커피란 어떤 의미일까?

"원래는 건축을 전공해서 건축가가 되는 것이 꿈인 학생이었습니다. 대학원 입학 직후 탄자니아로 2년간 해외 봉사를 다녀오게 되었습니다. 거기에서는 탄자니아의 아이들에게 내재된 가능성이 있음에도 건드려 주는 이가 없는 안타까운 현실을 보았고, 동시에 가능성이 터졌을 때 드러나는 놀라운 실력은 굉장한 보람을 느끼게 해주었습니다. 특별한 경험과 추억, 이러한 모든 기억이 마음속에 자리 잡아 석사 과정의 전환점이 되었습니다. 도움이 필요한 아이들에게 힘이 되어 주고, 그 아이들이 누군가에게 도움이 되는 사람으로 성장할 수 있도록 돕는, 선한 영향력을 실천하겠다고 다짐하고 탄자니아로 돌아갈 준비로 시작하게 되었습니다.

현실을 직시하고, 탄자니아에서 미래를 설계하기 위한 자본금 마련을 위해 2008년에 자영업자가 되었습니다. '커피는 사실 수단이었습니다.' 그런데 지금은 목적이 되었습니다."

아마도 아프리카의 아이들이 커피를 수단으로 자신의 삶을 개척하며 살아갈 인재로 만들고 싶다는 뚜렷한 목적이 생존형 로스터리 숍이었던 커피팩토리쏘가 기회형 로스터리 숍으로 거듭나는 동력이 되었을 것이다.

"2008년 서울 노량진에서 첫 카페를 시작하였습니다. 돌이켜 봐도 준비 안 된 무모한 도전이었습니다. 여느 추운 겨울, 언제 올지 모르는 손님을 기다리며 홀로 매장을 지키는 저에게 헤쳐 나아갈 출구가 필요했습니다. 엄밀하게, 손님들은 제가 만든 커피 맛을 경험하기보단 프랜차이즈의 커피 맛을 경험한다는 것을 인지하였습니다. 이내 나의 결정권을 찾기 위해 현실적으로 우선해야 하는 것이 무엇인지는 명확했습니다. 커피 맛을 최우선으로 여기고 나 자신을 부끄럽지 않은 커피 전문가로 거듭나기 위해 결단하였습니다. 그 시기 왈츠와 닥터만의 박종만 관장으로부터 커피의 기초를 다지고 커피를 대하는 자세를 배웠습니다. 이후 일본 카페 바흐의 경영자 다구치 마모루의 저서 《스페셜티 커피대전》(광문각 발간)을 통해 로스팅하는 기법이 향상되었다고 할 수 있습니다. 그때의 결단으로 커피를 대하는 자세부터 철학, 제 인생이 바뀐 것이니 결과적으로는 참 잘한 결정입니다."

여느 카페 점주처럼 브랜드를 향한 동경과 환상이 준비 안

로스터리 숍에서는 커피 생두를 어렵지 않게 볼 수 있다.

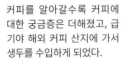

커피를 알아갈수록 커피에 대한 궁금증은 더해졌고, 급기야 해외 커피 산지에 가서 생두를 수입하게 되었다.

된 창업의 결과로 이어졌지만, 현실을 직시하고 지금 당장 해야 할 일을 시작하는 강한 의지력이 엿보였다.

"프랜차이즈 계약 기간이 끝난 노량진 카페를 개인 카페로 전환하고, 2014년에는 인근에 새롭게 카페를 열었습니다. 로스팅을 배울 때 사용한 본막(Lucky) 4kg 직화식 로스팅기가 익숙하기도 했고, 당시 사용 규모에 적합했기 때문에 같은 로스팅기로 커피팩토리쏘 공장점을 열었습니다. 그리고 두 지점의 커피 맛을 일원화시키기 위해 2015년 조그마한 교육장을 갖춘 커피팩토리쏘 교육점이라는 세 번째 로스터리 숍을 열었습니다. 매장들은 모두 인근 위치에 있습니다. 동네 로스터리 숍으로 사랑받으며 이후에도 여러 매장을 열었습니다. 여섯 번째 매장인 커피팩토리쏘 다방점은 이런 시선을 잘 담아낸 매장입니다. 3개월간의 자가 시공이 끝나고, 다방점을 열었을 때, 예전 모습을 아는 동네 손님들이 '여기가 그때 그 가게가 맞냐'라며 환호했습니다. 둘러보고 좋아하는 모습을 보니 뿌듯했고 보람되었습니다. 커피 마시는 공간을 제가 직접 진두지휘한 시공 경험은 아프리카 맨땅에서 시작하게 될 카페 공간 만들기에 대한 도전을 두렵지 않게 해줄 겁니다. 카페 자리로는 적합하지 않다고 입점을 반대하던 분들이 인테리어가 끝난 결과물을 보고 놀라워했던 표정은 아직도 잊을 수가 없습니다.

커피를 알아갈수록 커피에 대한 궁금증은 더해졌고, 급기야 휴가 때마다 외국 커피 산지를 찾게 되고 수입까지 하게 되었습니다. 그리고 이 시기에 100년 갈 카페 공간을 계획하고 영등포구 신길동에 건물을 매입했습니다. 작은 카페들임에도 지점이 늘어나니 물류를 보관하고 배송하는 유통 시스템을 구축하기 위한 결단이었습니다. 사실 수입하는 12t의 생두를 보관할 창고가 필요하기도 했습니다. 우여곡절 끝에 본점의 역할을 대신할 카페를 오픈하고 직접 무역이라는 기능까지 담아낸 로스터리 숍으로 운영하고 있습니다."

실제로 생두를 수입하고 직접 가공하여 마시기까지 어느 것 하나 소홀함 없도록 실천하고 성장해 나가는 경험들이 담대하고 거침없다.

"이렇듯 커피팩토리쏘는 애초부터 대단한 계획에 따라 체계적으로 만들어진 카페는 아닙니다. 그저 하나하나의 이력이 더해지면서 브랜드가 되었고, 오랜 기간 자리매김하면서 이웃과 단골이 인정하고 찾아오는 동네 로스터리 숍으로 성장했습니다.

로스터리 숍을 한다는 사실만으로 '기본 이상의 노력'을 하고 있다며 안주할 수 있습니다. 좋은 생두를 발견하고 볶아 내는 것에 그치지 않고 커피가 발현하는 제맛을 찾고 일관되게 볶아 냅니다. 생두의 품종 특성에 따라 볶는 기술에 변화를 주는 노력과 수고도 뒤따릅니다. 지켜가야 하는 건 지키고, 변화를 주어야 할 때는 바꾸고 그렇게 역동적

커피팩토리쏘의 핸드드립 커피는 마시기 전 스위트한 단향이 올라오고 입에 머금은 커피에서 쌉싸름함을 겸비한 단맛이 견고한다.

으로 움직여 노력해 가는 것이 로스터리 숍의 매력이라고 생각합니다."

한 잔의 완성된 커피에 고객의 요구를 담아내는 노력은 로스터를 각성시키기도 하고, 바리스타를 긴장시켜 역량을 더 개발하게 만든다. 로스터나 바리스타는 직접 추출한 커피로 자신의 역량을 입증해 내야 한다. 인터뷰 내내 익숙한 편안함과 새로움의 긴장을 반복하던 내게 익숙한 핸드드립 커피를 내온다. 마시기 전 스위트한 단 향이 올라오고 입에 머금은 커피에서 쌉싸름함을 겸비한 단맛이 견고하다는 것을 단박에 알 수 있었다. 지기 또한 지향하는 커피 맛을 물었을 때 "단맛입니다."라며 커피를 과일에 빗대어 풀어낸다.

"과일에서 중요한 건 강렬한 향도, 신맛도 아닌, 단맛이라고 생각합니다. 아무리 모양이 큼직하며 예쁘고, 먹음직스러워 보이며, 향이 강렬해도 막상 맛을 봤을 때 시기만 하고 맹맹하고 달지 않으면 손이 안 갑니다. 그래서 요즘에는 과일마다 브릭스(당도)를 측정해서 그 수치를 표기하는 경우

가 많죠. 저는 과일에서처럼 커피에서도 단맛을 내려고 합니다. 커피가 가지고 있는 본연의 단맛이 잘 표출되도록, 로스팅으로 단맛을 극대화한 메커니즘을 이끌려고 합니다. 또한, 커피는 쓴맛을 즐기는 음료입니다. 커피다운 좋은 쓴맛(클로로젠산 락톤류)이 단맛과 만나도록 로스팅에 신경 쓰고, 블렌딩합니다. 커피팩토리쏘 하우스 블렌드는 묵직하고, 선호하는 쓴맛, 은은한 신맛, 그리고 밸런스까지 꾀하는데, 블렌드 맛을 조정할 때도 단맛을 가장 중요하게 여기며 모나지 않고 그 맛이 서로 잘 어우러지도록 밸런스를 조정합니다."

단맛이 부족한 커피에서 신맛이나 쓴맛은 어떠한 감흥을 주지 못하고 외면하게 만든다. 인류에게 쓴맛은 독성을 나타내는 맛이고, 신맛은 경계해야 하는 맛으로 학습되었다. 반하여 단맛은 무조건 취해야 하는 맛으로 인지한다. 신맛은 매우 조심스러운 맛이다. 익지 않은 열매의 미성숙한 신맛이나 먹어도 되는지(발효)와 먹으면 안 되는지(부패) 사이에 있는 맛이 신맛이다. 그래서 쓴맛과 신맛은 학습 후에 찾는 맛이다. 또한, 특정 식문화에 길들어지기도 한다. 서구의 식문화가 쓴맛을 잘 감지하여 방어하는 목적으로 기피한다면, 신맛은 잘 감지하지 못하여 선호하게 되었다. 반하여 발효 문화가 발달한 한국의 식문화는 신맛을 잘 감지하여 선호하지 않고, 쓴맛은 잘 감지하지 못해 기피하지 않

게 되었다. 더하여 맛을 감지하는 미각 역치가 식문화와 관련이 깊다.

"평소에 기회가 되면 여러 카페를 다니면서 커피를 마십니다. 젊은 감성에 맞게 유명하다는 카페나 스페셜티 커피 전문점, 그밖에 다양한 프랜차이즈 매장을 찾아 핸드드립 커피나 아메리카노와 라떼를 맛보곤 합니다. 그렇지만 커피 맛이 대체로 가벼웠습니다. 라이트한 볶음은 정도가 심해 밸런스가 무너져 있었고, 바디감은 느끼지 못했습니다. 원래 유니크하여 개성이 강한, 딱 소수의 커피만 그랬다면 그렇게 불편하지 않았을 텐데, 묵직하다고 추천받은 커피에서 대체로 그런 뉘앙스가 짙었습니다. '원래 커피가 이런 걸까, 요즘 커피가 이런 걸까, 스페셜티 커피라고 다 이런 건 아닐 텐데, 왜 그렇지?' 하는 궁금증만 더해졌습니다.

그즈음, 일본을 여행하면서 여러 로스터리 숍을 경험하였습니다. 한국의 커피 뉘앙스와 확연히 다르게 웬만한 일본 핸드드립 커피는 묵직하면서도 목 넘김이 좋았습니다. 그러다 이끌리듯 UCC 커피 박물관까지 가보고서야 일본 커피의 수준을 알았습니다. 한국의 스페셜티 커피 산업이 커진 만큼 신맛이 강조되는 방향으로 커피 맛에 큰 변화가 생긴 것으로 여겼는데, 일본은 아니었습니다. 한국보다 커피 역사와 산업, 문화가 앞서 있는 일본의 스페셜티 커피 맛에서도 신맛이 강조되기보다는 커피가 가진 자기 색깔을 잘 찾아주고 있다고 해야 할까요? 그동안 혼란스럽던 국내의 트렌드가 일거에 해소되는 듯 제가 나아갈 길을 제시해 주고 있었습니다."

실제로 세계 스페셜티 커피의 50%가 일본 업체에서 경락되고 있다. 일본은 미국, 독일에 이어 세계 3위의 커피 소비국이다. 하지만 일본에서조차 스페셜티 커피가 일상적으로 쉽게 눈에 띄지 않는다. 일본 시장은 여전히 커머셜 커피로 시장이 점유되고 있다. 스페셜티 커피라고 무조건 좋다는 인식은 스페셜티 커피와 관련한 '스페셜티커피협회'의 성공적인 마케팅으로 간주 하고 있다.

"개인적으로 SCAA 평가표에 있는 Acidity가 커피 평가 기준에 적합한지 의문입니다. 콩에 결점두가 없고, 높은 고도에서 자라 밀도가 높아 단단하고 크기가 크다고 해도 신맛을 가지지 못한 커피라서 SCAA의 평가에서 80점 이상의 향미 점수를 받지 못하면 스페셜티 등급에서 밀려납니다. 과일을 놓고 향미 평가를 한다면 레몬은 아주 높은 점수를 받을 겁니다. 하지만 신맛이 없는 수박과 멜론은 높은 점수를 받을 수 없습니다. 떼루아에 기인한 커피 본연의 개성을 잘 드러내는 것으로 평가 기준이 잡히면 좋겠습니다. Acidity라는 신맛이 약하더라도 충분히 커피다운 커피, 유니크한 커피, 훌륭한 커피가 있을 수 있기 때문입니다."

커피로 미래를 설계하는 이들에게

"번듯하게 창업하고 금방 사라지는 커피숍이 아니라, 오래갈 커피숍을 위해 진중한 출발을 부탁합니다. 자격증이 많다고, 카페 아르바이트를 좀 해봤다고, 커피 좀 배웠다고 카페 창업을 하면 시작만큼 끝도 아쉬울 수 있습니다. 대중 이상의 커피 기술을 최소한 갖추고, 커피뿐 아니라 함께 즐길 먹거리에 대해서도 준비하고 창업해도 늦지 않습니다. 모두가 화려하게 문 열 카페를 만드는 게 목적이 아니고, 카페를 잘 운영하고 오래 지켜가는 것을 목표하기 때문입니다. 한 걸음 한 걸음 충실히 커피를 만나 가다 보면 어느 날에는 대중보다 나은 실력이 생길 거고, 또 어느 날에는 손님들 응대가 신나고 재밌는 때가 올 겁니다. 꾸준히 살피고 노력하고 실력을 키워가길 바랍니다."

준비가 부족한 창업은 유행에 민감할 수밖에 없다. 변화는 두렵고, 새로운 시도는 주저하게 만든다. 지기는 변하지 않아야 하는 것과 변해야 하는 것을 구분하였고, 어김없이 찾아오는 고비고비를 이겨내고 거듭났다. 로스팅은 자양분이 되어 주었다.

"동기가 되었던 아프리카 탄자니아로 돌아가 현지인들에게 커피 기술을 가르치고 그들이 커피를 수단으로 가족들의 생계까지 책임질 수 있게 하는 것이 목표입니다. 그리고 난 후, 기회가 된다면 숙련된 탄자니아 바리스타가 한국으로, 한국의 바리스타가 탄자니아로 와서 커피를 매개로 서로의 문화를 교류하며 더불어 사는 장을 만들고 싶습니다."라는 다짐이 어느새 현실로 다가왔다. 변화의 모멘텀이 되는 해외 봉사 활동으로 행복해지는 방법을 찾았고, 커피로 새로운 삶을 찾아가는 여정의 끝자락에서 여느 아침에 향긋한 커피를 마시며 탄자니아의 이웃들과 인사 나누는 지기의 행복한 모습이 그려진다.

커피팩토리쏘 무역점

건축을 전공한 경험 많은 커피쟁이가 커피팩토리쏘 무역점을 디자인하면 지금과 같은 모습이 된다. 이곳 무역점은 2층 일부가 보이드 구조로 되어 있다. 건축에서 보이드의 목적은 실내의 용적을 늘리기 위한 목적이지만, 이곳 보이드(void)의 거친 단면을 보니 의도한 연출이란 걸 추측할 수 있었다. 위에서 내려다보니 개방감이 있고 여유로운 실내 공간만을 연출한 것도 아니었다. 1층과 2층, 서로 다른 성격과 역할의 공간을 하나로 이어 주는 기능에 충실하였다. 더해서 로스터리 숍의 정체성인 대형 로스팅기를 드러내어 중요한 공간이라는 것을 의도하여 가인시켰다.

"인테리어 내부와 외부 요소는 우리 브랜드의 철학을 그대로 담았습니다. 커피팩토리(커피공장)의 핵심은 로스팅기이고, '쏘'는 제 이름의 중간자를 넣은 것인데, 그 속뜻은 사람, 현장에서 일하는 바리스타를 일컫습니다.

커피팩토리쏘의 전체적인 인테리어 콘셉트는 블루진(청바지)을 입은 공장 노동자를 연상하여 커피 공장에서 일하는 활기찬 바리스타를 모티브로 정했습니다. 내부는 옅은 베이지색(상아색) 계열로 칠하고, 기둥이나 벽면 포인트가 필요한 곳에는 블루칼라를 입혔으며, 바리스타 앞치마를 청색 계열로 움직임을 살렸습니다. 활동적으로 움직이는 바리스타의 동작이 내부 인테리어를 끊임없이 채워주는 동적 요소가 되기 때문에 유니폼 색도 흰색 셔츠와 청바지를 기본으로 하고 있습니다. 최대한 캐주얼하게 보이도록 하였습니다.

커피팩토리쏘 무역점의 외부 파사드는 1층과 2층 외벽을 제거하고 높이 5미터짜리 블루색 대형 문을 양쪽으로 달았습니다. 평소에는 픽스창인 것처럼 고정 상태로 닫아두지만, 온기가 도는 봄 가을날 볕이 따뜻하고 좋을 때는 문을 활짝 열어 개방감을 더해 줍니다. 2층 홀에 앉아서 커피를 마시는 우리 고객은 보이드 공간과 활짝 열린 문을 통해 거리를 볼 수 있고, 반대로 거리를 지나가던 사람들은 압도적인 대형 문이 열린 틈 사이로 대형 로스팅기와 생동감 있는 로스터리 숍 현장을 볼 수 있습니다. 커피팩토리쏘의 첫인상이 여기서 잡히기 때문에 전면부에 힘을 많이 줬는데, 대형 문과 그리고 문에서 가장 가까운 위치에는 (무대에 놓인 그랜드 피아노 같은) 블루색 로스팅기를 전면에 배치한 것입니다.

고객 동선은 이끌림과 소통 혹은 편안함에 대해 고민했습니다. 블루 톤의 파사드에 매료되어 매장에 들어온 고객이 처음 마주하는 것은 1층 로스팅기이며, 로스팅기 근처에는 핸드드립하는 모습을 가까이에서 볼 수 있게 드립 스테이션을 갖추어 커피 맛에 대해 고객과 직접 소통할 수 있도록 하였습니다. 1층은 테이크아웃 전용 공간입니다. 많은 손님이 들어오고 나가는데 바리스타의 시선에 막힘이 없도록 출입문이 잘 보이는 곳에 주방 bar를 설치했습니다. 2층보다 더 활기차고 생기 넘치는 공간입니다.

2층은 홀 전용 주문 공간입니다. bar 배치 역시 출입하는 손님이 잘 보이도록 배치하였는데, 2층

압도적인 대형 문이 열린 틈 사이로 대형 로스팅기와 생동감 있는 로스터리 숍 현장을 볼 수 있다.

규모가 50평 정도로 넓다 보니, 공간 구획이 안정적으로 자연스러워졌습니다. 오래 앉아서 책을 읽거나 노트북으로 작업하는 고객들은 벽면 쪽 콘센트를 이용해서 조용히 일하며, 공부하고, 사색하는 것이 가능합니다. 홀의 가운데에 놓인 bar를 둘러싼 테이블에는 담소를 나누는 고객들이 주로 자리를 잡아 공간에 온기를 더해 줍니다. 창문으로 비치는 햇살이 주방 깊이 들어올 때면 bar는 무대가 된 듯 보이기도 해서 2층 공간은 의도대로 자유로움과 자연스러움이 잘 연출되었습니다."

커피팩토리쏘의 로스팅

개념

"로스팅은 밥을 짓는 것과 비슷합니다. 센 불로 시작해서 터닝포인트가 지난 후와 팝핑이 지난 시점을 기준으로 불 세기를 중불, 또는 약불로 조절합니다. 특히 크랙이 일어나는 시기의 화력 조절을 중요하게 여깁니다. 막판에 원두가 쪄지지 않도록 열량을 과도하게 낮추지 않고 점진적인 온도 상승을 유도하여 원두의 온도와 드럼 온도가 비슷하게 상승하도록 열원을 미세하게 관리합니다. 투입량에 따라 걸리는 시간은 조금씩 다르지만, 20분 전후로 결과물이 나올 수 있게 콩을 볶고 있습니다. 과학적 틀 안에서 접근하고 수치적인 도움을 받더라도 우선하여 축적된 로스터의 경험과 감각이 필요합니다."

에스프레소용으로 기센을 선택한 이유

"누구나 로스팅하기 전에는 선행하여 예열이란 과정을 거칩니다. 안정적인 로스팅과 균일한 결과물을 얻기 위한 목적입니다. 기센 로스팅기를 사용하는 이유와 맞닿아 있습니다. 드럼의 두께가 두꺼워 열 손실이 적고, 열량을 보존하기 유리합니다. 그밖에 가변적으로 드럼의 회전수 조절이 가능하여 비교적 고른 열전달이 가능하기 때문입니다. 드럼 회전이 느리면 데워진 공기의 흐름이 원두의 일부분에 집중되어 균일하게 볶이질 않고, 회전이 너무 빠르면 원두 내부에 직접 영향을 미치는 전도열과 복사열이 원활하게 전달되지 않게 됩니다. 기센의 두꺼운 드럼으로 열적 관성이 높은 만큼 예열에 긴 시간을 요구하기도 하지만, 로스팅을 하는 동안에는 열 손실이 적고 급격하게 온도가 상승하는 것을 지연하여 좀 더 안정된 로스팅을 진행할 수 있습니다."

생두 관리

"수입하는 생두는 3차까지 핸드픽을 완료한 생두를 받지만, 운송이나 보관 과정에도 결점 두가 생길 수도 있어 로스팅 시에 추가로 확인하는 과정을 거칩니다.

또한, 이중 포장된 것을 받고 있는데, 마대 안에 곡물용 녹색 비닐백인 Grain Pro(그레인 프로)를 사용해 생두를 담아옵니다. 그레인 프로는 잔류 농약에 대한 염려가 없고, 마대 냄새를 차단하거나 오염을 방지하는 효과가 있습니다. 비닐 재질이라서 열과 습기에 강하고, 산소와 수분을 차단해 주기 때문에 스페셜티 커피를 운송하는 데 많이 쓰이고 있습니다. 선박 컨테이너가 태풍을 만날 때도 비닐이라 안전한 편입니다. (다만, 생두 선박이 적도를 지나는 운송 루트를 가지고 있다면, 적도를 지날 때 받는 강렬한 태양에 불안하고, 온도의 변화 폭이 클 때 그레인 프로 비닐백 안에 결로의 염려가 있습니다.)

입고한 생두는 보관에도 관리가 중요합니다. 한국처럼 겨울이 뚜렷하면, 동절기 로스팅에 주의를 더욱 기울입니다. 영하 10℃의 기온에 로스팅할 때는 창고에 보관한 생두의 상태를 더 유심히 살핍니다. 행여 얼었던 빈(bean)이 녹아 습기를 보인다면 바로 로스팅하지 않습니다. 최소 하루 전에 마대를 실내로 옮겨 두고, 낮아진 생두의 온도를 높인 다음에 로스팅하고 있습니다."

커피팩토리쏘의
커피 로스팅

[예열을 한다]
▼

드럼 내부의 온도는 200℃, 배기 온도는 240℃까지 올린다. 댐퍼는 1/4을 열어 잔존하는 습기(수분)는 빠져나가고, 드럼 내부에 열이 유지되게 한다. 약한 불에서 시작해서 중간 불까지 약 17~20분 예열하고 원두 온도가 200℃가 되면 1분 정도 불을 줄이거나 끄며 3회 이상 반복하여 진행한다. 예열하는 동안 뜨겁게 달궈진 드럼으로부터 상대적으로 온도가 낮은 외부의 틀로 열이 이동하게 된다. 반복 진행으로 외부의 틀로 이동하는 열량을 충분하도록 유도하여 열적 관성을 높일 수 있다.

다시 로스팅을 시작할 화력으로 불을 맞추고 원두 온도가 190℃에 이르면 생두를 붓는다. 생두를 투입하고 호퍼 게이트를 닫은 후부터 로스팅 시간을 카운트한다. 이때 원두 온도는 대체로 170~180℃ 정도 된다. 로스팅 시점을 생두 투입으로 정하는지, 투입이 끝난 후로 정하는지에 따라 로스팅 시간이 달라지고, 중점을 찍는 시간 또한 달라지기 때문에 카운트 시점을 미리 정해 놓는다.

생두 종류와 용량마다 차이가 있지만, 대체로 투입 후 1분 전후로 중점을 찍는다.

[예열을 한다]
▼

기센 로스팅기 15kg 용량에 11kg 생두를 투입한다. 가스압은 LNG이고, 화력은 30%로 시작한다. 기센은 자동화된 로스팅기에 가깝다. 댐퍼 자동 조절 시스템이 있어 댐퍼 조절은 따로 하지 않는다.

싱글 로스팅을 주로 하는 럭키/본막 4kg 용량으로 로스팅을 할 때는 예열 과정에서 댐퍼를 거의 닫았다가 생두를 투입하면 댐퍼를 활짝 연다. 투입 후 먼지나 채프 등의 이물질을 날려 보내기 위해서다. 생두를 투입하면 차가운 원두의 영향으로 드럼의 배기 온도와 드럼 내부의 온도가 점차 떨어진다. 그리고 어느 순간 (대체로 1분~1분 30초 전후로) 가장 낮은 온도를 찍고 올라오는데 이 순간까지 댐퍼를 활짝 열어 둔다. 중점의 유지 시간과 온도를 기준으로 화력을 조절하기 때문에

중요한 구간이다. 로스팅 시점부터 1분이 갓 지났을 때 중점 84℃를 찍고, 대략 20초 후에 온도가 상승한다. 같은 원두라도 중점이 차이를 보일 수 있다. 기준보다 중점이 올라가면 화력을 낮추고, 중점이 낮으면 화력을 높이는 것으로 로스팅 프로파일을 조정한다.

[중점을 기준으로 원두의 변화가 시작된다]
▼

중점을 찍고 온도가 올라가기 시작하면 30초 후에 댐퍼를 닫아 흡열 반응이 본격적으로 이루어지도록 유도한다. 이때 많이 건조한 원두나 내추럴 방식으로 가공한 원두는 더욱 주의한다. 본막 로스팅기를 사용해서 직화 방식으로 로스팅하는 경우라면 특히 실버스킨이 타들어 자칫 불씨가 나기 쉽다. 원두에 매캐한 냄새가 밸 수도 있기에 주의 깊게 살핀다. 건식 가공한 에티오피아 하라를 볶을 때는 댐퍼 조절은 하지 않고 완전히 열어둔 채 로스팅하는 것이 향미를 유도하고, 화재를 막기에 유리하다. 실제로 건식 가공한 원두를 직화 방식으로 로스팅하는 중 실버스킨에 붙은 불씨를 끄기 위해 청소기로 흡입하다가 청소기에 불이 붙어 필터를 태운 경험이 더러 있었다. 수분이 많은 생두와 적은 생두, 빈의 크기가 큰 생두와 작은 생두는 저마다 밀도가 다른 이유로 로스팅에 편차가 생긴다. 동일한 메커니즘으로 볶아 내려면 빈의 상태를 확인하고 로스팅 과정에 적용해야 한다.

[갈변하기 시작한다]
▼

5분이 지나면 원두가 갈변하기 시작한다. 6분 정도 되면 풋내가 점점 사라지고 구수하게 굽는 냄새가 난다. 닫았던 댐퍼는 단계적으로 열기 시작한다. 아직은 로스팅 초반이기 때문에 댐퍼는 상대적으로 조금만 열어준다. 노란색이었던 콩은 시나몬 색을 낸다. 주름도 점점 깊어진다.

[팝핑을 유도한다]
▼

16분 지점에서 팝핑이 시작된다. 열을 발산하기 시작한

다. 원두 온도는 180℃가 조금 넘었다. 반 정도 댐퍼를 열어둔다. 원두는 갈색으로 바뀌고 크기가 커졌으며 센터컷이 벌어졌다. 팝콘처럼 부피가 커지며 탁탁 튀는 소리가 들리고 갈색 색소를 생성하는 메일라드 반응에 의한 단내와 구수한 향이 난다. 콜롬비아와 케냐와 같이 빈의 세포 조직이 두터운 원두는 소리가 경쾌하게 잘 들린다. 게이샤는 말할 것도 없다. 그러나 스페셜티 커피는 미성숙두가 적고 고른 편임에도 로스팅이 쉽지 않다. 소리의 변화를 알기 위해 더욱 집중해야 한다. 밀도가 조금은 약한 것이 원인이다. 사용하고 있는 스페셜티 커피는 스트라이크 존이 커머셜 커피와 비교하여 대체로 짧다. 1~2초 차이로 로스팅 시간을 넘겨 버리면 중후한 맛이 아니라 쓴 커피가 되기도 하고, 원두 고형물의 열화학 반응이 부족한 채 쿨링이 되어 자기 향미를 제대로 보여 주지 못하기도 한다. 때문에 팝핑이 끝나는 지점에 맞춰 배출하는 원두라면 팝핑 이전의 단계에서 충분한 시간 동안 고형물의 열화학 반응을 유도해야 한다.

로스팅 마무리
▼

18분이 지나면 드럼 온도가 190℃가 넘는다. 팝핑이 한참이다. 화력은 30%로 열량으로 지속하다 196℃에서 배출한다. 진행하는 동안 자동 온도 조절 센서에 의해 배기 온도가 가파르게 올라서 자동으로 화력이 꺼지지 않도록 집중하여 댐퍼를 조절해야 한다. 자칫 화력이 10%까지 하강하면 원하는 원두의 재현성을 담보할 수 없게 된다. 배출한 원두는 쿨러에서 즉시 냉각한다.

지기의 로스팅 시간은 다수의 로스터가 운용하는 로스팅 시간과 큰 차이를 보인다. 그러나 16분을 지나 팝핑이 시작되고, 19분을 전후로 로스팅을 마치는 구간은 3분을 전·후로 큰 차이를 보이지 않는다. 엄밀하게 살펴보면 팝핑 이전에는 고형물의 화학적 분해 이전의 상태로 고형물에 의한 맛 성분과 향 성분이 만들어지기 이전의 비가역적 반응이 이루어진다. 비가역적 반응이 충분한 만큼 팝핑 이후 풍부한 맛과 향을 만들 수 있다. 팝핑 순간 다량의 수분이 이탈하면 다양한 향미 물질과 색소 분자가 만들어지며 산화 및 분해 산물이 중합, 축합 반응을 유도하여 원하는 커피의 풍부한 향미를 얻게 된다.

기센 로스팅기 15kg 용량은 자동화된 로스팅기에 가깝다.

로스팅을 마친 커피팩토리쏘의 커피 원두

🥤 브라질 플라날토 (내추럴 가공)

- ☐ 로스팅 일지: 2022년 01월 26일
- ☐ 로스팅 시간: 13:40
- ☐ 로스팅기 특징: 기센 15kg, 드럼 속도 50Hz, 배기 90%
- ☐ 투입량: 11kg
- ☐ 배출량: 9.2kg

	시간	배기 온도	원두 온도		
터닝 포인트	1:01	157	78	지속	20s
오름	1:21	158	79		
팝핑	16:38	217	187	지속	
조직 차					
크랙					
로스팅기 특징		기센 15kg, 드럼 속도 45Hz, 배기 조절 99%			

시간	투입	0:30	1:00	1:30	2:00	2:30	3:00	3:30	4	5	6	7	8	9	10	11	12	13	14	15	16	17	18	18:10
화력/댐퍼	20%		30%																					30%
배기 온도	233	179	158	159		168	171	174	177	168	169	175	180	185	189	194	197	201	207	211	214	219	223	223
원두 온도	175	101	79	80		93	99	105	110	118	127	134	140	146	152	157	162	168	173	179	184	189	195	196
1분간상승		-61.3	-7.8	4.5		6.6	5.9	5.5	4.7	4.2	4.1	3.3	3	2.8	2.8	2.7	2.7	2.8	3	3.1	2.3		3.2	
특이사항	1. 화력 변화 20% (~0:59 구간) 2. 4분 20초 시점에 드럼과 배기 속도 조절																							

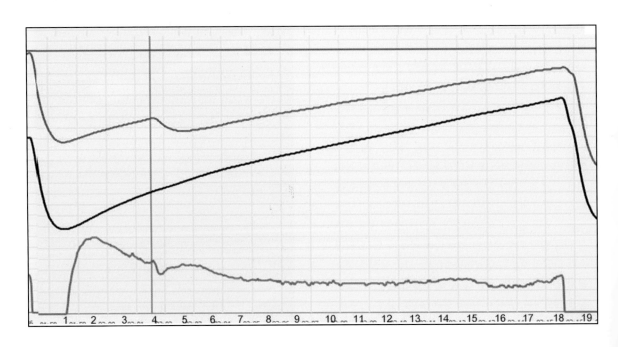

□ 로스팅 일지: 2022년 01월 26일

□ 로스팅 시간: 17:21

□ 로스팅기 특징: 기센 15kg, 드럼 속도 45Hz, 배기 조절 99%

□ 투입량: 11kg

□ 배출량: 9.26kg

	시간	배기 온도	원두 온도		
터닝 포인트	1:01	141	81	지속	61s
오름	1:17	141	82		
팝핑	17:30	222	189	지속	
조직 차					
크랙					
로스팅기 특징	기센 15kg, 드럼 속도 45Hz, 배기 조절 99%				

시간	투입	0:30	1:00	1:30	2:00	2:30	3:00	3:30	4	5	6	7	8	9	10	11	12	13	14	15	16	17	18	18:59
화력/댐퍼	30%																							30%
배기 온도	232	165	141	143	148	154	158	162	166	170	176	180	185	189	194	197	200	204	208	213	216	220	223	227
원두 온도	181	103	82	83	90	98	104	109	114	123	130	136	141	146	152	156	161	166	171	177	182	186	191	196
1분간상승		-55.6	-6.9	5.2	7.2	6.6	6.1	5.2	4.6	4.0	3.2	3.1	2.5	2.5	2.5	2.5	2.5	2.5	2.7	2.6	2.4	2.0	2.6	
특이사항	화력 변동 없이 30%로 끝까지 지속																							

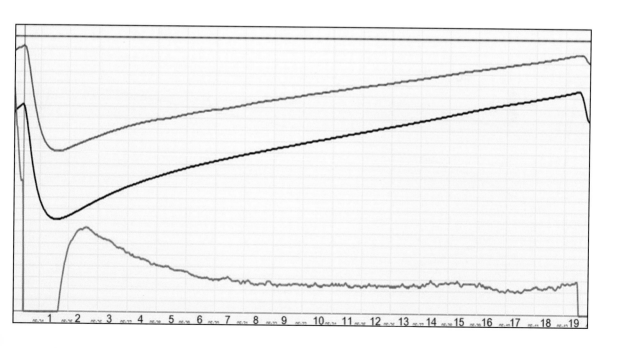

Roasting @ 커피팩토리쏘

□ 로스팅 일지: 2022년 01월 26일
□ 로스팅 시간: 19:10
□ 로스팅기 특징: 기센 15kg, 드럼 속도 45Hz, 배기
　　조절 99%
□ 투입량: 11kg
□ 배출량: 9.34kg

	시간	배기 온도	원두 온도		
터닝 포인트	1:00	143	86	지속	24s
오름	1:24	143	87		
팝핑	16:13	218	186	지속	
조직 차					
크랙					
로스팅기 특징	기센 15kg, 드럼 속도 45Hz, 배기 조절 99%				

시간	투입	0:30	1:00	1:30	2:00	2:30	3:00	3:30	4	5	6	7	8	9	10	11	12	13	14	15	16	17	18	18:21
화력/댐퍼	30%																							30%
배기 온도	237	167	143	143	149	155	159	163	167	172	177	182	187	190	194	198	202	206	209	213	217	221	225	225
원두 온도	195	110	86	88	94	101	108	113	118	127	134	140	146	150	155	161	165	170	175	180	185	189	194	196
1분간상승		-61.6	-8.3	5.5	7.1	7.0	6.0	5.2	4.9	3.9	3.1	3.0	2.7	2.6	2.5	2.4	2.5	2.6	2.7	2.3	2.2	2.2	2.5	
특이사항	30% 화력 변동 없이 유지																							

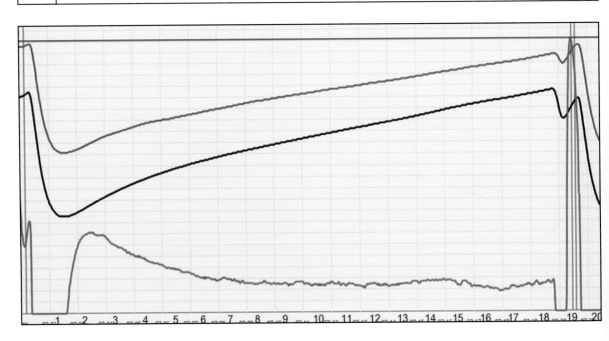

- ☐ 로스팅 일지: 2022년 01월 26일
- ☐ 로스팅 시간: 19:30
- ☐ 로스팅기 특징: 기센 15kg, 드럼 속도 45Hz, 배기 조절 99%
- ☐ 투입량: 10.54kg

	시간	배기 온도	원두 온도		
터닝 포인트	0:58	142	85	지속	17s
오름	1:15	141	86		
팝핑	18:56	218	190	지속	
조직 차					
크랙					
로스팅기 특징	기센 15kg, 드럼 속도 45Hz, 배기 조절 99%				

시간	투입	0:30	1:00	1:30	2:00	2:30	3:00	3:30	4	5	6	7	8	9	10	11	12	13	14	15	16	17	18	19	20	20:20
화력/댐퍼	10%	25%																								25%
배기 온도	235	159	141	142	148	153	157	161	165	169	174	179	183	186	190	193	196	199	203	206	209	213	215	219	222	223
원두 온도	188	102	85	88	95	102	108	113	118	126	133	138	143	148	153	157	162	166	170	174	179	183	186	190	194	196
1분간상승		-48,8	-5.0	5.6	7.2	6.8	5.8	5.0	4.7	3.7	3.1	2.5	2.5	2.3	2.3	2.1	2.2	2.1	2.1	2.3	2.2	1.8	1.7	1.8	2.1	
특이사항	마지막 배치, 로스팅 투입량이 줄어 화력을 낮춤 25% 유지																									

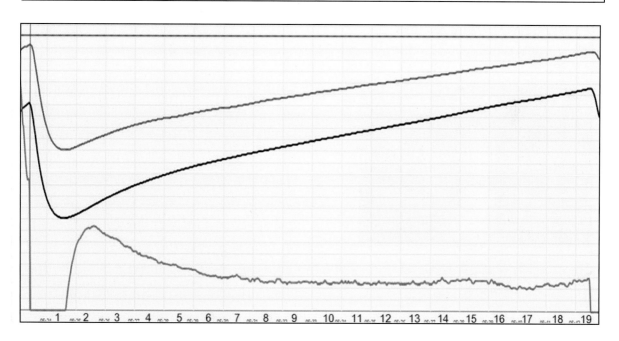

Shop
02 ▶

카페 헤밍웨이
Cafe Hemingway

인천광역시 강화군 고려산로

주소: 인천시 강화군 하점면 고려산로61번길 41
전화: 032-933-3061 휴대폰: 010-5106-5706
영업시간: 연중 무휴 11:00~20:00
이메일: nojisim11@naver.com

카페 헤밍웨이는 봄철 진달래 축제로 유명한 고려산 초입에 자리하고 있다.

고려산을 오르는 길 굽이굽이 오르다 보면 비탈길 가장자리에 숲의 풍경을 차경(借景)한 듯 서부 영화에 나올 법한 건물의 카페 헤밍웨이가 보인다. 나무로 외벽 전체를 감싸고 하늘과 맞닿은 듯 블루톤으로 칠하였다. 지난 시간만큼 파란색의 외벽은 초록에 물들어 한층 고즈넉한 분위기를 연출한다. 아름다운 풍경을 지닌 로스터리 숍답게 주차장과 건물 경계 사이로 넓게 구성한 테라스를 만들었고, 줄지어 세로로 길게 늘어선 창문들이 내부에서도 자연을

커피 마니아들 사이에서 많이 회자하는 그 로스터리 숍…
언제나 기본에 충실하되 부드러운 맛과 밸런스가 좋은 커피 추구

조망할 수 있도록 하였다. 내부로 들어서면 더욱 만화가다운 연출이 돋보인다. 한쪽은 진흙을 발라 놓은 듯 입체감을 살리고 전체를 하얀색으로 칠하여 외부와의 경계를 모호하게 하였다. 벽에 걸린 작품들과 직접 바닥에 그린 그림들이 재미와 감성을 자아낸다.

커피나무들을 비롯하여 커피와 관련한 다양한 소품들로 여백을 채우고, 앤틱한 느낌을 살린 가구들이 도시의 소란스러움을 잠시 잊게 한다. 분명 누구는 어릴 적 동화에서 본 듯한 분위기를 감지할 것이고, 누군가는 시간을 가둔 글램핑 경험의 감성이 소환될 것이다.

지기는 사회생활을 기자로 출발하였다. 일간지에 시사만화를 연재하며 시사만화가로 활동하다 편집위원을 끝으로 신문사를 퇴직했다. 이후 본격적인 창작 작업에 몰두하여 다양한 지면에 작품을 연재하는 만화가로 변모하였다.

직업의 특성상 밤샘 작업이 일상이 되어 자연스레 커피를 물처럼 마시는 습관이 길러졌다고 한다.

"여전히 헤이즐넛 커피가 유행하고 아메리카노 커피숍이 드문드문 보이던 1990년대 초 우연히 핸드드립 커피를 마시게 되었습니다. 단맛이 도는 듯 신맛이 돌고, 쌉싸름한 다크초콜릿 같은 단맛이 입안 전체를 순식간에 코팅하며 탄력 있게 드러난 커피였다."라고 회상하며, 그 선명했던 기억이 맛있는 커피에 대한 갈증으로 이어졌다고 한다.

지금은 많이 나아졌지만, 그 시기에 핸드드립 커피를 마시기 위해서 특별하게 시간 내어 찾아가지 않고서는 여간 어려운 일이 아니었다. 내가 사는 지역에 로스터리 숍이 있다면 '선택받은 지역'으로 여길 만큼 극소수가 운영하던 시기였다.

"커피 맛에 대한 욕구는 점차 사유화하고 싶은 욕망으로 이어졌습니다. 어렵게 커피 생두를 구해 볶아서 내려 마시는 일련의 과정이 특별하였습니다.

어쩌면 창작 활동에서 가중되는 피로에서 잠시 벗어날 수 있는 휴식의 수단이었을지도 모릅니다."

1990년대에는 원두커피에 대한 정보가 제한적이었다. 기초적인 지식을 토대로 팬으로 커피를 볶으면서 그렇게 커피 세계에 빠져드는 길을 당연하게 여겼다.

"2000년대에 들어서도 여전히 창작에 몰두하며 커피를 볶아 마셨습니다. 다른 점이라면 다양한 서적을 탐독하였고, 볶는다는 개념이 점차 정합되어 손에 잡힐 듯한 시기입니다.

그 당시 태동한 커피 동호인들과의 상호적 교류로 커피에 좀 더 심취하며 일상 깊숙이 자리하는

커피밥 로스팅기 배출

데 한몫합니다. 상호 간에 새로운 정보가 스승이 되었고, 나아가 생두에 대한 정보를 나누고 섬세해지는 핸드드립 기술을 통해 로스팅의 기준을 세울 수 있었습니다."

카페 헤밍웨이는 오랜 기간 커피 동호회와 활발하게 교류한 만큼 커피 마니아들 사이에서 많이 회자되며 인정받는 로스터리 숍이 되었다. 기꺼이 로스팅과 핸드드립을 체험할 수 있도록 동호회에 테라스를 내어 주며 나눔을 실천하고 있다

생두와 로스팅 그리고 추출은 서로 맞닿아 있다. 핸드드립의 추출 원리를 터득하고 로스팅에 접근해야 생두를 선별하는 분별력이 생긴다. 생두에 대한 분별력은 로스팅하는 과정에서 원두 내부의 변화를 읽어낼 수 있다. 하지만 어제의 생두가 오늘과 같을 수 없고, 로스팅 환경 또한 가변적이다. 이합집산 되는 정보들을 수없이 기록하고 프로파일이라는 도식에 그려 내는 일련의 과정이 궁금하였다.

"가장 이상적인 볶음도를 찾고 가변적인 환경에서 매번 같은 결과물을 만들어 내는 방식이, 어느 때는 혼란스럽다가도 답을 찾고 객관화되는 경험으로 축적되었습니다. 그렇게 발생하는 문제점을 인지하고 스스로 해결할 수 있는 능력이 되었을

때, 비로소 데이터의 수준을 넘어서는 이지적인 깨달음에 다가섰다고 자인하게 되었습니다. 그리고 2010년 고려산 중턱에 소망하던 '카페 헤밍웨이'를 짓고 창업하였습니다."

자가 로스터리 숍인만큼 다양한 생두를 볶아낸다. 2종의 블렌드와 8종의 싱글 오리진을 제공하는 핸드드립 전문 매장으로 운영하고 있다. 2종의 블렌드는 매장에서 내리는 에스프레소와 베리에이션 용도로만 로스팅하고, 내추럴로 가공된 프리미엄과 스페셜티, 마이크로랏 등 싱글 오리진을 로스팅하여 메뉴와 판매를 병행한다.

로스터리 숍에는 커피와 함께 가벼운 식사 메뉴로 채소나 햄, 피자와 피자 치즈가 토핑된 스파게티를 맛볼 수 있다.

로스팅 룸에는 '마이커피'가 개발한 5kg 'coffee BoB' 반열풍식 로스팅기와 수제 로스팅기인 1kg 키로스터(반열풍식)가 놓여 있다.

온라인으로 주문받은 커피는 당일 배송이 원칙이다. 주말을 제외하고 매일 가동하며 방문한 고객이 직접 주문하면 즉석에서 로스팅하여 판매하기도 한다.

생두는 주로 다섯 곳의 업체에서 납품을 받는다. 아무리 좋은 생두를 많이 보유한 업체라도 모든 생

핸드드립 커피를 만들 때 섬세하게 내리는 손놀림은 잠든 커피의 향기를 깨우기 위한 의식처럼 신성하게 느껴진다.

두가 좋을 순 없다. 동일 품목의 생두를 비교하여 우수한 품질의 생두를 보유한 업체를 선택한다.

'예멘 모카 마타리'를 맛보다.

지기가 핸드드립 커피를 준비한다. 분쇄할 때 생기발랄하게 내뿜는 향이 그 커피의 맛과 향에 대한 기대치를 몇 단계 끌어올린다. 섬세하게 내리는 손놀림은 잠든 커피의 향미를 깨우기 위한 의식처럼 신성하게 느껴진다. 벌써 깨어난 향기가 마중 나와 입안을 어지럽혀, 커피의 맛과 향을 마구 파헤칠 수 있는 환경으로 변모한다.

지기가 핸드드립으로 내려준 '예멘 모카 마타리'에는 초콜릿 같은 단맛이 있다. 진득하고 쌉싸름한 꿀맛 같은 단맛이다. 커피의 단맛은 두세 가지가 결합해서 복합성을 가질 때 균형을 잡는 위치에 서게 된다. 질감이 좋은 단맛이 견고하여 향은 상상하는 것만큼 화려하지 않다. 과일 향, 꽃 향도 터질 듯 쏟아지지 않는다. 신 향인 듯 과일 향이 맴돌고 쓴맛도 틈을 보며 살짝 머리를 내민다. 대신 커피잔 주위로 담담하고 뭉근하게 퍼져 있다. 혹독한 로스팅 과정을 이겨내어 평화롭고 낙천적인 맛과 향이 한국인

의 민족성을 닮았다.

연거푸 마시는 동안 잡힐 듯 잡히지 않던 맛들이 선명해진다. 농익은 복숭아 향인 듯 살구 향인 듯한 핵과류 향이다. 포도주스와 와인의 경계에 있는 맛이다. 자몽의 산미와 뭉근한 장향이 지나치지 않게 절제된 맛과 향으로 부유한다.

예멘 모카 마타리는 지속성이 강한 맛과 화려한 미향이 단맛에 긴장감을 불어 주고 식어 가는 동안에도 숨죽여 나타나 품위 있는 맛과 향으로 깃들었다.

헤밍웨이가 주시하는 커피 맛

"언제나 기본에 충실하되 부드러운 맛 창출에 역점을 둡니다. 신맛, 단맛, 쓴맛 그리고 질감 등 어느 한 곳에 치우치지 않은, 밸런스가 좋은 커피를 추구합니다.

자극적인 신맛과 쓴맛은 피하고 입안에 머문 커피가 목 넘김까지 부담이 없는 커피라면 누구나 맛있다 할만할 것입니다."

로스팅과 커피 엿보기

"커피 로스팅은 주관적 영역이 매우 넓은 편입니

카페 헤밍웨이에서 판매하는 원두는 싱글 오리진 12종으로 모두 프리미엄 스페셜티 커피다. 인터넷 주문은 당일 로스팅하여 당일 배송한다.

다. 추구하는 맛과 향이 다르기 때문입니다. 로스팅은 오랜 시간을 거쳐 다양한 가설과 검증으로 발전해 왔지만, 나 자신 스스로가 드럼 속에서 볶아지는 커피가 아닌 이상 그 속내를 짐작할 뿐입니다. 어느 정도 그 속내를 들여다본 마니아라 할지라도 '이렇다'기보다는 '이럴 것이다'라는 표현에 머물러야 합니다. 그래서 커피의 '장인'은 드물고, '커피쟁이'는 많다고 생각합니다."

핸드드립 전문 매장

커피가 질감이 좋고 좋은 향으로 후미까지 길게 이어진다면 최고 완성품이다.

그러나 로스팅한 원두는 일정 시간이 지나면 장점은 사라지고 평범한 커피로 전락한다.

수시로 볶아 낸 신선한 원두 공급은 자가 로스팅 매장의 최대 장점이다.

헤밍웨이에서 판매되는 커피는 싱글 오리진만 12종이지만 매장에서 고객에게 제공하는 커피는 8종이다.

개업 초기 '쿠바 크리스탈마운틴'이 메인 원두였다. 그러나 생두 수급의 어려움으로 일시 중단하고 현재는 '예멘 모카 마타리'와 '카메룬 블루마운틴'을 메인 원두로 판매하고 있다.

핸드드립 드리퍼는 추출 밸런스가 좋은 칼리타 드리퍼를 사용한다. 커피 한 잔 기준 원두 분량 25g을 사용하며, 한 번에 두 잔 이상은 내리지 않는다. 같은 품종의 커피 두 잔을 추출해도 각각 1인분씩 추출한다. 핸드드립 기술은 '신점드립' 방법으로 추출한다.

커피 맛의 평가는 호불호가 있기 마련이다. 만인의 입맛을 충족시키는 식품이 없듯이 커피 또한 마찬가지다. 맛은 기록될 수 있는 것에 반해 후각은 학습, 기억, 감정을 관장하는 뇌의 변연계에 연결되어 순간적으로 나타나기 때문이다. 내가 로스팅하고 내가 추출한 커피가 10명 중 7명이 인정해 준다면 그 커피는 성공한 커피일 것이다.

에스프레소, 베리에이션 커피

헤밍웨이의 블렌드 원두는 4종을 배합한다. 4종의 원두는 품종 특성에 따라 1종류씩 따로 로스팅한 후, 정한 비율에 따라 배합하는 후 블렌딩 방식을 원칙으로 한다.

베리에이션 커피는 우유와 각종 시럽, 소스가 첨가되는데, 자칫 첨가물에 의해 커피 본래의 맛이 저하될 수 있다. 따라서 좀 더 질감을 드러낼 수 있도록 배합한다.

에스프레소용 커피와 베리에이션 커피는 각각 다른 그라인더에 담아 사용한다. 블렌드 커피에는 '인디아 카페로얄'이 20% 들어간다. 이 커피는 볶음도에 따라 좋은 바디감과 구수함 그리고 후미에서 느껴지는 헤이즐넛 향을 주목했기 때문이다. 그밖에 에티오피아 내추럴 아리차가 20% 차지한다. 이는 꽃 향과 질 좋은 산미를 얻기 위함이다.

원두 판매

원두는 매장 및 인터넷 쇼핑몰에서 판매한다. 싱글 오리진 12종으로 모두 프리미엄과 스페셜티 커피다.

주문 용량은 한 봉에 220g이며, 여기에 다음 출시를 목표로 고객의 반응을 얻고자 볶아진 시음용 커피 30g을 별도로 동봉한다. 결과적으로 총 250g이 제공되는 셈이다.

인터넷 주문은 당일 오후 1시에 마감한다. 마감하면 바로 로스팅하여 오후 6시에 택배로 배송하여 다음 날이면 고객의 손에 대부분 전달된다.

가격은 커피 품목에 따라 16,000원에서 29,000원까지 편차가 있다.

커피 단상

로스터리 숍을 운영하며 커피에 관심을 가진 고객이나 특정 기관을 대상으로 커피 교육을 하였다. 주로 팬 로스팅과 핸드드립 추출 교육이다. 비록 생두를 처음 접해본 고객들이 처음으로 볶고 추출해도 어김없이 50%의 커피 맛을 보여 준다.

커피는 그만큼 관대하다. 나머지 50%는 전문가의 몫이다. 전문가라면 그만큼 책임이 뒤따른다. 고객의 소중한 시간을 향유 하는 커피를 만든다는 자긍심을 되새기며 나는 커피를 만든다.

카페 헤밍웨이는 오랜 기간 커피 동호회화 활발하게 교류하면서 커피 마니아들 사이에서 회자되며 인정받는 로스터리 숍이 되었다. 사진은 커피 동호인을 위한 커피 강의 장면

키로스터 로스팅기

카페 헤밍웨이의
커피 로스팅

[예열을 한다]
▼

당일 1배치 로스팅은 드럼 예열 단계로 시작된다. 설정된 투입 온도보다 30℃ 정도 높이는데, 작은 단계의 화력으로 서서히 진행한다.

예열 단계에서 댐퍼는 100% 개방한다. 드럼 내 수분 증발과 배기관까지 원활한 공기 흐름을 돕기 위해서다. 이 과정을 '워밍업' 한다고 표현한다.

투입은 댐퍼를 50% 닫은 상태에서 진행한다. 팝핑이 시작되는 시점에 댐퍼를 100% 개방하고 배출 시점까지 진행하여 채프를 걸러내고 연기 배출을 돕는다.

테스트 스푼은 150℃ 구간 직후 1~2번 꺼내 향과 갈변을 확인하고 이후 투시창을 통해 커피를 관찰한다.

지역별 특성을 가진 커피는 시간과 화력으로 포인트를 맞추고 댐퍼 조절은 정한 기준을 따른다. 모든 로스팅 과정은 수동으로 조작하며 최종 선정된 프로파일과 지난 시간 이합집산 된 경험으로 커피를 볶아낸다.

[화력 조절]
▼

급격한 화력 조절은 금한다. 아이 달래듯 서서히 올리고 서서히 내린다.

로스팅 중반 온도에서 발현되는 마이야르 반응과 중후반 캐러멜 반응에 적절히 대응한다. 후반부로 갈수록 화력을 줄여 준다.

점진적인 화력 조절은 어느 한 맛에 치우치지 않는 밸런스가 좋고 부드러운 커피를 생산하기 위해서다.

[댐퍼]
▼

로스팅 중 온도 조절은 화력과 댐퍼로 조절한다. 원두에 가해지는 에너지의 총합이 화력에 의한 것이라면, 댐퍼는 원두에 가해지는 화력을 조정하는 역할로 이해해야 한다.

화력은 원두에 에너지를 서서히 축적하는 형태로 전해진다. 그에 반해 댐퍼는 원두에 가해지는 에너지를 순간적으로 끊거나 원두 표면에 한정하여 데미지를 주기도 한다. 때문에 빈번한 댐퍼 조작은 원두의 열분해 반응이 원활하지 않은 결과로 이어진다. 따라서 대류열의 비중을 높이는 수단과 로스팅의 속도를 어느 정도 제어하는 수단으로 조정하지만 과한 조작은 무리한 로스팅의 결과로 이어진다

[부실한 배관 관리]
▼

예상하지 못한 곳에서 실패의 원인을 찾기도 한다. 한 예로 막힌 배기관과 송풍기의 기능 저하로 인한 경우이다. 이때의 위험 신호는 로스팅 프로파일로도 감지할 수 있는데 표준 화력 조절임에도 불안정한 드럼 온도를 보인다면 이는 어김없이 배관과 송풍기에 문제가 있다는 것을 암시한다.

헤밍웨이의 배관은 가격이 저렴한 알루미늄 주름관을 사용한다. 부담 없이 수시로 교체하여 청소하는 수고를 덜 수 있기 때문이다. 그밖에 송풍기의 팬 날개를 수시로 청소하며, 사이클론 점검도 병행한다.

평소 로스팅이 끝나면 외부와 접점을 이루는 댐퍼를 닫아 두어 외부의 공기가 로스팅기 내부로 유입되는 것을 방지한다.

[제연기]
▼

헤밍웨이에 제연 장치는 별도로 설치하지 않았다. 매장이 민가가 드문 지역에 자리하고 있기 때문에 로스팅 중 연기 배출이 자유롭다.

[한 번 정한 품목의 커피는 바꾸지 않는다.]
▼

헤밍웨이가 정해진 품목의 커피를 고집하는 것만큼 장점은 있다. 장기간 특정 품목의 커피를 볶다 보면 자연히 숙달된 이력이 붙기 마련이다. 이는 객관화되는 경험으로 축적하여 적용 가능한 프로파일에 따라 순탄한 로스팅을 가능하게 한다. 큰 장점이다. 로스팅기와 생두 그리고 내가 '삼위일체'가 되어 항시 균일한 결과물을 보여 준다. 그밖에 1차 핸드픽을 완료한 생두는 정

해진 기준대로 투입한다. 정확한 투입량은 일관성 있게 균일한 커피를 생산할 수 있는 필수조건이다. 헤밍웨이의 프로파일에는 용량에 따라 적게는 275g 많게는 4.1kg까지 9단계로 정량화하였다.

[화력 조절]
▼

기후 변화에 따른 편차는 화력 조절로 가능하지만 미미한 수준이다. 프로파일이 정한 시간, 온도, 크랙의 기준에 따라 맞춰지며 특정한 구간에서의 반응이 일치할 때는 제대로 볶아진 커피임을 확신할 수 있다. 이는 곧 맛을 기억하고 다시 찾는 고객에게 변함없이 일관된 커피의 맛과 향을 제공할 수 토대가 된다.

[샘플 로스팅]
▼

신규 판매 목적으로 샘플 로스팅을 하지만, 때로는 새로 출시된 독특한 개성의 생두를 분석하기 위해 볶는다.
처음 접하는 생두는 제시되어 있는 기본 볶음도에 따라 한 번 볶고, 나만의 프로파일을 적용해 다시 한 번 볶는다. 용량은 545g으로 한다.
로스팅을 마친 원두는 오픈 상태에서 하루 뒤 1차 테스트를 하고, 밀봉한 후 2일 더 기다려 2차 테스트를 한다. 테스트는 핸드드립 커피로 한다. 커피 대부분이 핸드드립 용도로 판매되기 때문이다.
각각 25g을 사용하여 동일한 조건으로 추출한다. 평가한 커피는 분석을 통해 결정하는데 때로는 볶음도가 다른 두 커피의 절충점을 찾아 한 번 더 로스팅하여 최종 결정한다.

"언제나 기본에 충실하되 부드러운 맛 창출에 역점을 둡니다. 신맛, 단맛, 쓴맛 그리고 질감 등 어느 곳에 치우치지 않은, 밸런스가 좋은 커피를 추구합니다." -노지심 대표

Roasting @ 카페 헤밍웨이

나이로비 북쪽 200km 거리에 위치한다. 커피 생육에 최적인 철분과 미네랄 성분이 많이 함유된 최적의 토양에서 재배된다. 농익은 열대 과일 향이 좋고 살구 향의 풀 바디로 긴 여운이 특징인 커피이다.

ROAST DATA

- ☐ 일지: 2022년 1월 19일
- ☐ 생두: Cameroon Blue Mountain Oku
- ☐ 로스팅기: Coffee BoB 5kg LPG (반열풍식)
- ☐ 볶음도: 중볶음(블렌드용)
- ☐ 생두 투입량: 3.4kg 1차 배치

Cameroon Blue Mountain Oku

- ☐ 농장: NDIFOYU BAKOSI
- ☐ 지역: 카메룬 북서부, ELAK, Oku
- ☐ 수확: 2021년
- ☐ 고도: 1950~2100m
- ☐ 품종: TYPICA, Blue Mountain
- ☐ 가공: Semi Washed Sun Dried
- ☐ 토양: RED-Cray

시간(분)	드럼 온도(℃)	배기 온도(℃)	비고
0:00	180	304	댐퍼 50% 개방
1:00	119	256	115℃ 터닝포인트(1분 30초)
2:00	120	247	
3:00	129	242	
4:00	140	240	
5:00	152	244	
6:00	162	251	
7:00	171	250	
8:00	179	247	
9:00	186	243	팝핑(187℃)/댐퍼100% 개방
10:00	191	237	
11:00	196	232	
12:00	201	225	
13:00	205	217	
14:00		212	208℃ 크랙 직전 배출 (13분 30초)
15:00			

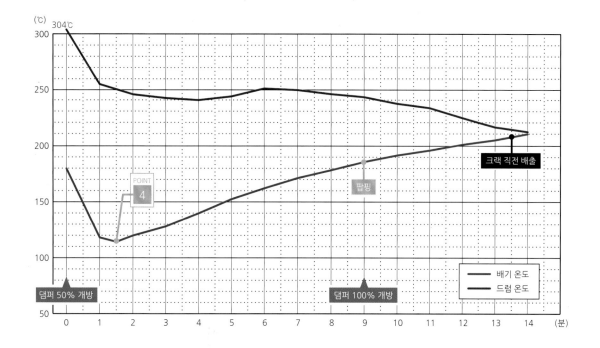

POINT 1

Coffee BoB은 밀폐형 로스팅기로 연소실부터 드럼까지 하나의 챔버 형태로 제작되어 있다. 메탈화이버 버너 장착으로 완전 연소와 열효율에서도 뛰어나다.(반열풍식)

POINT 2

첫 배치인 관계로 드럼 예열이 필요하다. 댐퍼를 100% 개방한 상태에서 30%의 화력으로 로스팅기에 딸린 모든 기능을 워밍업 한다. 예열은 투입 온도 180℃보다 30℃ 높은 210℃까지 예열한다. 시간은 대략 15분 정도 소요된다.

POINT 3

댐퍼를 50% 닫고 화력을 줄여 180℃까지 내린 후 생두를 투입한다. 50%의 댐퍼 개방으로 수분과 잡내 배출은 원활하게 할 수 있다.

POINT 4

초반 30%의 화력으로 진행하며 1분 30초, 115℃에서 터닝포인트를 확인한 후 화력을 점차 올린다.

POINT 5

6분, 160℃ 구간에서 테스트 스푼을 뽑아 원두의 갈변과 향을 점검하고 점처 화력을 낮추어 원두의 마이야르 반응의 구간을 길게 가져간다.

POINT 6

187℃에서 팝핑이 발생한다. 이때 댐퍼를 완전히 개방해 연기 배출을 돕고, 채프를 걸러낸다.

POINT 7

휴지기 구간 화력은 최소로 하고, 드럼에 쌓인 복사열로 배출 시점까지 진행하며, 13분 30초 크랙 직전 배출한다. 이때 쿨링 트레이에 담긴 원두에서 크랙 소리가 미미하게 감지된다면 잘 볶아진 커피임에 만족한다. 어찌 보면 중강볶음 초입 정도이다.

POINT 8

교반을 돌려 충분히 냉각한다.

Roasting @ 카페 헤밍웨이

2009년 SCAA의 Coffee of the year에서 3위를 차지하여 품질을 인정받은 원두다. 딸기, 체리 향이 좋으며 질 좋은 산미가 풍부하다. 산미가 모자람 없이 부드럽고, 라즈베리 향과 복숭아 와인 맛이 은근히 감지된다.

ROAST DATA
- ☐ 로스팅 일지: 2022년 1월 19일
- ☐ 생두: Kenya Chinga Queen AA TOP Specialty
- ☐ 로스팅기: coffee BoB 5kg LPG (반열풍식)
- ☐ 볶음도: 중강볶음 초입 (블랜드용)
- ☐ 생두 투입량: 3.4kg 2배치

Kenya Chinga Queen AA TOP Specialty

- ☐ 지역: 나이로비
- ☐ 수확: 2021년
- ☐ 고도: 1800~2000m
- ☐ 품종: SL28, SL34, Ruiru11
- ☐ 가공: Washed
- ☐ 토양: RED-Cray

시간 (분)	드럼 온도 (°C)	배기 온도(°C)	비고
0:00	180	298	댐퍼 50% 개방
1:00	114	255	109°C 터닝포인트(1분 20초)
2:00	114	247	
3:00	125	248	
4:00	138	258	
5:00	153	270	
6:00	168	281	
7:00	178	291	
8:00	184	294	
9:00	189	288	팝핑(189°C)/댐퍼100% 개방
10:00	194	277	
11:00	198	263	
12:00	203	248	
13:00	209	231	
14:00	215	261	210°C 크랙 직전 배출 (13분 40초)
15:00			

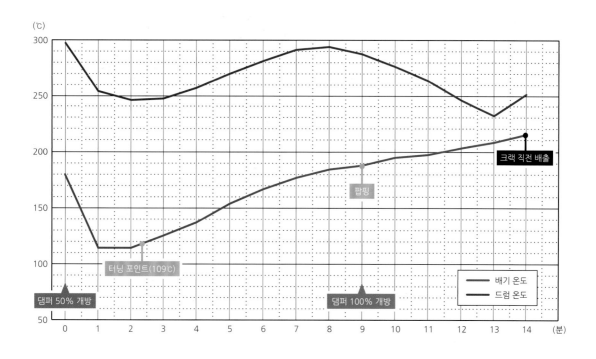

POINT 1
180℃에서 생두 투입 댐퍼는 50% 개방한다.

POINT 2
109℃ 터닝 이후 화력을 점차 올린다.

POINT 3
160℃ 구간 테스트 스푼으로 갈변과 향을 점검한다.

POINT 4
170℃ 구간까지 높은 화력으로 케냐 특유의 산미를 유도하고, 이후 화력을 내려 점차 낮은 온도로 유도하며 배출까지 안정적으로 진행한다.

POINT 5
9분, 189℃에서 팝핑이 발생한다. 댐퍼는 100% 개방하고, 낮은 온도로 휴지기를 길게 가져간다.

POINT 6
210℃ 크랙 직전 배출한다. 이때 배출되는 원두에서 미미하게 크랙 소리가 들리면 최상이다.

POINT 7
교반을 돌려 충분히 냉각한다.

 Roasting @ 카페 헤밍웨이

2009년 SCAA의 Coffee of the year에서 3위를 차지하여 품질을 인정받았다. 딸기, 체리 향이 좋으며 질 좋은 산미가 풍부하다.
산미가 모자람 없이 부드럽다. 라즈베리 향과 복숭아 와인 맛이 은근히 감지된다.

ROAST DATA

- ☐ 로스팅 일지: 2022년 1월 20일
- ☐ 생두: Ethiopia Yirgacheffe G1 Aricha Natural
- ☐ 로스팅기: 키로스터 1kg (12년째 사용 중이다)
- ☐ 볶음도: 약중볶음 (핸드드립용)
- ☐ 생두 투입량: 825g

Ethiopia Yirgacheffe G1 Aricha Natural

- ☐ 지역: Yirgacheffe Aricha
- ☐ 수확: 2021년
- ☐ 고도: 1950~2200m
- ☐ 품종: Ehtiopian Heirlooms
- ☐ 가공: Natural

시간 (분)	배기 온도(℃)	비고
0:00	220	댐퍼 50% 개방
1:00	112	115℃ 터닝포인트(1분 10초)개방
2:00	123	
3:00	132	
4:00	138	
5:00	145	
6:00	152	
7:00	158	
8:00	165	
9:00	172	
10:00	178	팝핑(11분 30초)
11:00	183	
12:00	190	
13:00	196	
14:00	201	209℃ 배출 (15분 28초)
15:00	204	

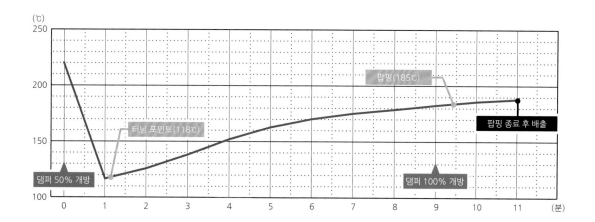

터닝 포인트(118℃)

댐퍼 50% 개방

팝핑(185℃)

팝핑 종료 후 배출

댐퍼 100% 개방

POINT 1 220℃에서 투입한다.

POINT 2 1분 6초, 117℃에서 터닝포인트가 이루어진다.

POINT 3 댐퍼는 50% 닫힌 상태로 점진적으로 화력을 높여 준다.

POINT 4 4분, 152℃ 즈음 갈변이 시작되면 점차 온도를 줄여 중반을 길게 가며 강한 산미를 부드럽게 완화한다.

POINT 5 크랙 유도 후 배출까지 최저 온도로 길게 진행하며 바디감과 단맛을 유도한다.

POINT 6 9분 21초 드럼 온도 182℃에서 배출하고 냉각한다.

 **Roasting** @ 카페 헤밍웨이

예멘 모카마타리는 유기농으로 재배된 단단한 커피다. 중볶음에서도 좋은 맛을 보여주지만 좀 더 높은 볶음에서 풍미가 더욱 발현되는 것을 알 수 있다. 그만큼 로스팅 시간을 길게 진행해도 풍미가 감소되지 않고, 아로마를 증가시키고 바디감을 풍부하게 나타낼 수 있다. 묵직한 바디감이 보인다. 새콤한 맛과 쌉쌀한 쓴맛의 조화가 좋고 다크초콜릿 맛과 향이 매력적인 커피다.

ROAST DATA

- □ 로스팅 일지: 2022년 1월 20일
- □ 생두: Yemen Mocha Matari
- □ 로스팅기: 키로스터 1kg
- □ 볶음도: 중강볶음 초입 (핸드드립용)
- □ 생두 투입량: 825g

 Yemen Mocha Matari

- □ 지역: 베니마타르 A1 Hamdani
- □ 수확: 2021
- □ 고도: 2000~3000m
- □ 품종: Typica Bourbon
- □ 가공: Natural Sun-Dried

시간 (분)	드럼 온도 (°C)	비고
0:00	220	댐퍼 50% 개방
1:00	116	118°C 터닝포인트(1분 6초)
2:00	126	
3:00	139	
4:00	152	
5:00	162	
6:00	170	
7:00	175	
8:00	179	
9:00	182	팝핑(185°C)/댐퍼 100% 개방
10:00	186	
11:00	188	188°C 팝핑 종료 후 배출(11분)
12:00		
13:00		
14:00		
15:00		

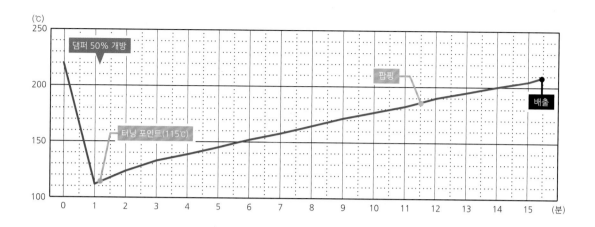

POINT
1
220℃에서 투입한다.

POINT
2
1분 10초, 115℃에서 터닝포인트가 이루어진다. 이후 댐퍼는 50% 개방한다.

POINT
3
비교적 저온에서 길게 로스팅 계획을 세우고 시간과 비례하여 완만하게 온도를 가져간다. 테스트 스푼을 뽑아 갈변과 향을 점검한다.

POINT
4
11분 30초 팝핑이 발생하면 댐퍼를 개방하고 화력은 최소로 진행한다.

POINT
5
15분 28초, 209℃에서 크랙 전조가 보이면 바로 배출하여 냉각한다.

POINT
6
미약하게 크랙 소리가 들리면 제대로 볶아졌다는 안도감이 든다.

Shop

0③ ▶ 빈스톡
BEAN STOCK

부산광역시 서구 암남동

주소: 부산광역시 서구 암남공원로 56
전화번호: 051 243 1239
운영 시간: AM 11:00~PM 10:00
정기 휴일: 연중 무휴
홈페이지: http://www.bean-stock.com

빈스톡은 송도해수욕장 인근 남항대교와 영도가 보이는 곳에 자리하고 있다.

박윤혁 지기는 1996년 울산 삼산동에서 로스터리 카페 빈스톡을 시작하였다. 울산커피협회 초대 회장으로 울산 제1회 초대 회장 겸 위원장을 지냈으며 단국대학교, 동아대학교, 부산여자대학교 등에 출강하여 커피를 알렸다. 2015년 지금의 부산에 새롭게 자리 잡고 여전히 풍미를 중시하는 강볶음 커피로 커피 세레머니를 펼치고 있다.

송도 뒷길 도로변에 들어선 빈스톡은 오픈된 지하 주차장과 1층과 2층에 들어선 로스터리 숍이다. 건물 외관은 마이크로 시멘트와 징크로 시공하고

점드립과 맛있는 강볶음 커피로 소문난 그 로스터리 숍···
호소력 있는 양감과 매끄러운 관능에 빠지다

벽돌과 우드로 멋스럽게 마감하였다. 원목을 활용하여 내부를 디자인하고 금속으로 마감한 인테리어는 안정감을 준다.

　어느 로스터리 카페를 들러 바(bar)와 로스팅 공간을 살피면 지기의 연륜을 엿볼 수 있다. 핸드드립을 중심으로 바와 동선을 설계하고, 간섭받지 않고 전체를 둘러볼 수 있도록 설계한 로스팅 룸은 내부 인테리어와 조화되고 독립된 공간의 역할도 충실하게 고려하였다.

　입구에 들어서면 세월의 흔적이 가득한 후지로얄의 잇따로 로스팅기 2대가 진열되어 있다. 바를 지나 안쪽에 자리한 로스팅 룸에는 오즈터크 5kg 반열풍식 로스팅기가 빈스톡의 원두를 책임지고 있다.

　"대용량의 로스팅기는 항상 같을 수 없는 생두의 컨디션과 가변적인 로스팅 환경에 대응하여 원하는 결과물을 이끌 수 없기에 원두 납품 사업을 확장하지 않습니다."라는 말에 고객의 기대에 부응하는 책임과 의무를 읽을 수 있었다.

　"커피로 행복합니다. 손님이 마시고 좋아하는 모습을 보는 것을 즐깁니다. 빈스톡은 제게 최고의 쉼터입니다."라며 복 받은 모습에서, 그가 쉬는 날 없이 빈스톡에서 커피로 놀이 삼아 핸드드립을 하는 호모 루덴스(Homo Ludens: 놀이하는 인간)의 모습이 엿보인다. 커피를 만들며 소모한 에너지를 커피를 매개로 회복하는 허구적 모습은 분명 명인의 경지에 도달한 커피인만이 누릴 수 있는 자유일 것이다.

　"5kg 용량의 로스팅기라면 모자람 없이 충분합니다. 이후로도 욕심내지 않고 아름답게 늙어가는 모습을 소망합니다."

　지기와의 대화가 무르익었다. 으레 그렇듯이, 로스터와 로스터가 만나면 대화는 로스팅으로 이어진다. "로스터라면 알듯이 로스팅이 진행될수록 그 맛의 변화는 '미성숙한 신맛, 신맛, 단맛, 쓴맛,

선호하지 않는 쓴맛'으로 순차적으로 변화합니다. 하지만 커피에서 감지하는 맛은 단편적이지 않습니다. 크랙 이전에 배출한 약볶음은 생두 본연의 맛을 살린 원두로 신맛, 단맛, 짠맛 등 휘발성이 강한 향이 조화되어 나타나고, 이후의 강볶음은 단맛, 쓴맛, 짠맛, 감칠맛 등이 무거운 향의 조합으로 드러납니다. 전자는 1차원인 맛과 향으로 맛의 스펙트럼이 화려하고, 후자는 응축된 형태에서 풍부하고 섬세하게 이어집니다."라며 크랙을 기준으로 향미의 특성을 풀어낸다. 전자는 전신인 서구의 커피협회를 모티브로 국내에 등록된 많은 커피협회를 통해 급속도로 주류를 이룬 맛과 향이라면, 후자는 일본 커피에 영향을 받은 비주류로 구분된다.

빈스톡 커피는 점드립과 강볶음 커피로 유명하다.

　로스팅이 발전하기 위해서는 객관적이고 과학적으로 분석할 수 있는 논리적 사고와 대응 방향을 모색할 수 있는 실천적 사고방식이 무엇보다 중요하다.

　"처음 시작 또한 강볶음으로 여전히 유니크한 로스팅으로 여겨지고 있습니다. 하지만 확증편향에 빠지지 않고 수없이 반복하며 겪은 고뇌와 시행착오에 신뢰할 수 있는 과학적인 지식이 더해지니

빈스톡의 커피는 호소력 있는 양감과 매끄러운 촉감의 관능을 가진 성숙한 맛이 특징이다.

빈스톡은 프로파일이라는 도식에 맞추기 않고 생두가 가진 품종 특성에 맞추어 간결하고 병료하게 로스팅을 하고 있다.

점차 만족의 정도가 깊어졌습니다. 좀 더 세밀하게 나누면 현재는 중강볶음일 수 있습니다. 요즘 너무 폼을 내는 커피인이 많습니다. 커피에 대한 관심을 자격증으로 대신하고, 다양한 경험을 생략한 채 타이틀로 이룩한 그들의 커피는 분명 개성이라고 말할 수 없습니다."라며 일부 후배 기수들에게 아쉬움을 토로한다.

"물방울 드립은 보완 수단이 아닌, 로스팅한 원두를 가장 이상적으로 표현해 줍니다. 로스팅은 일부러 강하게 볶아 내어 쓴맛이나 탄 맛을 어필하지 않고 중후하고 품위 있는 맛이 발현되도록 볶아 냅니다."라고 말한다. 서구의 기준으로 본다면 정적인 추출이고 강볶음이란 말에 어울릴 만한 볶음도이지만, 일본의 기준으로 본다면 전문가의 핸드드립이고 중볶음에 가까울 수 있는 볶음도이다.

로스팅 과정에 1차 파열음이 들리는 구간이 '팝핑'이라면, 2차 파열음이 들리는 구간을 '크랙'으로 구분한다. 빈스톡의 원두는 크랙의 연결음이 정점에 다다르면 배출한다. 오랫동안 고객의 반응을 읽고 커피다운 맛과 향에 통념적인 맛과 향을 구현한 원두라고 자신한다. "맛있는 강볶음 커피를 경

험하기 위해서는 가 봐야 할 카페"로 알려졌다.

"커피는 기호 음료로 존재합니다."라며 커피에 겸손해한다. 수많은 기호 음료 중의 하나라고 확대 해석하지 않는다. 예술가인 양, 대단한 전문가인 양 외모에 멋 부리고 퍼포먼스에 치중하다 보면 '커피다움'의 맛을 찾지 못하고 나만 좋아하는, 개성만 강한 커피를 하게 됩니다."라며 유행을 좇는 일부 바리스타에게 안타까움을 드러낸다.

진일보한 로스팅을 구현하다.

지기는 프로파일에 얽매이지 않고 로스팅을 한다. "과학적 사실과 원리에 기반하여 수없이 반복해서 로스팅하였습니다. 반복되는 경험에서 쌓은 정보들을 이해하고 분석하여 적용하는 과정에서 제 로스팅은 간결하게 바뀌었습니다. 프로파일이란 도식에 맞추려 하지 않고 생두가 가진 품종 특성에 맞추어 간결하고 명료하게 적용하니 어느덧 로스팅 과정이 자유로워질 수 있었습니다. 만약 로스팅을 단순히 로스팅기에 생두를 넣고 볶는 작업에 그치는 작업으로 여겼다면, 저 또한 프로파일에 의존해서 재연하는 것만으로 충분했을 것입니다.

빈스톡의 원두를 책임지고 있는
오즈터크 5kg 반열풍식 로스팅
기. 두툼한 주물 드럼기 내장되
어 있고, 조작이 간편하면서도
댐퍼를 통해 세심하게 조절할
수 있다.

커피를 좋아하는 만큼 당연하게 생두에 대한 분별
력과 보존법, 추출과 평가에 관한 지식을 습득하여
다지는 과정에서 정합하여 깨닫고 비로소 선명해
졌습니다."

아프리카 지역의 생두를 선호한다.

"흔히 주류를 이루는 커피인들은 에티오피아나
케냐 커피가 신맛과 향이 특성인 것으로 여기고 약
하게 볶아요. 하지만 신맛이 강한 커피를 약볶음하
면 시큼해질 수 있죠. 역으로 신맛이 강한 커피를
강하게 볶아도 산미는 남아 있고 조절까지 가능합
니다. 생두가 가진 특성을 활용하는 볶음도입니
다."라며 자칫 통념으로 굳어질 수 있는 현상을 역
으로 풀어내었다.

로스팅이 강해질수록 쓴맛은 증가한다. 빈스톡

의 로스팅은 생두의 가능성을 파악하고 신맛이 강
한 생두를 쓴맛에 수렴되게 볶아내어 커피 본연의
풍부한 맛으로 볶은 볶음도라는 것을 확인시켜 주
고 있다.

커피를 맛보다.

빈스톡의 커피는 호소력 있는 향과 양감 있고 매
끄러운 촉감의 관능을 가진 성숙한 커피이다.

품종 특성을 약화하여 보편적인 향미의 베이스
를 다져 놓은 후 호소력 있는 초콜릿 맛으로 수렴
한 맛이다. 이 커피의 맛과 향을 제대로 느끼는 순
간 말로는 표현할 수 없는 놀라운 충족감과 포만감
을 선물로 받게 된다.

"커피 맛 표현은 빨강, 주황, 노랑, 초록 등의 무
지개의 시각 표현처럼 분명하게 언어로 표현하기

가 힘든 영역입니다. 유행처럼 커피의 맛과 향을 과일에 빗대고 분리해서 기억하여 말하는 풍조가 못내 아쉽기만 합니다. 물론 맛이라면 어느 정도 가능하겠지만, 후각은 기억과 감정의 중추에서 발달한 감각입니다. 배워서 말하는 방식으론 커피 맛을 안다고 여기는 풍조가 못내 아쉽기만 합니다. 그저 '무슨 커피일까?' 정도면 좋겠습니다. 바란다면 '커피다움'이 깃든 커피에서 뇌 속에 그려진 한 폭의 수채화처럼 풍요로운 기억을 소환하면 좋겠습니다. 순한 기억의 풍경을 찾아내고 빠져드는 여정을 즐길 수 있기를 기대합니다."

빈스톡의 커피에는 오래된 기억이 새겨 있다.

커피의 맛과 향을 표현할 때 미국 스페셜티커피협회의 '플레이버휠'에서조차 100여 개를 표준화한 것이 전부다. 그것도 크랙 이전의 맛과 향으로 채웠다. 빈스톡의 커피에서 어릴 적 가마솥에 눌어붙은 고구마의 쫀득함이 입안에서 맴돈다. 언덕배기에서 엿장수의 손수레를 끙끙대며 밀어주고 건네받은 손가락 마디만 한 아쉬운 엿가락, 비료 포대나 녹슨 농기구와 바꾼 달달한 호박엿이 소환된다. 충분한 열량으로 뭉근하게 볶아낸 빈스톡의 커피에는 오래된 기억들이 새겨져 있다.

"커피의 다양한 맛은 향에 의한 것이지만 맛의 베이스가 없는 향은 지양합니다. 약볶음의 풍부하고 화려한 미향은 강한 휘발성으로 커피의 순간만을 장식하다 사라집니다. 맛있는 커피는 마지막 한 방울까지, 아니면 긴 시간 음미하며 마시는 식은 커피에서도 향은 충분해야 맛있다 할만 합니다." 로스팅하는 동안 맛 성분의 분해로 만들어지는 향이 커피 오일에 포집되면, 향의 방출은 전체적으로 느려진다는 사실을 각인시켜 주는 말이다.

에티오피아 예가체프 핸드드립

커피의 맛과 향이 풍부한 커피가 입안을 훑고 지

입구에 들어서면 세월의 흔적이 가득한 후지로 얄의 잇따로 로스팅기 2대가 진열되어 있다.

원목을 활용하여 내부를 디자인하고 금속으로 마감한 인테리어는 안정감을 준다.

난다. 커피의 오일과 단백질 성분에 포집 되는 맛과 향이 침의 아밀라아제 효소에 의해 쉽게 분해한다. 입안에서 맡게 되는 향이며 목 넘김 이후에도 지속해서 감지되어 긴 여운으로 이어진다. 지식과 경험의 통합을 확인할 수 있는 맛이다. 두어 모금에 '빈센트 반 고흐'의 그림이 떠오른다. 만추의 넉넉함을 말하듯 농후함이 입체감으로 그려진다. 부드럽고 매끄러운 실키함과 단 향들은 높은 밀도로 지속성이 강하다. 맛 물질은 무겁고 향 성분은 부풀어 다크초콜릿의 풍미로 발산하였다. 뭉근하게 볶아 내지만, 캐러멜의 풍미로 수렴되는 아메리카 대륙의 커피보다 다크초콜릿의 풍미를 선호하는 지기의 취향을 엿볼 수 있었다.

케냐 핸드드립

잘 다려 조린 조청 같은 단맛과 건조한 과일 향, 장작불에 무언가를 굽고 태우면서 나는 견과류 향과 삼나무 향이 맛을 감싸고, 매끄러운 촉감의 바닐라 향이 관능적으로 느껴진다. 이런 향들은 결국 부족한 커피의 단맛을 상승시키고, 쓴맛을 긍정적인 맛으로 느끼게 한다.

"로스팅이란 생두가 가진 품종 특성을 파악하고, 모든 커피 성분의 메일라드 반응과 캐러멜화의 순차적인 반응을 거쳐 탈수 축합 분해 반응으로 반응 물질이 최대치에 이르게 한 후, 추출을 통해 확인하고 비로소 끝마치는 일련의 과정"이라는 말에서 빈스톡의 원두는 이러한 과정을 완주한 커피인 것을 확인할 수 있었다.

취향을 완성시켜 주는 로스팅기

"시중에는 다양한 로스팅기가 유통되고 있습니다. 센 불로 빨리 볶기에 적당한 로스팅기가 있고, 시간적 여유를 가지고 천천히 볶기에 적절한 로스팅기가 있습니다." 빈스톡의 로스팅기는 예전 후지로얄 로스팅기를 거쳐 현재는 두툼한 주물 드럼이 내장되었고, 쉽게 조작하면서도 댐퍼를 통해 세심하게 조절할 수 있는 오즈터크 로스팅기를 사용한다.

로스팅 스케줄

빈스톡 원두는 재구매율 비중이 높다. 꾸준함이 마케팅으로 이어져 구매 사이클을 예측할 수 있다. 8종의 원두를 100g과 200g 단위로 소포장하여 판매하고, 드립백으로도 가공하여 판매한다. 1/3은 매장에서 메뉴용과 판매용으로 소모되고, 2/3는 빈스톡 쇼핑몰을 통해 유통되고 있다.

토요일과 일요일을 제외하고 매일 오전 11시에 시작해서 오후 3시 즈음까지 12배치가량 로스팅한다. 주로 아프리카 계열의 생두를 취급하고 그중에서도 밀도가 높은 생두를 고른다.

"일반적으로 생두 조직이 두텁거나 밀도가 높아 단단한 생두는 로스팅이 어렵다고 여깁니다. 물론 취미로 로스팅을 하는 마니아라면 수긍할 수 있습니다. 하지만 분별력과 대응력을 갖춘, 소위 전문가라면 실패의 원인일 수는 없습니다."

빈스톡의 원두는 밀도가 높아 단단한 생두를 선별하여 들인다. 밀도가 높아 단단하다는 의미는 일교차가 큰 고지대에서 재배되어 고형물 함량이 풍

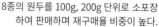

8종의 원두를 100g, 200g 단위로 소포장하여 판매하며 재구매율 비중이 높다.

부한 양질의 생두로 담보된다. 이는 커피 향미의 원천이 풍부하다고 말할 수 있다.

로스팅 환경이 일정하다

"로스팅 환경이 일정할수록 로스팅 과정은 간결해지고 커피 맛의 재현성을 높여 실패하지 않는 로스팅이 가능해집니다."

빈스톡의 로스팅 룸은 생두의 상태나 날씨 기온 등의 영향을 최소화하는 구조이다. 입구에서 가장 안쪽에 자리하고, 통유리로 구획하여 개방성과 독립성을 구현하였다. 수시로 하는 청소로 로스팅 환경은 일정하게 유지되어 오롯이 로스팅에 집중할 수 있는 환경이다.

댐퍼를 열어 대류열의 흐름을 빠르게 하면 드럼 내부에 남아 있는 수분은 감소하고, 반대로 댐퍼를 닫아 대류열의 흐름을 느리게 하면 남아 있는 수분의 증가로 이어지는 원리를 반영하였다.

차가운 생두를 투입하고 고온에 노출된 원두는 드럼 내부 전도열의 영향으로 표면의 탄화가 발생할 수 있다. 즉 댐퍼를 닫는 행위로 원두에서 발생하는 수증기를 드럼 내부에 머물도록 하여 원두의 표면을 보호하며 원두 내부에 고른 열전달을 유도하였다.

빈스톡의 로스팅은 드럼 용량에 비해 상대적으로 소량의 생두를 투입하여 로스팅한다. 그로 인해 드럼 내부에 남아 있는 수분량이 상대적으로 부족한 편이다.

[예열]
▼

로스팅기의 하우징과 내부의 드럼 및 배관 등에 열을 충분히 공급하여 로스팅 중 생두나 외부의 하우징에 빼앗기는 열을 최소화한다. 오즈터크 5kg 반열풍식은 타 로스팅기에 비해 열량이 부족하여 직관적으로 드럼 총량의 절반 정도의 생두를 투입한다.

버너의 가용 열량의 30% 정도의 열량으로 20분에 드럼 온도 230℃에 도달하면 버너를 끈 후 150℃로 하강하면 버너를 재점화하여 230℃에 다다르게 한다. 3번 반복한다.

[핸드픽]
▼

예열하는 동안 생두의 핸드픽 작업을 선행한다. 에티오피아 계열의 커피는 섬세한 Flavor를 중시하여 로스팅 전 사전 핸드픽과 로스팅 후 핸드픽을 병행한다.

[생두 투입]
▼

3번째 예열 작업 종료 후 드럼 온도 200℃에 도달하면 생두를 투입하고, 가장 약한 수치로 댐퍼 값을 줄여 준다.

[채프 날리기]
▼

초반에 발생하는 채프는 댐퍼를 통과하는 대류의 흐름을 방해한다. 드럼 온도가 140~150℃ 즈음에서 채프가 많이 보이는 것이 확인되면 잠시 댐퍼를 개방하여 채프를 배출한다. 팝핑 이전까지 3회 반복한다.

[가스 열량과 댐퍼]
▼

경험을 토대로 1분당 상승 온도를 유지하는 열량으로 가스 미압계를 설정하고, 댐퍼의 운용은 확인창을 통해 채프가 수직으로 배출되도록 조절한다. 이때 유의해야 할 사항은 댐퍼의 개폐 범위에 따른 화력과 미압계는 유기적인 관계에 있다는 것이다.

[갈변화 구간]
▼

도달 시간은 6분경 온도는 155℃ 전후에 확연해진다. 갈변을 기준으로, 원두 내부 온도와 외부 온도가 일정해진다. 중점 이후 보정한 화력을 다시 한번 보정한다.

빈스톡의 커피 로스팅

[1분당 상승 온도 체크]
▼

팝핑 구간까지 1분당 상승 온도를 체크하여 일정한 온도 상승이 되도록 수시로 미압계를 조정한다. 이상적인 로스팅은 포물선을 그리며 온도가 완만하게 상승할 때 가능하다.

[팝핑]
▼

최초로 원두 한 알이 튀는 시점에서 화력을 낮추어 로스팅 그래프가 수평을 유지하는 모양으로 미압계를 조정한다. 원두 내부 압력이 원두 조직의 임계점에 다다르면 팝핑이 발생한다. 이때 발생하는 다량의 수분과 채프의 원활한 배출을 위해 댐퍼를 열어 연결음이 잦아들 때까지 유지한다.

[팝핑 종료]
▼

팝핑 소리의 패턴이 간헐적으로 들리면 다시 미압계를 조정하여 1분당 온도 상승을 유도한다. 팝핑이 발생한 원두는 다량의 수분이 빠져나간 상태이다. 이는 원두가 불안정한 상태로 고온의 열에 노출된 상태를 의미한다. 팝핑이 종료되는 즈음에 댐퍼를 닫아 주는 형태로 조절하여 드럼 내부에 남아 있는 수분으로 원두를 보호한다.
팝핑이 종료되는 시점은 본격적으로 원두의 맛과 향이 만들어진다는 것을 의미한다. 크랙이 발생하는 시점까지 향의 변화가 의도대로 일어나고 있는지 수시로 확인하며, 종료 시점에서 화력을 상승시킨다.

[크랙]
▼

크랙은 발연점에 다다른 원두 오일의 영향으로 열화학 반응을 일으켜 다량의 수분과 이산화탄소가 원두 내부에 쌓이고, 임계점에 다다르면 원두 표면이 균열하여 들리는 소리이다. 커피의 맛 성분이 분해되고 축합되어 기대하는 커피의 맛과 향이 만들어지는 때이기도 하다. 그렇지만 부족한 수분과 고온의 열량으로 원두는 불안전한 상태이다.

[크랙음 정점에서 로스팅 종료]
▼

시시각각 변화하는 원두의 색을 관찰하며 로스팅의 마무리를 준비한다. 색은 밝아야 한다. 크랙 소리의 규칙성을 듣는다. 경험을 토대로 빠른 판단과 결단력으로 로스팅을 마무리한다.

[냉각 종료 후 핸드픽]
▼

배출과 동시에 냉각에 최선을 다한다. 휘발성이 강한 향기 성분은 커피 오일에 포집되지만 냉각되는 동안 잠열에 의해 일부 휘발한다. 따라서 냉각 시간을 줄이는 행위로 잠열에 의해 소실되는 향기를 최소화한다. 냉각 종료 후 동일하지 않은 원두를 핸드픽 한다.

[핸드드립 커피로 테스트]
▼

매장에서 아메리카노나 핸드드립으로 나가는 원두는 중볶음 7일, 강볶음 5일의 숙성 기간을 거친다. 숙성 기간 쓴맛에 수렴되지 못한 핵과류의 산미는 건조 과일의 산미로 변화하며 쓴맛에 수렴되어 농후함으로 발현된다. 갓 볶은 원두도 체크하지만, 비교하여 숙성한 원두도 평가하여 공유한다.

🔥 Roasting  @ 빈스톡

커피의 시작, 에티오피아는 커피의 발상지이다. 남부지역 게데오 존 내에 '맑은 샘의 땅'으로 번역되는 예가체프에서 수확하여 내추럴 가공방식으로 생산한 커피다. 가장 세련되고 사치스러운 맛과 향으로 농익은 과일과 초콜릿의 담콤함은 위스키의 풍미에 비견될 만큼 강렬하지만, 여운은 순수하고 부드럽다.

에티오피아 게데오 아리차 G1 내추럴

- □ 생산국: 에티오피아
- □ 지역: 게데오, 예가체프
- □ 재배고도: 1,800m~2,000m
- □ 품종: 에어룸
- □ 가공방식: 내추럴 가공

ROAST DATA

- □ 투입량: 2kg
- □ 종료 시점: 빈스톡의 특징인 적은 산미를 목표로 크랙 정점에서 종료한다.

시간 (분)	원두 온도 (°C)	가스 압력(mmH20)	댐퍼(1~10)	현상
0:00	200	10	3	
1:00				
2:00				
3:00	125	12		
4:00	132			
5:00	140			
6:00	147	15	10	
7:00	155		5	
8:00	162			
9:00	170			
10:00	177			
11:00	185	7		
12:00	192		10	팝핑
13:00	200			
14:00	207			
15:00	214			크랙
16:00	222			크랙 진행 중/로스팅 종료
17:00				
18:00				

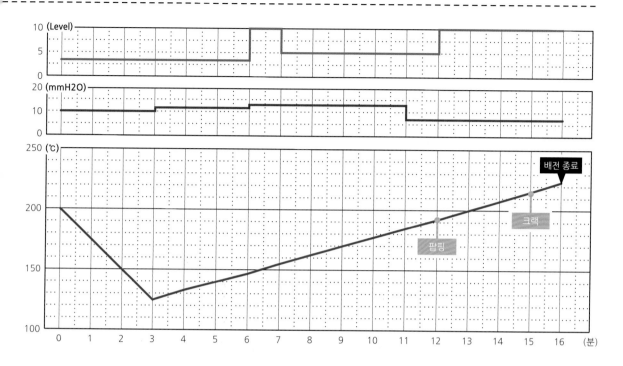

1 예열

로스팅기의 하우징과 내부의 드럼 및 배관 등에 열을 충분히 공급하여 로스팅 중 생두나 외부의 하우징에 빼앗기는 열을 최소화한다.

2 핸드픽

예열하는 동안 생두의 핸드픽 작업을 선행한다.

3 생두 투입

3번째 예열 작업 종료 후 드럼 온도 200℃에 도달하면 생두를 투입하고, 가장 약한 수치로 댐퍼 값을 줄여준다.

4 채프 날리기

댐퍼를 개방하여 채프를 배출한다. 팝핑 이전까지 3회 반복한다.

5 가스 열량과 댐퍼

1분당 상승 온도를 유지하는 열량으로 가스 미압계를 설정하고, 댐퍼의 운용은 확인창을 통해 채프가 수직으로 배출되도록 조절한다.

7 1분당 상승 온도 체크

팝핑 구간까지 1분당 상승 온도를 체크하여 일정한 온도 상승이 되도록 수시로 미압계를 조정한다.

8 팝핑

최초로 원두 한 알이 튀는 시점에서 화력을 낮추어 로스팅 그래프가 수평을 유지하는 모양으로 미압계를 조정한다.

9 크랙

크랙은 발연점에 다다른 원두 오일의 영향으로 열화학 반응을 일으켜 다량의 수분과 이산화탄소가 원두 내부에 쌓이고, 임계점에 다다르면 원두 표면이 균열하여 들리는 소리이다.

10 크랙음 정점에서 로스팅 종료

시시각각 변화하는 원두의 색을 관찰하며 로스팅의 마무리를 준비한다.

11 냉각 종료 후 핸드픽

배출과 동시에 냉각에 최선을 다한다.

12 핸드드립 커피로 테스트

갓 볶은 원두도 체크하지만 비교하여 숙성한 원두도 평가하여 공유한다.

Roasting @ 빈스톡

미네랄이 풍부하고 서리가 내리지 않는 적절한 안
개 기후에서 재배된다. 대부분 자연 경작되고 가공
방식도 수작업으로 이루어져 생두의 모양이 제각
각이지만 '커피의 귀부인'이라는 칭호를 받으며 고
급 커피로 인정받는다.

ROAST DATA

☐ 투입량: 1kg
☐ 종료 시점: 크랙 엔딩

예멘 모카 마타리

☐ 생산국: 예멘
☐ 지역: 베니미다르
☐ 재배품종: 아라비카
☐ 수확시기: 3월~4월, 10월~12월

시간 (분)	원두 온도 (℃)	가스 압력(mmH20)	댐퍼(1~10)	현상
0:00	190	8	2	
1:00				
2:00				
3:00	130	10		
4:00	136			
5:00	142			
6:00	149		7	
7:00	156		3	
8:00	163			
9:00	170			
10:00	177			
11:00	184	6		
12:00	190			팝핑
13:00	198			
14:00	205			팝핑 종료
15:00	210			크랙
16:00	215			크랙 종료 시점/로스팅 종료
17:00				
18:00				

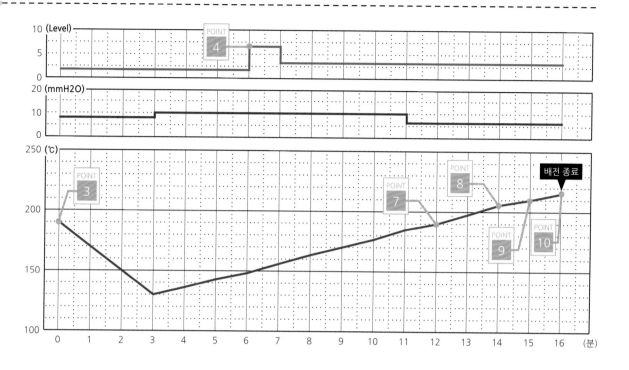

1 **예열**

드럼 온도 150°C까지 하강 후 점화, 3회 반복한다.

POINT
2 **핸드픽**

defect 생두 핸드픽

POINT
3 **생두 투입**

드럼 온도계로 190°C가 되었을 때 투입한다.

POINT
4 **채프 배출**

드럼의 확인창으로 체프가 다량 확인되면 댐퍼를 최대로 열어 체프 배출한다.

POINT
5 **가스 열량과 댐퍼**

명확한 다크초콜릿 향미 생성을 위해 적은 열량과 적은 댐퍼로 시작하여 총 로스팅 시간을 길게 한다.

POINT
6 **1분당 상승 온도**

적은 투입량으로 분당 상승 온도를 5~6°C로 조절한다.

POINT
7 **1차 팝핑**

드럼 온도계 190°C, 팝핑

POINT
8 **팝핑 종료**

205°C 팝핑 종료

POINT
9 **크랙**

210°C

POINT
10 **로스팅 종료**

215°C 크랙 종료 시점

POINT
11 **냉각 종료 후 핸드픽**

4~5분 냉각 종료 후 핸드픽 한다.

 Roasting @ 빈스톡

에티오피아 서남부 나비니시아 숲의 이름인 '겟차'에서 변형되어 미국식 발음에 따라 게이샤로 불리는 커피다. 게이샤 품종이 에티오피아에서 유래된 만큼 전통적인 내추럴 가공법으로 생산되어 전통적인 커피의 맛과 향을 온전히 담았다.

ROAST DATA

☐ 투입량: 3kg
☐ 종료 시점: 팝핑피크

파나마 에스메랄다 게이샤 내추럴

☐ 생산국: 파나마
☐ 지역: Mario, Jaramillo, Palmira
☐ 품종: Geisha
☐ 재배고도: 1,650m~1,800m

시간(분)	원두 온도(°C)	가스 압력(mmH20)	댐퍼(1~10)	현상
0:00	200	12	4	
1:00				
2:00	123			
3:00	129	15		
4:00	136			
5:00	144		10	
6:00	153		6	
7:00	159			
8:00	166			
9:00	174			
10:00	183	8		
11:00	190			
12:00	195		10	팝핑
13:00	203			팝핑 피크에서/로스팅 종료
14:00				
15:00				
16:00				
17:00				
18:00				

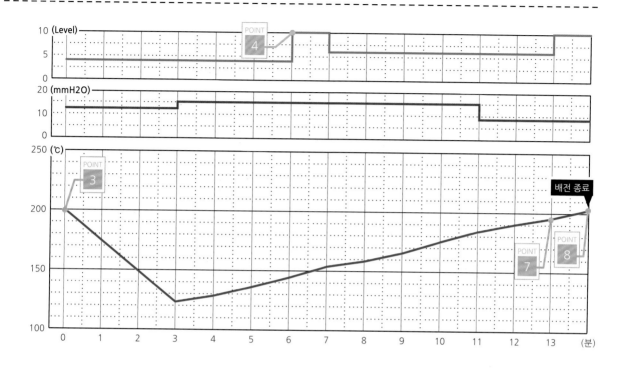

1 예열

150℃까지 하강 후 점화하여 190℃에 다다르면 꺼 준다. 3회 반복한다.

2 핸드픽

결점두가 쉽게 보이지 않는다. 사전 핸드픽은 생략하고 종료 이후
에 한다.

3 생두 투입

드럼 온도계로 200℃가 되었을 때 투입한다.

4 채프 배출

드럼의 확인창으로 채프가 다량 확인되면 댐퍼를 최대로 열어 채프
배출한다.

5 가스 열량과 댐퍼

최소 열량과 최소 댐퍼 값으로 조정한다.

6 1분당 상승 온도

분당 상승 온도를 5~6℃에 맞춘다.

7 팝핑

드럼 온도계 195℃ 시작

8 냉각 종료 후 핸드픽

203℃ 팝핑 피크에서 종료한다.

9 채프 배출

4~5분 냉각 종료 후 핸드픽 한다.

Shop
04 ▶ **신비의사랑**

- -

제주시 노형동

상호: 신비의사랑
주소: 제주도 제주시 1100로 2933번지 (노형동)
연락처: 010-8024-5152
영업 시간: 월요일~금요일: 12시~18시
　　　　　토요일: 12시~15시
정기 휴일: 일요일, 공휴일
홈페이지: http://blog.naver.com/sinbi_cafe

　윤승섭 지기가 운영하는 로스터리 숍 '신비의사랑'은 제주도에서 손꼽히는 로스터리 숍이다. 지역에선 커피 원두 백화점으로도 통한다.
　제주시에서 어리목으로 가는 길목 신비의 도로(구: 도깨비 도로) 갈림길 오른쪽 길에 들어서면 유럽풍의 지중해 느낌을 물씬 주는 단독 건물에 신비의 사랑이 있다.
　베이지 톤의 외벽에 스페니시 기와를 시공하여 이국적이고, 입구에 꾸며 놓은 정원 연못은 클래식한 멋스러움이 묻어난다. 로스터리 숍 문을 열고 들어서니 전형적인 로스터리 숍다운 모습이다. 대

수많은 생두를 다루어 맛을 재현하는 '커피 원두 백화점'···
보편적 향미의 베이스를 토대로 와인의 풍미를 탐내다

류별로 다양한 원두를 진열하여 고객을 유혹하고, 손때 묻은 기구들과 다양한 용량의 로스팅기가 로스터를 반겨준다. 관광지의 역동적인 모습과는 다르게 이곳은 익숙한 편안함이 있다. 원목 테이블과 넓은 쇼파로 채운 휴게 공간은 여행자에게 제주 풍경을 즐기며 휴식을 취할 수 있는 안락함을 제공한다. 다르다면 커피를 찾는 고객에게 맛있는 커피로 포만감을 주고, 로스터리 숍을 동경하는 이들에게 충만함을 선사한다.

처음 지기에게 취재를 요청할 때는 많이 머뭇거렸다. 며칠을 기다려 약속할 수 있었다. 아마도 내 직업이 취재하는 기자였다면 약속은 이루어지지 않았을 것이다. 취재를 고민하던 지기는 평소 공경하던 빈스톡 박윤혁 지기에게 의논하였고, 지기로부터 빈스톡 또한 인터뷰를 했다는 얘기를 듣고 결정했다.

취재하는 동안 손님에게 소홀할 수 있다는 우려 섞인 얘기를 들은 터라 여유 있는 시간을 확인하고 방문하였다. 로스터와 로스터의 만남이라면 건조한 대화만 오갔을 것이다. 날 좋은 여행길에 잠시 들른 로스터리 숍이라고 생각했다. 서로 동경하는 커피로 친해지고 지기의 지난 커피 얘기를 들었다.

커피에 빠지다.

"2008년 제주도에서 제법 큰 마트를 운영하며 한동안 와인에 빠져 공부하며 부침을 겪던 시기입니다. 수익은 고려하지 않은 채 한편에 와인숍을 만들고, 전문가의 길로 들어서기 위한 준비를 하던 시기며, 지리적 한계에서 오는 무력감으로 지쳐가던 시기이기도 합니다. 그런 와중에 '와인 메이커스 디너'에 초청받아 서울을 방문하였습니다. 어쩌면 와인과 이별을 하기 위한 서울행이었는지도 모르겠습니다.

감흥 없던 와인 행사의 아쉬움을 달래기 위해 삼청동 카페거리에 찾아갔다가 커피방앗간이란 정감 가는 간판에 끌렸습니다. 평소 가던 커피숍과는 사뭇 다른 분위기에 이끌려 낯선 핸드드립 커피 한 잔을 주문하였습니다. 제주도에선 경험하지 못한 방식으로 내린 커피였습니다. 무슨 원두였는지는 기억나지 않지만, 와인을 닮은 맛과 향이 들숨으로 입안에서 맴돌고, 그 여운은 여러 번의 날숨으로 이어졌습니다. 그 맛과 향은 지금도 뚜렷하게 기억합니다.

이전의 제 삶에서 커피란 믹스커피, 캔커피를 제외하고는 아메리카노가 전부였습니다. 낯선 공간에서 처음 경험하는 핸드드립 커피에서 이지적인 매력에 빠진 것입니다.

카페를 나서는 그 길로 바로 남대문시장에 들러 커피 핸드드립 도구를 비롯해 커피와 관련한 집기들을 보이는 대로 구매하였습니다. 그렇게 이직하기로 결정하였습니다."

로스터리 숍을 준비한다.

"조금은 호들갑스럽게 커피를 경험하였습니다. 곱씹어봐도 이성과 감성이 조화로운 결정입니다. 중재자의 역할에 머물기보단 창조자의 위치에 서고 싶은 욕심에서 로스터리 숍을 목표로 하였습니

신비의사랑은 와인의 풍미가 느껴지는
중강볶음의 커피를 지향한다.

다. 부족한 지식은 각종 서적을 통해 메우고, 부족한 경험은 실수를 통해 경험치로 쌓았습니다. 다행이라면 와인 감별사로서의 경력이 커피를 배우고 익히는 데 많은 도움이 되었습니다.

와인에서도 커피의 향미가 느껴지는 와인이 있듯이 커피에서도 와인의 풍미를 경험하곤 합니다. 더군다나 커피의 맛과 향을 평가하는 방법이 와인과 많이 닿아 있습니다. 커핑(Cupping)하는 테이스터(Taster)의 '커피 테스트용 풍미 휠'은 와인의 '플레이버 휠(flavor wheel)'과 상당히 유사합니다. 아마도 모티브가 되었을 것입니다. 최소한 커피를 평가하거나 지향하는 커피 맛의 기준을 세우는 것은 어렵시 않았습니다. 와인의 풍미와 유사한 중강볶음의 볶음도가 좋았고 지금도 변함없습니다."

커피를 대하는 자세

"오픈을 앞둔 시점에 떠난 여행길에서 빈스톡의 박윤혁 대표를 알게 되었습니다. 많은 이야기를 나누며 커피를 대하는 마음가짐을 배울 수 있었고, 지금도 자주 연락하는 소중한 인연이 되었습니다. 여행을 마치고 미루었던 로스팅기를 구매하였습니다. 예전 빈스톡에서 사용하던 후지로얄사의 '잇타로' 모델입니다.

어설픈 실력이었지만 내 샵을 찾아주는 손님들이 있었습니다. 손님이 늘고, 얼마 지나지 않고 후지로얄 직화직 3kg 로스팅기로 변경하였습니다. 로스팅기의 특성만큼 섬세한 조작에서 내어 주는 달콤하고 농후한 결과물이 좋았습니다."

유연하게 대처하다.

"한결같은 10년 동안 제법 알려졌습니다. 그동안 유행도 변하였습니다. 스페셜디 거피가 알려지며, 일반 손님 중에도 농후한 커피보다는 밝고 쾌활한 커피를 찾는 손님이 생겼습니다. 때마침 사용하는 3kg 드럼 용량은 늘어난 원두 판매량을 감당하기 힘들었고, 스페셜티 커피의 개성을 살리는 데 유리한 로스팅기의 필요에 의해 반열풍 로스팅기의 변경을 꾀하였습니다."

커피밥 로스팅기 버너와 드럼이 밀폐형 구조로 이루어져 있어 열 보존율이 우수하다 팝핑에 도달한 즈음에 화력을 제거한 상태로 이탈리안 로스팅까지 가능하다.

반열풍 로스팅기

"커피밥 로스팅기 3kg, 5kg 드럼을 구매하고, 이후로 15kg, 30kg 드럼을 추가했습니다. 반열풍 방식은 그동안 사용하던 로스팅기와는 사뭇 다른 메커니즘을 발휘하였습니다. 후지로얄과 비교하여 강한 화력과 강한 열풍, 게다가 드럼 속도와 배기량 조절까지 가능하였습니다. 무엇보다 열 보존율이 우수해서 연속 배치에 능하였습니다. 새로운 로스팅기에 익숙해지는 과정이 좋았습니다.

기능에 익숙해진 커피밥 로스팅기는 다양하게 활용 가능한 장점이 많습니다. 화력과 드럼의 회전 속도를 느리게 조절하여 이전의 직화 방식과 유사한 커머셜 핸드드립용 커피 로스팅, 높은 열 보존율을 담보하고 강한 화력의 대류열을 이용한 에스프레소용 커피 로스팅, 드럼의 회전 속도를 높이고

강한 화력으로 중점의 진행을 빠르게 하여 원두 개성을 살리는 스페셜티 커피 로스팅 등 비교적 자유롭게 활용하는 이점이 있습니다.

화력은 메탈화이바 버너를 탑재해 강한 화력을 자랑합니다. 로스팅기 제원상 풀 배치를 투입해 50% 정도의 화력이면 충분히 12분 이내에 로스팅을 마칠 수 있습니다.

버너와 드럼은 밀폐형 구조로 이루어져 있어 열 보존율이 우수합니다. 심지어 팝핑에 도달할 즈음에 화력을 제거한 상태로 이탈리안 로스팅까지 가능합니다. 이는 연소 중 화력에 따른 산소량을 원활하게 공급하는 브로어가 가스 투입구 위치에 자리하여 가능합니다. 이처럼 생두의 특성을 잘 이해하는 만큼 자신이 보유한 로스팅기의 특질을 잘 이해할 때 외부의 조건 변화에 민첩하고 대응할 수 있습니다."

로스팅 메커니즘

신비의사랑은 참 많은 생두를 다루고 있다. 다양한 로스팅기를 보유한 만큼 쌓아 놓은 생두도 다양하다. 넉넉한 외모와 다르게 커피를 향한 갈증은 누구와도 비교되지 않을 로스터다.

로스팅 메커니즘은 기계적으로 수없이 반복되는 경험에서 찾기 어렵다. 엄연히 원리와 기술의 혼합물이며, 여러 요소가 연결되는 상호 의존성을 이해하고 전체를 디자인할 때 보이지 않던 요소를 시각화할 수 있고, 더해서 직감 또한 발휘된다.

커피가 품은 다양한 맛과 향은 로스터의 역량으로 한 가지 원두에서 모두 재현할 수 있다. 차이라면 커피가 품은 고형물의 함량이다. 함량의 차이가 품질과 안정성에 영향을 미쳐 어느 땐 선명하고, 때론 희미하게 전해진다.

커피를 맛보다.

평소 글로 배우는 비즈니스 커핑의 어휘와 감성을 꺼려한다. 그 향이 맞는지 의심스럽고, 더구나 외워서 말하는 것에 익숙하지 않다.

낯선 커피는 판도라의 상자를 여는 듯하다. 향으로 가늠해 보지만 휘발하는 향은 가벼운 향기뿐이다. 내어준 커피에 녹아난 향은 맛과 조합되어 경계가 불분명하다. 부드럽고 미끈한 촉감이 느껴지는 커피를 연거푸 마시고 나서야 점차 선명해진다. 지기가 내어 준 커피는 건조한 과일의 향미가 풍부하다. 서로 다른 단맛은 농익었고 화사한 신맛과 쌉싸름한 뒷맛이 훑고 지나간다. 입체감이 그려지는 양감으로 맛이 깊고 풍부하다. 냉감이 있는 청량감도 있다. 한편으론 경계에 선 듯한 커피, 조금 더 뚜렷해져도 좋겠다 싶을 만큼 바디가 튼실하다.

원두가 다양하다.

지기는 상시 40여 종의 원두를 혼자서 볶아 낸다. 1일 100kg 전후로 볶아 내어 한 달이면 2톤의 원두를 생산한다.

"주위 카페를 운영하는 동료들이 이렇게 많은 생두를 다루는 것을 우려하여 선택과 집중을 권하는 분들이 종종 있습니다. 유행처럼 스페셜티 전문 샵으로의 변경을 권하는 경우가 다수입니다.

평소 '세상에 존재하는 모든 생두는 다 그만한 이유가 있다'고 여겼고, 다양성이 이곳의 특색이 되었습니다. 양질의 생두는 일교차가 큰 고지대에서 생산하여 조밀도가 높은 생두입니다. 그만큼 맛과 향이 풍부합니다. 스페셜티 생두라고 모두 기준에 충족하지 않았습니다. 커머디티 또한 마찬가지입니다. 신비의 사랑은 적절한 가격이 책정된 양질의 생두를 선별하여 다양화를 이루었습니다. 가성비를 중요하게 여기는 만큼 소비자의 가심비를 가장 잘 충족한다는 것을 오랜 기간 신비의 사랑을 통해 확인할 수 있었습니다."

맛 평가

커머디티 커피는 특정한 맛과 볶음도에 따르지 않는다. 특성에 의한 결정권보다는 로스팅에 의한 결정권을 중시한다.

스페셜티 커피는 하리오와 칼리타 기구를 이용하고 핸드드립으로 추출하여 확인한다. 하리오 기구를 이용하여 따뜻한 음료를 평가하고, 칼리타 기구를 이용하여 차가운 음료를 확인한다.

블렌딩 커피는 에스프레소 추출을 통해 확인한다. 리스트레또, 에스프레소, 룽고 등 세 가지 경우 모두 아메리카노와 아이스 아메리카노로 확인한다.

블렌드	커머디티	스페셜티	CoE	게이샤	3대 명품
소프트	브라질	브라질	브라질	콜롬비아	예멘
마일드	콜롬비아	콜롬비아	콜롬비아	과테말라	자메이카
다크	과테칼라	에콰도르	과테말라	코스타리카	하와이
신비	코스타리카	콰테말라	코르타리카	엘살바도르	
사랑	온두라스	코스타리카	엘살바도르	파나마	
로얄	인도네시아	니카라과	니카라과	에티오피아	
럭키	파투아뉴기니	파푸아뉴기니	에티오피아		
하니	에티오피아	에티오피아			
아라	케냐	케냐			
오름					

커머디티 싱글 10종
브라질, 콜롬비아, 과테말라, 코스타리카, 온두라스, 인도네시아, 파푸아
뉴기니, 에티오피아, 케냐, 탄자니아 등

커머디티 블렌드 10종
소프트 / 마일드 / 다크 블렌드, 신비 / 사랑 블렌드, 로얄 / 럭키 블렌드,
하니 / 아라 / 오름 블렌드 등

스페셜티 싱글 20여 종
각국 스페셜티 / 각국 컵 오브 엑설런스 / 각국 게이샤 / 세계 3대 명품 등

스페셜티 블렌드 1종
블렌드는 시즌마다 유동적이다.

신비의사랑은 40여 종의 생두를 로스팅한다.
1일 100kg 전후로 볶아 내어 한 달이면 2톤의 원두를 생산한다.

신비의사랑
커피 로스팅

[핸드픽 작업]
▼

커피 로스팅에 선행되는 필수 작업이다. 이전 유통 회사에서 이물질을 날리고 돌 등의 불순물을 골라내는 일련의 선별 작업을 진행했더라도 완벽할 순 없다. 특히 밝은 색상의 미성숙한 생두는 성능이 우수한 선별기로도 제거하기 어려워 핸드픽에 의존할 수밖에 없다.

[3가지 타입으로 분류]
▼

로스터리 숍을 14년간 운영하며 쌓은 지식과 경험을 토대로 각각의 용도에 맞는 로스팅을 하고 있다.

생두는 원산지별로 그 고유한 등급제를 따르고 있지만, 매년 작황이 다른 이유로 변수가 많다. 이전에 경험하지 못한 나라의 생두나 새로운 스페셜티 생두를 접하는 기회도 많아졌다. 크게 핸드드립 용도와 에스프레소 용도로 분류하고 스페셜티 용도를 더하였다.

상시 30여 종에 달하는 생두를 로스팅하며, 그동안 쌓은 경험을 토대로 3가지 타입에 기준이 되는 고정 회전수, 고정 배기, 고정 화력을 설계하였다. 처음 접하는 생두라도 3가지 타입에선 무리 없는 로스팅이 가능하다.

[처음 접하는 생두 로스팅하기]
▼

평균값을 토대로 품종과 등급에 따라 적정 화력과 배기량을 설정하고 드럼 회전 속도를 결정한다. 적정 화력과 어느 정도의 배기량으로 진행할 때 원활하게 로스팅이 되는지는 다년간의 로스팅 경험이 크게 작용한다.

평균값: 드럼 회전 속도(평균값 ±1)/배기량(평균값 ± 25)/화력(평균값±1) 안에서 찾을 수 있다. 무엇보다 맛의 재현성을 담보할 수 있는 방법이다.

[볶음도]
▼

신비의사랑에서 추구하는 볶음도는 품종 따라 유행하는 볶음도에 기대지 않는다. 보편적인 향미의 베이스를 토대로 풍성한 와인과 같은 향미를 추구한다.

기대하는 맛과 향을 찾기 위해 4지점으로 나누어 로스팅하고 볶음도를 결정한다.

	팝핑 시작	팝핑 정점	팝핑 종료	휴지기	크랙 시작	크랙 정점
커머디티			샘플링	샘플링	샘플링	샘플링
스페셜티	샘플링	샘플링	샘플링	샘플링		

[결과물에 대한 검증]
▼

· 로스팅을 마친 이후에도 핸드픽을 하고, 12시간의 디게싱(Degassing)한다.

· 맛을 볼 때는 반드시 목적에 따라 검증하며, 볶음도에 따른 맛의 변화에 집중한다.

· 커머디티 로스팅 결과물은 고노 드립으로 따뜻한 음료를 확인하고, 칼리타 드립으로 차가운 음료를 확인한다. 얼마나 달콤한 마무리를 하는지, 목 넘김에 불편함이 없는지, 마시고 난 후에 혀에 남는 질감은 어떤지 확인한다.

로스팅기 메커니즘

평균값 예시) 생두 3.5kg 투입 시

	커머디티	스페셜티
드럼 속도	50rpm	58rpm
배기팬 속도	1400rpm	1600rpm
기준 화력	5 level	6 level

투입	블렌드			커머디티			스페셜티		
	드럼	배기	화력	드럼	배기	화력	드럼	배기	화력
0.5kg	51.0	1350	1.0	47.0	1250	2.0	55.0	1500	3.0
1.0kg	51.5	1375	1.5	47.5	1275	2.5	55.5	1525	3.5
1.5kg	52.0	1400	2.0	48.0	1300	3.0	56.0	1500	4.0
2.0kg	52.5	1425	2.5	48.5	1325	3.5	56.5	1525	4.5
2.5kg	53.0	1450	3.0	49.0	1350	4.0	57.0	1550	5.0
3.0kg	53.5	1475	3.5	49.5	1375	4.5	57.5	1575	5.5
3.5kg	54.0	1500	4.0	50.0	1400	5.0	58.0	1600	6.0
4.0kg	54.5	1525	4.5	50.5	1425	5.5	58.5	1625	6.5
4.5kg	55.0	1550	5.0	51.0	1450	6.0	59.0	1650	7.0
5.0kg	55.5	1575	5.5	51.5	1475	6.5	59.5	1675	7.5

콜롬비아 수프레모 후일라 EP

☐ 드럼 속도: 50rpm
☐ 배기량: 1400rpm
☐ 화력: 5 level
☐ 투입량: 3.5kg
☐ 로스팅기: 커피밥 5kg

일반적인 커머셜 생두로 편안한 스타일로 로스팅

시간 (분)	원두 온도 (℃)	가스 화력(level)	배기(rpm)	드럼(rpm)	현상
0:00	190	0	1400으로 고정	50으로 고정	
1:00	107	0			
2:00	101	5			2분 화력 투입/101℃ 터닝 포인트
3:00	107	5			
4:00	115	5			
5:00	123	5			
6:00	131	5			
7:00	139	5			
8:00	147	5			
9:00	155	5			
10:00	163	5			
11:00	171	5			
12:00	179	5			11분 10초 178℃ 팝핑 시작
13:00	185	0			팝핑 시작 후 화력 제거
14:00	192	0			13분 45초 192℃ 팝핑 종료
15:00	199	0			202℃ 크랙 시작
16:00	204	0			204℃ 상승점 배출

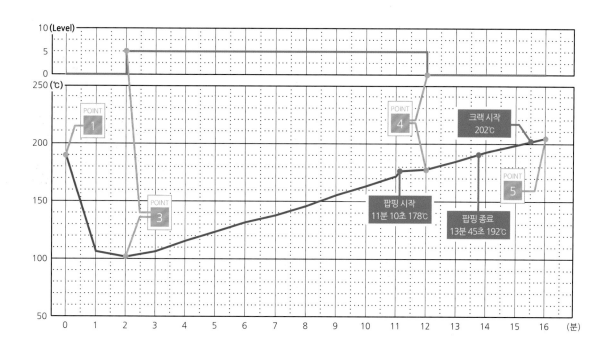

Roasting @ 신비의 사랑

콜롬비아 수프레모 산 호세

- □ 생두: 스페셜티 3.5kg
- □ 드럼 속도: 58rpm
- □ 배기량: 1,600rpm
- □ 화력: 6 level
- □ 투입량: 3.5kg
- □ 로스팅기: 커피밥 5kg

단단한 육질의 스페셜티로 상쾌한 스타일로 로스팅

시간 (분)	원두 온도 (°C)	가스 화력(level)	배기(rpm)	드럼(rpm)	현상
0:00	200	0	1600으로 고정	58로 고정	
1:00	113	6			1분 화력 투입
2:00	116	6			2분 15초 112°C 터닝 포인트
3:00	125	6			
4:00	134	6			
5:00	144	6			
6:00	154	6			
7:00	165	6			
8:00	176	6			8분 45초 184°C 팝핑 시작
9:00	186	0			팝핑 시작 후 화력 제거
10:00	194	0			10분 30초 198°C 팝핑 종료
11:00	202	0			202°C 휴지기 배출
12:00					
13:00					
14:00					
15:00					
16:00					

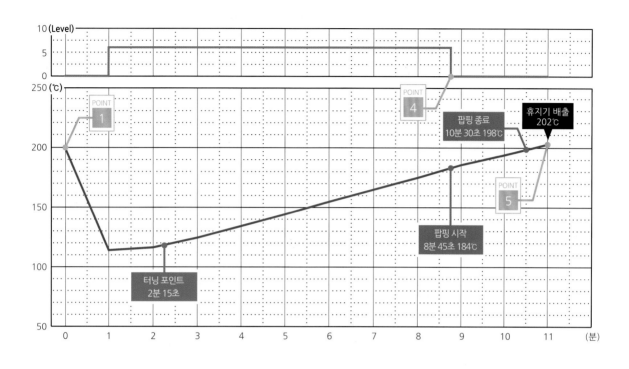

POINT
1 예열 후 투입 온도 200℃

POINT
4 팝핑 도달 시 화력 제거

POINT
2 화력 제거 후 투입

POINT
5 팝핑 종료 후 배출

POINT
3 생두 투입 후 2분 화력 투입

Shop

05 ▶ # 카페뜨락

인천광역시 미추홀구 숭의동

주소: 인천광역시 미추홀구 인중로 13
전화: 032-442-9903
영업 시간: 9am~9pm
홈페이지: https://naver.me/54JUOJdh

인천 미추홀구 숭의로타리 인근에 '카페뜨락'
이 자리한다. 거대하지 않아도 웅장한 느낌을 주
는 출입문이 예사롭지 않다. 한편에 대한민국 명
장의 직인이 찍혀져 있는 것으로 보아 명장의 작
품이라는 것인데, 흥미로웠다. 내부에 들어서니
미니멀한 인테리어 조합이 인상적이다. 그리 넓
지 않은 공간에 기둥이 많지만, 답답하게 만들던
비효율적인 구조를 과감하게 개선한 세련된 디
자인과 실용적인 구성이 돋보이는 좋은 예를 보
여 준다.

전통차와 함께하는 독특한 로스터리 숍…
다양한 맛을 위해 각 대륙을 대표하는 10여 종의 생두를 선별하여 로스팅!

카페뜨락은 공간을 의미한다.

원목을 활용하여 바(bar) 내부를 설계하고 다기장이 연상되는 진열장으로 후면 벽을 모두 채웠다. 바와 통하는 로스팅 룸은 강철 프레임과 통유리만으로 완성하여 독립된 공간이지만 답답함 없이 탁 트인 공간감을 느낄 수 있도록 하였다. 다도와 핸드드립을 교육하는 장소를 독립된 공간으로 꾸미고 휴게 공간과의 구분을 어깨높이 수납장으로 대신하여 연속성을 부여했다. 원목의 따뜻한 느낌에 반하여 넓은 스톤 타일로 바닥을 시공하고, 자연에서 굳어 개미집이 연상되는 진흙 벽돌로 기둥들을 마감하여 중후함과 안정감을 꾀하였다. 커피의 서구적인 차가움에 전통차의 동양적인 따뜻함, 각각의 요소에 독특한 소재를 활용하여 어울리지 않을 것 같은 빈티지함과 모던함이 공존하는 디자인적 아이디어가 돋보인다.

'카페뜨락'을 찾아 커피 문화의 저변을 다지는 신희현 지기를 만났다. 지기는 커피 마니아들 사이에서 닉네임 '뜨락지기'로 통한다. 인천에서 커피를 알만하면 지기의 이름은 몰라도 뜨락지기는 들어봄 직할 것이다. 나를 비롯하여 많은 커피인과 왕래가 자유로운 지기다. 커피 한 잔과 지기의 지난 시간을 부탁하였다.

"전통차와 다도에 심취하여 2009년 15년 다니던 직장을 퇴직하고 시청 인근 전통찻집 '차향이 머무는 뜨락'을 운영하였습니다. 오래된 이미지의 전통차와 달리 전통과 격식에 얽매이지 않은 커피가 전통차를 밀어내고 가장 인기 있는 음료로 넘어가는 과도기였습니다. 그렇다고 대척점에 있는 문화로 여기지 않았습니다. 틈틈이 커피 동호회 활동을 하며 배우고 익힌 커피를 전통찻집을 찾는 손님들과 향유하였습니다. 전환점이 되는 기회로 '신점드립'을 개발한 지인을 통해 핸드드립과 로스팅을

직접 사사받은 이후로는 건강식품으로서의 전통차에 대한 색깔을 유지하며 커피로 입지를 다질 수 있게 되었습니다. 그러던 중 전통찻집을 정리하고 2013년 미추홀구 용현시장 내에 있는 카페로 이전하여 새롭게 시작하였습니다.

이름도 시장이라는 이미지와 어울리게 '마실 카페'로 변경하였습니다. 1kg 로스팅기를 시작으로 안정화를 꾀할 수 있었고, 늘어나는 원두 소매량에 힘입어 지금 사용 중인 3kg 용량으로 대체하게 되었습니다.

지금의 '카페뜨락'은 2021년 9월에 이전하여 오픈하였습니다. 이전의 불편했던 카페 바의 동선과 실용적이지 않은 디자인의 아쉬운 경험이 한몫하였습니다. 오래된 이미지를 새롭게 해석한 '전통차'와 커피 일색인 '로스터리 숍'의 장점을 묶어낸

카페뜨락은 전통차와 함께하는 로스터리 숍이다.
보이차 등 전통차를 위한 공간이 마련되어 있다.

카페 뜨락의 아카데미를 통해 전통차와
핸드 드립을 배울 수 있다.

퓨전형 공간의 필요성을 실감하고, 지금의 자리로 이전하여 '카페뜨락'이란 이름으로 나만의 히스토리를 만들어 가고 있습니다."

전통찻집이라는 공간에 시절 인연이 만나 로스터리 숍을 하고 있다.

"전통찻집 시절 커피로 맺어진 인연이 힘든 시기를 이겨내고 미래를 설계할 수 있게 힘이 되었습니다. 시절 인연들이 더 나은 커피 맛을 위한 나의 고민을 풀어주는 열쇠가 되었습니다. 처음 차가 좋아서 전통찻집을 시작하였고, 커피에 빠져서 전통차와 함께하는 로스터리 숍으로 이어졌습니다. 어느 것 하나 내려놓을 수 없이 나에게는 찻집과 카페 모두 '공간'이라는 의미로 여깁니다." 다도에서는 잔을 비운다는 것이, 곧 한 잔의 차를 더 기다린다는 의미이다. 마침 커피 한 잔을 비우니 보이차를 내놓는다. 커피와 마찬가지로 보이차의 쓴맛도 카페인과 폴리페놀이 만들어낸다. 은은하고 미세하게 단맛 또한 풍만하다. 비우면 채우고, 비우면 채워 가며 대화가 무르익는다. "사람들과 관계를 맺고, 그 공간 안에서 사람들이 연결되는 것이 좋습니다."라고 말하더니, 잠시 뜸을 들이다가 이내 말을 이어간다. "제가 지은 공간에서 맛있는 커피 한 잔과 여유로운 차 한 잔을 통해 삶의 여백을 지워 가는 사람들의 모습을 담아내고, 그런 마음이 통하는 이웃들을 만날 수 있는 카페, 그런 공간을 추구하며 지금도 그려내고 있습니다.

맛있는 커피를 만들기 위해 욕심을 부리는 만큼 평소 맛있는 음식에도 관심이 많습니다. 그중에도 몸을 살리는 음식에 더욱 관심이 많습니다. 내가 접했던 다양한 차도 몸을 살리는 음식 중 하나입니다. 그러한 차와 많이 닮아 있는 핸드드립 커피가 좋았고, 그 핸드드립을 잘 표현할 수 있는 원두를 손수 만들기 위해 로스팅을 시작했습니다."

개성 있는 커피로 인식되다.

"처음 커피의 시작은 내가 좋아하는 커피로 호기심을 충족하였습니다. 하지만 지금의 커피는 다양한 사람들이 좋아할 수 있는 커피를 추구한다고 자신합니다. 맛있는 커피가 한 잔의 요리라면 그

밀도가 높은 양질의 생두이다.

잘린 단면을 관찰하여 평가하는 방법. 고형물과 세포조직이 층을 형성하여 높은 밀도로 조직화한 모양이라면 양질의 생두이다. 더해서 점액층이 선명하고 굵게 이어져 있을수록 좋은 생두이다.

고형물이 부족한 생두이다.

요리의 시작은 생두에서 비롯됩니다. 생두 정보는 틈틈이 다른 로스터나 커피 동호회를 통해 공유합니다. 변화에 유연하게 대처하기 위해 얻은 정보를 토대로 거래하는 유통회사에 수시로 샘플을 요구하여 양질의 생두를 구합니다. 테스트는 생두 단계에서 리올로지에 의한 평가 방법을 따르고 있습니다. 비록 원산지별로 그 고유의 등급제를 따르고 있더라도, 품질과 가격은 비례하지 않기 때문에 좀 더 객관적인 방법으로 테스트합니다.

전통적으로 고산 지대에서 생산되는 생두를 양질의 생두로 인정합니다. 양질의 생두는 고형물 함량이 풍부하고 단단하며 경도가 높은 생두입니다. 고도가 높아 일교차가 큰 것이 커피나무에는 심한 스트레스로 작용합니다. 그렇지만 그 스트레스로 인해 생성되는 물질이 우리에게 진한 커피 향과 맛을 선물합니다.

일교차가 큰 만큼 낮은 빙점을 유지하기 위해 커피 맛의 원천인 단백질과 오일 성분이 밀도 있게 자리하여 좋은 커피로 인정받습니다."

리올로지(Rheology) 평가

"리올로지 평가 방법은 커피 로스터를 위한 가이드북《커피디자인》에 소개된 방법입니다. 리올로지는 물질의 변형과 유동에 관한 학문으로 천연 물질에 외력을 가했을 때 물질의 탄성, 소성, 점성, 점탄성 등의 성질과 물질의 변형 및 흐름의 특성을 규명하고 정량적으로 표현한 학문입니다. 생두나 원두의 특성을 '리올로지'라는 학문에 적용하여 양질의 커피를 구별하는 방법으로 연역적으로 연구하여 새롭게 고안한 방법입니다. 어쩌면 '생두는 원산지별로 그 고유한 등급과 합당한 가격이 매겨져 있는데 군이 또 테스트

추출을 하는 동안에도 폼 모양을 유지한다.

카페뜨락의 핸드드립 커피는 고형물의 질감이 풍부한 생두를 선별하여 로스팅을 통해 다양하고 지속성이 긴 맛과 향이 특징이다.

를 해야 하나?'라고 반문할 수 있을 것입니다. 하지만 경험 많은 로스터라면 신뢰는 하되 무조건 따르지는 않습니다. 앞서 언급했듯이 나라마다 그 고유한 등급제를 따르고 있습니다. 표고차에 의한 품질 평가는 확실히 객관적인 기준을 제공하지만, 나라마다 표고의 기준 높이가 다르고, 생두의 크기나 결점 두에 의한 품질 평가 방법은 양질의 생두를 전제로 했다고 보기 어렵습니다. 여기에 전문 감별사가 '커핑(Cupping)'을 하여 평가하는 관능적 평가 방법으로 유통되는 생두는 '개성이 강한 커피'라는 말로 지극히 주관적이기 때문입니다.

리올로지에 의한 평가 방법은 누구나 쉽게 할 수 있습니다. 만약 경도 시험기나 적외선을 스캔하여 평균값을 구하는 색도계, 밀도 측정기 등이 있다면 정량 분석이 가능합니다. 하지만 개인이 보유하기에는 고가의 장비들입니다. 이러한 장비는 제쳐 두고, 생두를 칼로 잘라 보고 원두는 눌러 보는 방법으로 세포 조직이 단단한지 무른지 등의 물리적 특성으로 가늠하여 판별할 수 있습니다.

양질의 생두일수록 쉽게 잘리지 않으며, 잘리는 생두의 소리, 느낌, 튕김 등으로 나타나는 다양한 반응을 관찰하고 경험치에 더해 판별합니다.

양질의 생두를 자를 때는 탄성이 느껴집니다. 마치 단단한 고무를 자르는 것처럼 잘 잘리지 않다가 마지막에 탄성이 느껴지며 잘립니다. 튕기기도 합니다. 이는 생두에 반고체 상태의 고형물이 다량 축적되어 점탄성의 특성을 띠기 때문입니다. 그와는 반대로 품질이 떨어지는 생두를 자를 때는 부스러지는 느낌으로 쉽게 잘립니다. 이는 고형물 함량이 낮고 목질화한 섬유소 비중이 높기 때문입니다. 자른 단면은 센터컷(center cut) 주위로 비어 있는 층이 보이고, 점액질층이 얇게 이어져 있거나 끊어져 있는 것을 확인하는 것으로 탄성이 부족하고 조밀하지 않으며 고형물 함량 또한 낮음을 육안으로 구분할 수도 있습니다.

일반적으로 생두의 색을 관찰하여 신선도를 판

좌측이 양질의 원두이다. 양질의 원두일수록 중량 대비 부피가 낮다.

버닝 로스팅기 1kg 로스팅기로 시작하여 안정화를 이룬 다음, 원두 판매의 증가에 따라 위 3k 드럼으로 증설하여 사용하고있다.

단하기도 합니다. 밝고 선명할수록 신선하고, 어둡거나 변색한 생두는 그 가치를 낮게 평가합니다. 그밖에 비중을 이용하는 방법 또한 효용성이 큰 방법입니다. 두 개의 개량 컵에 생두를 담고, 담긴 높이를 측정하는 방식입니다. 양질의 생두일수록 중량 대비 부피가 낮게 차오릅니다. 그만큼 밀도가 높기 때문입니다. 그렇지만 생두를 구성하는 세포조직의 두께 차이로 인해 같은 품종의 생두를 평가할 때 주로 사용하는 방법입니다.

고형물 함량이 높은 생두는 향미가 풍부합니다. 고형물이 많다는 것은 로스팅 과정에서 열화학 반응의 재료가 풍부하다는 것을 증명하며, 다양하고 풍부한 향미로 발현합니다. 이는 우리가 원하는 깊고 풍부한 커피의 원천이 되는 물질입니다.

리올로지 평가는 경험이 쌓일수록 보다 선명하게 판별할 수 있습니다. 만약 가성비 좋은 생두를 구한다면 매우 효율적인 방법입니다.

양질의 생두를 구하고, 언제나 좀 더 맛있게 볶도록 최선을 다합니다. 제가 로스팅에 임하는 마음가짐입니다. 좀 더 약하게 볶거나 강하게 볶아 내는 방식이 아닙니다. 이전보다 나은 결과물을 위해 논리적으로 찾아가는 방법으로 기준을 세우고 로스팅합니다. 항상 로스팅 일지를 기록하고 테스트하며 분

석합니다. 이전 기록을 토대로 화력이나 댐퍼를 운용할 때 최소한의 변화를 주며 로스팅합니다. 실패하지 않고 점진적으로 나아지는 방법으로 여기고 있습니다. 분명 무수히 반복되는 과정에서 맛과 향이 생겨나는 메커니즘을 알게 되고, 원두의 변화를 읽어 내는 통찰력이 쌓일 거라고 말씀드립니다.

일부러 특정한 맛과 향을 도드라지게 로스팅하지 않습니다. 그렇다고 로스터들 사이에서 유행하는 볶음도에 기대지도 않습니다. 물론 품종마다 특징적인 맛과 향이 있지만, 그 품종 특성을 깨우기 위해서는 약하게 볶지 않고, 적정 시간 충분한 열량을 공급할 때 발휘됩니다.

같은 품종이더라도 그해 작황이 다르고, 그날의 로스팅 환경 또한 다르다는 것을 고려하여 항상 좀 더 맛있게 볶도록 집중합니다. 지금은 저만의 개성이 묻어난 로스팅을 하고 있다고 주위에서 평가해 줍니다."

반복되는 인터뷰를 통해 오랜 경험을 쌓은 로스터는 저마다 시스템화한 로스팅을 구현하고 있었다. 그 시스템은 주관적이지 않고 객관적이다. 과학적이기 때문에 검증 또한 가능하다. 생두의 선정

커피뜨락의 콜드브루

커피뜨락의 드립백 커피

에서 추출에 이르기까지 유기적 선상 위에 올려두고 논리적으로 풀어내었다.

이들은 유연하게 사고한다. 오랜 기간 다양한 시도와 변화로 변곡점을 격기도 하지만, 이러한 경험들이 스스로 자양분이 되어 커피의 맛과 향은 더욱 풍부하고 깊어진다는 사실을 몸소 체득하고 있었다. 지금도 대응 기술의 변화를 줄 수 있는 요소를 발견하면 흥분한다.

카페뜨락의 원두

"고객이 요구하는 다양한 맛을 충족하기 위해 각각의 대륙을 대표하는 10여 종의 생두를 선별하여 로스팅합니다. 무엇보다 커피의 고형물이 풍부하고 밀도가 높은 생두를 선별하여 로스팅합니다. 고지대의 생두일수록 활동성 저하로 고형물을 포함한 섬유소가 오랜 시간 겹겹이 축적되어 밀도가 높고 맛 성분과 향 성분의 근간인 단백질과 지질의 함량이 높다는 사실에 초점을 맞춰 양질의 생두로 여기며 구합니다.

'흔히 밀도가 높은 생두는 로스팅하기 어렵다'고 하지만 꼭 그렇지만은 않습니다. 시간에 대응하여 화력을 조절하고 가늠하여 댐퍼를 조절하는 기본적인 메커니즘은 동일합니다. 시간과 화력은 더하지만 댐퍼는 좀 더 닫아 주는 메커니즘을 적용하면 원하는 결과물을 끌어낼 수 있습니다. 밀도가 높아 로스팅 중 고온에 노출되는 원두의 세포조직이 쉽게 무너지지 않은 만큼, 원두의 특성을 최대한 끌어낼 수 있도록 해야 합니다. 간혹 원두의 개성은 강하지만 기준보다 무른 생두는 약하게 볶기도 합니다.

고객을 상대하는 영업에서 취미라면 모르겠지만, 정통적인 커피 맛을 제공하자는 신념이 카페뜨락의 철학이 되었습니다."

카페뜨락의 볶음도

내가 볶은 커피를 누군가에게 먹이고 싶은 심리가 로스터리 숍을 하게 한다. 고객과 나는 상호관계다. 하지만 지급한 금액만큼 가치가 있을 때 비로소 동등해진다.

　"생두에 관한 지식과 핸드드립에 의한 추출 기술이 로스팅과 통합되고 추구하는 커피 맛을 고객의 입맛에 맞출 수 있는 일련의 과정에서 평균보다 높은 중강볶음을 하게 되고, 카페뜨락을 대변하여 개성 있는 커피로 인식되었습니다.

　최근 들어 스페셜티 생두를 취급하는 카페가 많아지면서 신맛을 강조하는(스페셜티=신맛) 분위기가 카페들 사이에 조성되었습니다. 이러한 흐름에 카페뜨락 또한 약볶음에 어울리는 일부 스페셜티 원두도 취급하여 중강볶음을 통해 맛볼 수 있는 풍미와 단맛도 제공하며 커피의 다양성을 알리고 있습니다."

커피의 맛과 향은 조화되어 향미로 표현된다.

　카페 뜨락의 핸드드립 커피는 온 신경을 집중하여 커피 본연의 맛을 끌어내고, 숙성으로 다듬은 원두를 섬세하게 추출한 커피다. 모든 종류를 마셔보고 싶은 충동이 밀려온다.

　고형물의 질감이 풍부한 생두를 선별하여 로스팅을 통해 다양하고 지속성이 긴 맛과 향으로 풍요롭게 만들었다. 곶감처럼 말린 과일 향이 나는가 하면 농익은 과일의 단 향과 산미가 난다. 쌉싸름한 호두 향이 나오고 뒤이어 열감이 묻어나며 삼나무의 향이 여운으로 뒤따른다. 커피를 마시는 내내 입도 즐겁고 몸의 기운도 충만해지는 기분이다.

카페뜨락의 생두는 엄격한 선별 과정을 거쳐 로스팅한다.

오일의 수중 유적

　지기의 핸드드립 커피는 맛과 향이 수중 유적의 형태로 커피의 오일에 녹아 있다.

　커피의 향은 커피의 향미를 느끼는 데 결정적이지만, 불안정한 상태로 커피에 녹아 있다면 커피의 순간만을 장식하고 이내 사라질 것이다.

　로스팅하는 동안 만들어지는 커피의 맛과 향은 지속해서 휘발하지만, 단백질 분해 물질에 소량 녹고 오일에 다량으로 포집된다. 지기의 핸드드립 커피가 담긴 잔을 비스듬히 살피면 다양한 색깔로 오일에 녹은 맛과 향이 엿보인다. 약볶음에선 볼 수 없는 오일이 수중 유적 형태로 부유해 있는 것이다. 지금 마시는 커피는 단맛이 중심을 잡고 건조한 과일의 신맛과 감칠맛에 수렴된 쓴맛이 조화된 향미를 간직한 맛이다.

맛있는 커피와 핸드드립

로스터리 숍은 일반적인 카페나 프렌차이즈와 다르게 긴 시간 쌓은 지식과 경험에 근간이 되는 기술이나 철학을 종합적으로 보여 주는 진화한 커피숍의 최종형일 것이다.

카페뜨락의 남다른 점과 아쉬운 점을 물었다.

"원두의 신선함이나 원하는 커피 맛을 연출할 수 있다는 점이 로스터리 숍의 가장 큰 장점입니다. 더하여 커피와 어울린다면 다양성 또한 꾀할 수 있습니다. '카페뜨락'은 커피는 물론 전통차와 직접 만드는 수제 차가 있습니다. 전통 찻집에서 만날 수 있는 다양한 메뉴의 차가 있고 직접 만드는 수제 차까지 많은 이들이 애용하고 맛을 인정해 주고 있습니다.

한편으론 핸드드립 커피의 장점에 대해서 잘 알려지지 않아 아쉬울 때가 종종 있습니다. 커피를 너무 쓰기 때문에 먹지 않는다는 손님을 만나면 핸드드립 커피를 더욱 권하고 싶을 정도입니다. 특히 '신점드립' 방법으로 추출한 커피는 손님들의 다양한 커피 취향을 맞출 수 있다고 널리 알려주고 싶습니다. 그 바람으로 핸드드립 프로그램을 통해 다양한 사람들이 핸드드립을 시도해 볼 수 있도록 핸드드립 공간을 오픈하여 접근성을 높였습니다."

카페뜨락의 수제차

카페뜨락의 핸드드립 공간

카페뜨락의 커피 로스팅

[생두 선별]
▼

로스팅 전과 후 2회 결점두를 꼼꼼하게 제거한다. 작은 구멍이 보이는 벌레 먹은 생두, 땅에 떨어져 발효되어 검게 되고 흙냄새가 나는 생두, 건조 과정에 상처가 생기거나 비 맞은 생두, 곰팡이 핀 생두, 연한 색상의 덜 익은 미성두 등을 가려내는 작업이다. 이 중에 검게 변한 생두나 벌레 먹은 생두는 로스팅 전에 잘 보이고, 미성숙 원두나 셀빈 등은 로스팅 이후에 잘 드러난다.

[예열 과정]
▼

· 첫 배치와 다음 배치를 비교하여 중점 변화가 없도록 충분하게 예열한다.
· 그날의 온도, 습도, 기압을 고려하여 충분한 예열로 로스팅기를 안정시킨다. 만일 비나 바람이 심하다면 안정되는 시간을 고려하여 로스팅 시간을 서두르거나 미루어 대응한다.

[투입]
▼

그날의 온도, 습도, 기압을 고려하여 투입 온도를 보정한다.

[초반 화력과 댐퍼]
▼

· 충분한 열분해 반응을 유도하기 위하여 충분하게 예열하고 좀 더 낮은 온도에서 생두를 투입한다. 이후 댐퍼를 닫고 일정한 화력을 유지한 채 진행한다. 이는 원두 표면으로 가해지는 열에너지를 낮추고 효율적으로 원두 내부로 열에너지를 전달하기에 유용한 방법이다.
· 터닝포인트를 기준으로 초기 화력을 조절하여 팝핑 지점까지 유지한다.
· 원두가 갈변하기 시작한다. 이는 원두 내부와 외부에 고른 열전달이 이루어져 열적 평형이 이루어진 상태를 의미한다. 댐퍼를 좀 더 열어 고른 열분해 반응을 진행한다.

[밀도가 높은 생두의 팝핑과 크랙]
▼

· 밀도가 높은 생두는 보다 높은 온도에서 좀 더 긴 시간 팝핑과 크랙이 지속된다.
· 팝핑과 크랙을 기준으로 원두 조직이 두텁다면 연결음이 발생할 때 댐퍼를 열어 주고, 조직이 얇다면 팝핑과 크랙이 간헐적으로 시작할 때 댐퍼를 열어 준다.
· 팝핑과 크랙 구간을 지날 때마다 대응하여 화력을 낮춘다. 팝핑 이후 원두의 부풀음이 발생하여 드럼 내부에 부하로 작용한다. 원활한 대류열의 흐름을 위해 댐퍼를 좀 더 열어 준다.

[마무리 및 핸드픽]
▼

· 밀도가 높고 구성하는 세포 조직이 두터운 원두일수록 길고, 세포 조직이 얇을수록 일찍 마무리한다.

[평가]
▼

로스팅한 원두는 다음 날 매장 직원이나 지인들과 핸드드립으로 추출하여 평가한다.

[스케줄 종합]
▼

생두는 블레스빈과 알마씨엘로 업체에서 구매한다. 다양한 품종과 양질의 생두를 합리적인 가격으로 구매하기 위해 이원화로 선택의 폭을 넓혔다.
현재 '버닝 3k' 로스팅기를 사용한다. 드럼 용량의 한계로 납품보다는 소매 판매를 지향한다.
약볶음의 신맛을 지양하며, 중강볶음의 단맛으로 기준을 세우고 다크초콜릿의 풍미를 지향한다.
로스팅은 이틀에 하루씩 진행하고, 품목별로 소매나 납품의 주기를 고려하여 10배치 전후로 로스팅한다.
로스팅은 계절의 따른 날씨 변화와 그날은 온도, 습도, 기압 등을 고려한다. 축적된 데이터를 참고하여 화력을 설정하고 댐퍼를 조절하여 로스팅한다.

Roasting @ 카페뜨락

화려하고 강렬하게 발현되는 아프리카 커피의 특성을 대담하게 품었다. 칠레 와인을 빼닮은 포도 향이 세련되고, 부드러운 목 넘김으로 이어지는 여운으로 미소 짓게 한다.

ROAST DATA
☐ 로스팅 스케줄: 주 3~4회 /1회에 5배치, 야간에 로스팅한다.
☐ 로스팅기: 버닝 3kg/ 반열풍/ 도시가스

ET Koke Honey (3kg)

☐ 주변 환경: 영상 1℃, 습도 50%, 6 pm
☐ 버닝: 3kg
☐ 타입: 반열풍 로스팅기

시간 (분)	원두 온도 (℃)	가스 압력(mmH2O)	댐퍼(1~10)	현상
0:00	220			
1:00	71	30	2	터닝 포인트
2:00	95	30	2	
3:00	116	50	2	
4:00	132	50	2	
5:00	145	50	2	
6:00	157	50	2	
7:00	166	20	2	170℃/7:25 → 화력20
8:00	176	60	2	
9:00	182	70	2	
10:00	193	80	2	
11:00	207	0	8	
12:00	211	50	5	205℃/ 10분 50초 팝핑
13:00	215	50	5	
14:00	224	50	10	225℃/ 14분 08초 배출
15:00				

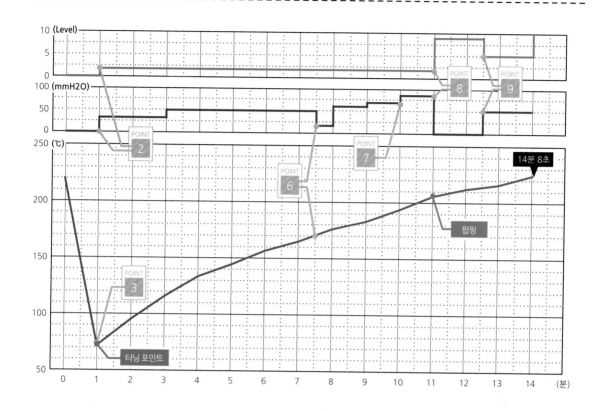

POINT 1
220℃까지 2회에 걸쳐 예열한다.

POINT 2
220℃, 댐퍼 2, 화력 off 상태에서 투입한다.

POINT 3
터닝포인트 확인 후 화력을 결정하여 팝핑까지 일정한 화력으로 진행한다.

POINT 4
터닝포인트 68, 화력 50

POINT 5
로스팅이 진행되는 시간을 고려하여 미세하게 화력의 변화를 준다.

POINT 6
170℃에서 캐러멜화 구간을 늘기기 위해 잠시 화력을 낮춘다.

POINT 7
팝핑 지속 시간을 단축하고 원활한 팝핑을 유도하기 위해 반응 1분 전 화력을 올려 준다.

POINT 8
팝핑 초반에 화력을 낮추고, 2로 유지하던 댐퍼를 8로 열어 준다.

POINT 9
1분 30초 후 다시 화력 5, 댐퍼 5로 조절한다.

POINT 10
풍부한 향미가 개발된 포인트를 찾아 배출한다.

POINT 11
225℃에서 배출

POINT 12
2분 이내 신속히 쿨링한다.

Roasting @ 카페뜨락

유럽인들을 사로잡은 케냐AA는 압도적이다. 커피의 한계에 도전하는 듯한 맛과 향, 목에 걸리는 듯한 바디감은 그 어떤 원두와 비교되는 걸 거부한다. 그 꽉 들어찬 맛은 누구에게도 절대적인 만족을 선사하며 맛있는 커피의 한계에 도전한다.

ROAST DATA

□ 주변 환경: 영상 2℃ / 습도 30%
□ 버닝: 3kg
□ 타입: 반열풍 로스팅기

케냐 AA Kirinyaga Guama 2k

□ 생산: 바라귀(Baragwi) 조합
□ 지역: 키리냐가(Kirinyaga)
□ 가공소: 구아마(Guama)
□ 재배고도: 1,650m~1,800m
□ 품종: SL28, Ruiru11
□ 가공방식: 워시드 가공

시간 (분)	원두 온도(℃)	가스압력(mmH2O)	댐퍼(1~10)	현상
0:00	220		2	
1:00	72	20	2	터닝 포인트 확인 후 화력 20으로 시작
2:00	93	20	2	
3:00	114	30	2	
4:00	130	30	2	
5:00	144	50	2	
6:00	156	70	2	
7:00	168	10	2	170℃에서 1분간 화력 10
8:00	177	80	2	
9:00	186	100	3	
10:00	200	0	8	팝핑 200℃/ 10분 05초
11:00	205	50	8	
12:00	206	50	5	
13:00	215	50	5	
14:00	228	50	5	배출

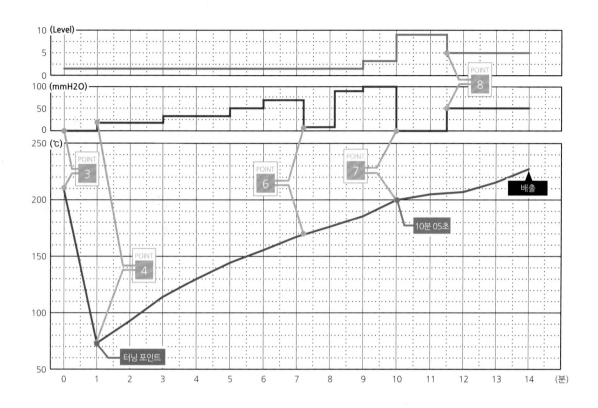

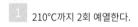

터닝 포인트

10분 05초

배출

POINT
1 210°C까지 2회 예열한다.

POINT
2 생두 용량이 2kg인 것을 고려하여 회전수를 50에 맞춘다.

POINT
3 210°C에서 화력을 끄고 생두를 투입한다.

POINT
4 터닝 포인트 72°C 확인하면 점화하여 화력 20으로 진행하고, 댐퍼는 2로 팝핑까지 유지한다.

POINT
5 6분 156°C에서 원두의 갈변이 확인되면 화력을 70까지 올린다.

POINT
6 170°C에서 화력 10까지 내려 1분간 유지하여 전도 구간을 늘려 주는 효과를 기대한다.

POINT
7 200°C/10:05에서 팝핑이 시작되면 화력을 끄고, 댐퍼 값은 8로 열어 1분 30초간 유지한다.

POINT
8 연결음이 잦아들면 화력 50, 댐퍼 5로 조정하고 227°C까지 진행한다.

POINT
9 227°C에서 불을 끄고, 228°C에서 댐퍼을 완전 개방하며 배출한다.

POINT
10 2분 이내 쿨링한다.

위스키를 즐긴다면 과테말라 안티구아에 빠져들 수
밖에 없다. 풍부한 맛과 향이 변화무쌍하여 어지럽
다. 맛의 폭이 넓고 화사하지만, 향만큼은 은연중에
몽환적으로 다가온다. 분명 독특한 개성을 일궈낸
특별한 커피다.

> **ROAST DATA**
>
> ☐ 주변 환경: 영하 2℃/ 습도 50%
> ☐ 버닝: 3kg
> ☐ 타입: 반열풍 로스팅기

② 과테말라 안티구아 3kg

☐ 생산국: 과테말라
☐ 지역: 안티구아
☐ 재배고도: 1,500m~1,800m
☐ 가공방식: 워시드 가공

시간 (분)	원두 온도 (℃)	가스 압력(mmH2O)	댐퍼(1~10)	현상
0:00	220		2	
1:00	70	30	2	
2:00	90	50	2	터닝 포인트 확인 후 온도 조절
3:00	113	50	2	
4:00	130	60	2	
5:00	143	70	2	
6:00	156	80	2	
7:00	169	10	2	1분간 화력을 줄여 준다
8:00	178	80	2	
9:00	188	100→120	3	
10:00	204	0	8	팝핑
11:00	210	0	8	
12:00	212	50	4	
13:00	222	50	4	
14:00	228	0	10	228℃/13분 30초 배출

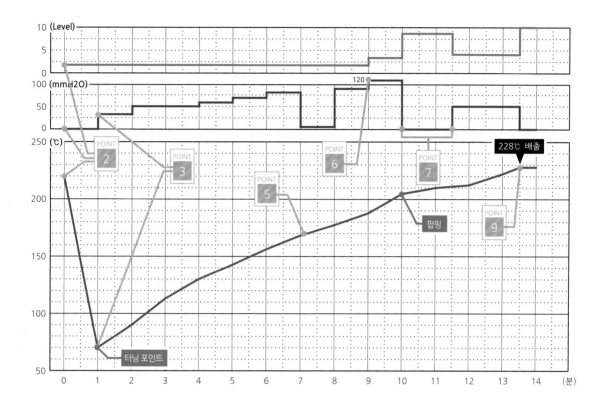

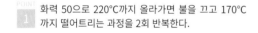
터닝 포인트

POINT 1 화력 50으로 220℃까지 올라가면 불을 끄고 170℃ 까지 떨어트리는 과정을 2회 반복한다.

POINT 2 220℃에서 댐퍼 2, 화력 0으로 조절하고 생두를 투입 한다. 이는 터닝 포인트가 70℃에서 이루어지도록 조 건을 만든 것이다.

POINT 3 터닝 포인트 확인 후 댐퍼 값을 유지한 채 30%의 화 력으로 로스팅을 진행한다.

POINT 4 주의 깊게 살피며 불안정한 온도 변화가 확인되면 소 폭 조정한다.

POINT 5 7분, 170℃에 다다르면 드럼의 회전수를 10회 정도 줄이는 방법과 화력을 줄이는 방법 중에 선택하여 전 도 구간을 확장한다.

POINT 6 팝핑 이전에 화력을 120%까지 올려서 일괄 팝핑을 유도한다.

POINT 7 팝핑과 크랙 사이, 진행 시간을 3분 이상으로 조절하 기 위해 팝핑의 연결음이 잦아들면 화력을 1분 30초 가량 끈다.

POINT 8 230℃에 크랙이 온다고 가정했을 때 228℃에서 배출 한다.

POINT 9 2분 안에 쿨링한다.

Shop 06 ▶ 밀로커피 로스터스
millocoffee roasters

서울특별시 마포구 동교동

주소: 서울특별시 마포구 양화로 18안길 36
연락처: 02-554-3916
영업시간: 12:00~22:00
정기휴일: 연중무휴
홈페이지: http://www.millocoffee.com

홍대 앞에는 커피숍이 정말 많다. 새로 생기는 곳도 많고, 그만큼 많이 없어지기도 한다. 홍대 입구역 7번 출구로 나와 13년째 이어온 밀로커피로스터스 대표 황동구 '지기'를 찾았다.

'밀로'는 히브리어로 '채우다'라는 뜻이다. 이곳에서 잠시나마 지친 마음을 위로하고 좋은 기운을 채워가기를 바라는 마음이다. 지기는 1994년 가족 중의 한 분이 운영하는 카페 Bistro에서 시작하였다. 이후 1998년 개인 커피숍을 열고 2003년이 되어서 건대 근처로 이전하여 첫 로스터리 숍을 시작하였다. 2008년 지금의 홍대에 인접한 곳에 자리하여 13년을 한결같이 커피를 하고 있다.

최고가 되기 위해 끊임없이 경험하고 익히며…
전통적인 메뉴를 현대적으로 해석하여 만들어 낸 산뜻한 밝은 맛의 커피

명품의 이미지가 떠오른다.

화이트로 연출한 외관이 좌우로 길다. 중앙에 출입문이 있고 출입문을 기준으로 왼쪽에 큰 통유리가 자리하고 오른쪽으로는 십자(+) 모양으로 창을 설치하여 재미있는 디자인과 시원한 맛을 연출하였다. 내부 또한 화이트로 칠하여 햇살 가득 머금은 유리창으로 인해 자칫 비좁을 수 있는 공간을 흥미롭게 꾸며내었다. 한편 우드로 꾸며낸 카페 바(bar)와 진열장은 화이트 콘셉트와 대비되어 차분하면서 따뜻한 느낌을 살려내었다. 소담하지만 고급스러운 연출이 돋보인다.

유심히 살펴보면 커피와 관련한 머신과 기구들 또한 커피를 한다면 누구나 탐낼 만한 물건들이다. 이곳은 핸드드립으로 알려졌고, 에스프레소를 대신하여 진하게 내린 핸드드립으로 만든 몽블랑이 유명하다. 쌉쌀하면서 부드럽고 구수한 말차가 빛바랜 메뉴판에 자리하니, 유행을 선도하는 홍대에서 가장 전통적인 메뉴로 오롯이 커피에 집중하는 남다른 철학을 지녔다.

최고가 되기 위해 끊임없이 경험하고 익히며, 최상의 재료를 사용하고, 전통적인 메뉴를 현대적으로 해석하여 그만의 스타일로 완성하기까지, 숨은 노력이 깃든 밀로커피 로스터스는 진정 명품이라 할만하다.

커피, 사람, 재즈가 만나는 공간을 지나 2층 로스팅 공장을 둘러보고 대화를 이어간다.

지기 또한 한번은 들었을 법한 이야기로 커피를 시작하였다. "커피가 좋아 시작한 카페입니다. 하지만 반복되는 일상이 무료했습니다. 그러다 문제의 원인을 파악해 보고 해결하기 위한 노력으로 로스팅을 공부하기 시작했습니다. 로스터리 숍이라면 나만의 커피를 하며, 좀 더 커피에 집중할 수 있을 거라는 확신이 들었습니다."

프랜차이즈를 찾는 손님은 그 회사의 맛을 경험하기 위함이지만, 개인이 운영하는 카페는 주인의 손맛을 경험하기 위해 찾는다. "이태리의 에스프레소가 기계적인 메커니즘에 의미를 두고 추출 원리를 적용했다면, 일본의 핸드드립은 온전한 핸드메이드 방식으로 추출 원리에 기반한 메커니즘을 드립포트, 드립퍼, 필터, 서버에까지 적용하여 발전시켰다."라는 말은 곧 전자는 프랜차이즈에 유리하지만, 후자는 개인 커피숍에 유리한 형태로 경쟁력을 키울 수 있다는 것을 말해 준다.

"직접 커피를 볶기 시작하기로 하고 ㈜태환자동화산업의 THCR-01 1.5kg급 로스팅기를 구매하여 도전하게 되었습니다. 그 당시 커피를 배우기에 마땅한 서적이 없었죠. 일본의 이름 있는 로스터리 숍들을 찾으며 경험하고, 눈으로 익히며, 일본에서 출판된 다양한 커피 서적을 번역하여 공부하며 로스팅을 익혀나갔습니다. 그때는 참 많이도 버려 가며 볶기를 반복하고 또 반복했습니다. 커피에는 정년이 없기에 시간은 제 편이었습니다. 시간에 따라서 향의 변화, 색의 변화, 무게와 부피의 변화, 맛의 변화, 따뜻했을 때와 식었을 때의 맛의 변화 등으로 분류하여 도식화하였습니다. 로스팅의 작은 차이가 핸드드립으로 잔에 담겼을 때 영향을 줄 수 있다는 걸 체감하고 인지할 즈음에는 자긍심도 생겨났습니다. 로스팅기만큼 핸드드립 그라인더에 관심을 가진 이유입니다."

새로 입고한 생두는 샘플 로스팅 후 커핑 테스트를 통해 프로파일을 완성한다.

커피의 향, 입안으로 맡는다.

흔히 향은 코를 통해서 숨을 들이쉬는 순간에 맡는 거라고 여긴다. 그리고 그 맛은 입안에서 느낀다고 생각한다. 이 통념은 일부의 사실만을 반영한다. 그 일부의 사실만을 반영한 인식이 추출과 로스팅에는 답이 없다는 말로 진실을 외면하기 일쑤다. 플레이버휠에서조차 휘발이 느리게 일어나거나, 오일에 녹아 있어 코로 맡기 어려울 정도로 천천히 방출되는 향을 표현할 때 'palate'로 표기한다. 분명 향의 포집 형태에 따라 코로 맡을 수 있는 향이 있고 입안에서 잘 맡을 수 있는 향이 따로 있는 것이다.

밀로커피 로스터스의 아메리카노는 미향으로 화려하다. 커피의 구성 성분 중에 지질(오일) 성분은 생두에서, 로스팅 중에, 원두 보관 등에 직간접적으로 중요하게 관여한다. 생두를 보호하고 발아에 필요한 에너지원이 되며, 로스팅하는 동안 열전달 매개체가 되고, 열분해로 생성되는 맛과 향기 성분을 포집하는 기능이다. 블렌딩이라도 약볶음 원두를 추구하는 지기의 스타일에 감응하여 자칫

화려하기만 할 거라고 여겼다. 그러나 안정감과 입체감으로 그려지는 맛과 골격이 둥근 향으로 선명하다. 칠레산 와인처럼 신선하고 유순한 느낌의 맛과 향을 좀 더 중후한 맛으로 다듬어 내었다. 복합적인 유연함으로 중심을 세우고 실키한 산미가 맛과 향을 왕래하며 훑고 지나간다. 분명 좋은 생두를 개발해서 만들어 낼 때 향유할 수 있는 세련된 맛이다.

원두와 그라인더 간의 궁합

"표고차에 의해 분류된 생두는 고지대일수록 양질의 생두가 생산됩니다. 지리적 기후의 불리함으로 그 크기가 제각각인 경우가 많아 풍부한 고형물을 담보로 신맛, 단맛, 쓴맛의 스펙트럼이 넓게 생성됩니다. 양질의 생두라면 비교적 균일하게 분쇄되는 그라인더를 사용해도 좋습니다. 원두 본연의 개성과는 거리가 생기더라도 풍부한 고형물이 담보된 이유로 크러쉬 버(Crush Burr)와 같이 돌기가 교차하며 부스러뜨리는 방식도 선호합니다. 그러나 고형물이 담보되지 않은 저지대의 원두는 비교적 균일하게 분쇄할 수 있는 평면형(Flat Burr)의 그라인더가 그나마 원두의 개성을 그대로 표현할

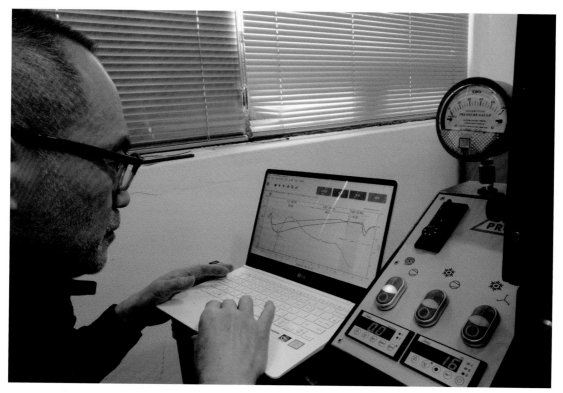

라이트 로스팅 쪽에 근접할수록 커피 맛이 다양하게 표현된다. 산뜻하고 밝은 맛의 커피를 만들기 위해 팝핑 끝의 중간쯤에서 로스팅을 종료한다.

수 있습니다.

　스크린에 의해 분류된 생두는 단맛을 중심으로 바디감이 좋습니다. 외관상 일정한 크기로 분류하기 때문에 로스팅하는 동안 열분해가 비교적 동 시간대에 진행됩니다. 그로 인해 맛의 스펙트럼이 좁지만, 그만큼 집중되는 맛으로 인해 바디감이 높게 형성됩니다. 그 원두 본연의 개성을 떠나 맛과 향을 좀 더 폭넓게, 다양하게 음미하고 싶다면 크러쉬 버(Crush Burr)의 그라인더가 좋을 것입니다. 그대로 더욱 집중되는 바디감을 원한다면 평면형(Flat Burr) 그라인더가 원두의 개성을 그대로 표현할 수 있는 그라인더로 선택하게 됩니다.

　Crush Burr에 비해 Flat Burr는 날의 변형이나 마모에 안전하지 못하여 대다수의 커피인들이 민감하게 받아들입니다. 저 또한 전혀 아니라고 부정할 순 없지만 어느 누구보다 비교적 관대하게 받아들이고 있습니다.

　품질이 떨어지는 원두가 아닌 이상 일정한 마모까지는 맛과 향의 폭을 넓혀 주는 것으로 여기고 있습니다. 일정한 마모까지는 Flat Burr의 특성이 Crush Burr의 특성으로 변하는 과정으로 받아들입니다. 마모가 진행된 만큼 연질의 채프는 쉽게 절삭되지 않게 됩니다. 상대적으로 제거하기가 쉬워집니다. 그만큼 미분 또한 담보할 수 있습니다. 핸드드립의 영역에서 그런대로 장점으로 작용하는 것으로 경험하였고 나름대로의 임계점을 설정한 상태로 관대하게 사용합니다."

프로밧 P 타입 (Probat P Type)

　"한동안은 제가 볶은 커피로만 메뉴를 만들었습니다. 시간이 지나 알려지고, 원두 구매를 희망하는 손님들의 요구에 작업량이 점점 늘어났습니다. 그런대로 1.5kg 용량의 로스팅기로 버티고 있었지만, 앞으로 도매에도 의미가 있다고 생각하여 5kg

프로밧 로스팅기는 재연에 유리한 로스팅기이지만 프로파일에 기대지 않고 재현할 수 있도록 로스팅한다.

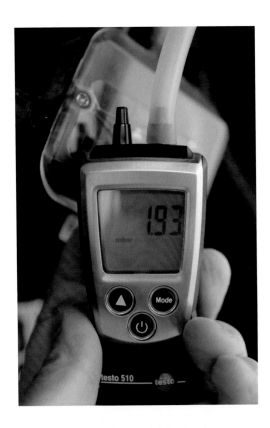

급으로 교체를 미리 준비할 필요가 있었습니다. 한동안 친분이 두터운 로스터리 숍에서 일주일에 한 번씩 프로밧(Probat)과 후지로얄(Fuji royal) 로스팅기를 경험하였습니다. 많이 버려 가며 3kg의 생두로 4회씩 볶으며 스킬을 다졌습니다.

중요하게 여기는 로스팅기의 성능은 열효율이 우수하고 단순하며 편리할 때 맛의 재현성에 유리할 거라 여겼습니다. 1년여의 고민 끝에 프로밧 P 타입1로 결정하였습니다. 충분히 고려한 만큼 간편한 조작으로 맛의 재현성이 높았습니다. 프로밧 회사의 과학에 기초한 연구와 오랜 역사도 비중 있게 고려하였습니다. 이후로 2009년 10월부터 사용하여 현재까지 이어지고 있습니다."

재연과 재현

지기의 지난 얘기를 들으며 문득 재연과 재현성의 경계를 생각해 본다. 좁은 의미로 따라 하기의 재현은 노력한 만큼 성취로 이끌기 어려울 것이다. 통제 변인들을 동등하게 고스란히 설정하여 재현하는 행위는 아무래도 재연성에 가깝다. 변인들이 일부 바뀌었을 때 미리 가늠하고 바뀐 것에 대응하여 자신 있게 판단할 수 있는 '개념 재현'을 추구할 때 재연이 아닌 재현성을 논할 수 있을 것이다. 그런 면에서 측정 시스템으로 프로파일을 채택하여 데이터를 분석하고 품질을 개선하려는 노력을 기울이는 행위로 재현성을 구현할 수 있을지는 의문이다. 그렇다고 프로파일 자체를 부정하는 것은 아니다. 아마도 아직까진 개념 간 정합을 알려주는 프로파일을 만나지 못한 것일 수도 있을 테니까.

지기는 비록 간편하게 조작할 수 있는 로스팅기를 구매하여 13년을 사용하고 있지만, "원두의 개성을 아직도 충분히 표현하지 못하고 있다."라고 여기며 더 나은 목표로 로스팅을 한다고 말한다.

로스팅 포인트

"개업 초창기에는 결점두가 없는 깨끗한 생두를 구

매하기 어려웠습니다. 결점두를 고르는 일에 많은 시간과 정성이 필요해 비효율적이었습니다. 그러다 생두 수입사의 관계자와 지리적으로 가까운 일본에 오가면서 좋은 생두가 있음을 알게 되었습니다.

같은 시기 미국 로스터리 숍의 싱글 오리진 에스프레소(Single Origin Espresso)에서 상큼한 과일의 산미를 느낄 때의 경험은 농축된 과일주스를 마시는 듯 혼란한 감정이 들었습니다. 당시에도 나의 로스팅 포인트는 크랙(Crack)을 넘지 않았습니다. 크랙을 넘어간 커피는 내가 마시기에 불편해서 강하게 볶지 않았고, 지금은 팝핑 시작부터 팝핑 끝의 중간쯤에서 로스팅을 끝냅니다. 누구를 따라 하는 것을 몹시 싫어하지만, 경험은 해 봐야겠다고 생각하고 로스팅 포인트를 조금씩 낮추며 테스트를 하였습니다.

라이트 로스팅(Light roasting) 쪽에 근접할수록 커피 맛이 다양하게 표현됨을 느꼈을 때 머릿속이 명확해 졌습니다. 이거다! 산뜻하고 밝은 맛의 커피를 만들기로 방향을 정하고, 2015년 3월 이후로 모든 커피는 싱글 오리진으로 판매하며 지금까지 이어지고 있습니다.

싱글 오리진으로 시작했을 때 우려한 만큼 소비자들의 거부감이 없어서 놀랐고 급기야 커피 주문에 '오늘 아메리카노는 어느 나라 원두에요?'라고 물어보고 자신은 어느 나라 커피가 좋았다! 등의 표현으로 소통하는 낯선 광경이 반복되어 놀랐습니다. 누군가에게 영향을 끼쳤음을 사회의 일원으로서 기쁘고 한편으로는 책임감마저 들었습니다.

일본 고베에 있는 니시나까 씨와 마츠모토 씨의 도움으로 고베에서 니카라과 농장주의 세미나에 초대받았습니다. 그때의 인연으로 그 농장의 빌라 사치(Villa Sarchi) 품종을 4가지 방식으로 가공한 생두(washed, natural, yellow honey, dark honey)를 수입하게 되었습니다.

프로밧 P타입 로스팅기. 열효율이 우수하고 단순하며 맛의 재현성이 높아, 2009년에 도입하여 현재까지 사용하고 있다.

가공법에 따라서 다양한 맛을 경험할 수 있어서 다시 없을 기회였고 경험이었습니다. 우스갯소리로 '로부스타(Robusta)로 에스메랄다 게이샤(Esmeralda Gesha) 맛을 만들 수 있겠는데'라고 너스레를 떨기도 할 만큼 신선한 충격이었습니다. 한편으론, 심각한 기후 위기에 좋은 대안이 될 수 있겠다는 긍정적인 생각도 들었습니다."

샘플 로스팅

입고하는 생두는 최대한 결점두가 없어야 하며, 샘플 로스팅 후 커핑 시 한쪽으로 치우친 맛이 없어야 생두를 구매한다.

팝핑 시작부터 팝핑이 끝나는 지점까지 각 3등분으로 나누고 3회 로스팅을 실시한다. 결과물은 커핑(Cupping)을 통하여 배출 시간과 온도를 정하고 로스팅을 통해 재현하며 프로파일(Profile)을 그려낸다. 이후 보정하여 다시 로스팅하여 프로파일을 결정한다.

새로운 생두를 입고하면 팝핑 시작부터 팝핑이 끝나는 지점까지 3등분 하여 3회 로스팅 한다. 이후 커핑하고 하나를 선택하여 시간과 온도를 세밀히 조정하고, 다시 로스팅 하여 프로파일을 고정한다.

[로스팅 준비]
▼

작업실에 들어서면 세상으로부터 잠시 벗어나 위안이 되어 주는 시간이다. 생두를 호퍼에 담고 드럼으로 넣을 때와 로스팅을 마치고 배출할 때의 그 팽팽한 긴장감과 흥분은 나와 커피만 존재하는 무중력 상태로 만든다. 그런 긴장감이 좋다.

맛의 재현성을 위해서는 프로파일도 중요하지만, 환경을 더욱 고려한다. 수시로 배관을 꼼꼼히 청소하여 작은 막힘도 없어야 하고, 구리스 주입도 주기적으로 하며, 쿨링시브(Cooling Sieve)의 청결과 작은 구멍에도 막힘없이 컴프레서(compressor)로 강하게 불어 내야 한다. 여름과 겨울의 실내 온도 차도 극복해야 하고, 폭염과 한파에는 더욱 신경 쓴다.

[드럼 예열]
▼

예열은 여름보다는 겨울에 낮은 화력으로 좀 더 긴 시간 진행한다. 배치와 배치 사이의 간격도 일정하게 조절하며, 작업하는 동안은 모든 요소를 체크한다.

한편 생두가 가지고 있는 고유의 맛을 뽑아내고 부드러우면서 깨끗한 뒷맛의 이미지를 염두에 두고 로스팅을 시작한다. 배출은 시간과 향, 온도로 판단한다. 배출 시에 시간과 온도가 프로파일과 맞아도 향이 다를 수 있기에 항상 신경이 곤두선다.

· 로스팅기의 전원을 넣을 때 드럼과 싸이클론에 소음이 있는지 점검한다. 드럼의 베어링에 구리스 주입과 사이클론의 날개 쪽에 먼지가 쌓이면 소음과 배기의 부하로 작용하여 불안전 연소를 야기한다.

· 가스 밸브를 열고 슬라이드 게이트(댐퍼)의 풍속을 1.93mbar로 고정한다. 이후로는 로스팅 중에도 슬라이드 게이트를 움직이지 않는다.

· 가장 낮은 화력으로 10분간(겨울에는 20분) 지속하고 이후로 점진적으로 화력을 높여 준다.

· 드럼 온도를 230℃까지 올렸다가 200℃까지 낮추고 최대 화력으로 다시 230℃까지 올리는 방법으로 3회 이상 반복한다.

· 예열 중간에 볶을 생두를 계량하고 결점두도 분리한다.

밀로커피 로스터스의 커피 로스팅

· 로스팅기 전면 주물판(Castiron front)의 온도가 160℃가 되면 예열을 마치고 생두 3kg를 호퍼에 담는다.

[투입]
▼

드럼에 투입되는 생두의 양에 따라서 열량을 어떻게 조절할 것인지 구체적인 계획을 세운다
230℃에서 150℃까지 온도가 떨어지면 다시 가스를 100%로 올리고 170℃가 되면 가스를 40%로 낮춘 후 생두를 투입한다.

[터닝 포인트 (중점)]
▼

1분 25초~1분 30초 사이에 드럼 온도가 상승한다. 중점 온도가 낮다면 팝핑까지의 도달하는 시간이 길어지고, 반대로 온도가 높으면 크랙이 이른 시간에 발생한다. 기준 중점에 변화가 있었다면 화력으로 보정한다.

[갈변화 구간]
▼

도달 시간은 6분경 온도는 155℃ 전후에 확연해진다. 갈변을 기준으로, 원두 내부 온도와 외부 온도가 일정해진다. 중점 이후 보정한 화력을 다시 한번 보정한다.

[맛이 만들어지는 느낌이다]
▼

180℃를 전후로 원두 상태를 면밀히 체크한다. 원두의 수축이 뚜렷이 드러난 시점에 열량을 55%까지 높인다. 이후 크랙 시작 1분 전에 열량을 15%에 맞추고 크랙을 기다린다. 여전히 슬라이드 게이트는 움직이지 않는다.

[크랙]
▼

199℃에 크랙이 발생한다. 발현 시간(Development time)은 1분 30초~2분으로 계획하였다. 부드러운 산미와 그에 따르는 다양한 맛들에 집중한다.

[배출]
▼

종료는 온도를 기준으로 크랙 연결음에 집중하며, 시간과 향으로 판단한다. 비록 시간과 온도가 프로파일과 맞아도 향은 이전 배치(batch)와 다르게 표현되는 경우가 종종 있다. 예민하게 집중하며 자극적인 향에서 부드러운 향으로 변하는 변곡점을 판단하여 재빠르게 배출한다.

[냉각]
▼

쿨링하는 과정에 주걱으로 휘저으며 결점두를 골라낸다.

[Profile]
▼

새로운 생두를 입고하면 팝핑 시작부터 팝핑이 끝나는 지점까지 3등분 하여 3회 로스팅한다. 이후 커핑하고 하나를 선택하여 시간과 온도를 세밀히 조정하고, 다시 로스팅하여 프로파일을 고정한다.
밀로커피 로스터스의 모든 싱글 오리진은 팝핑을 넘기지 않은 상태로 로스팅한다.

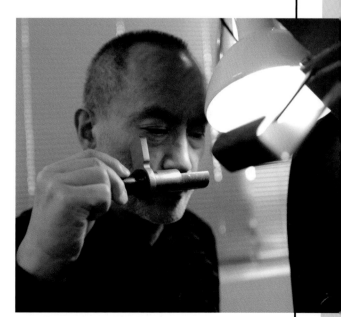

180℃를 전후로 원두 상태를 면밀히 체크한다.

Roasting @ 밀로커피 로스터스

Walking Stick 5kg

☐ 생두: El Salbador 2kg, Guatemala 1kg, Colombia
   1kg, Kenya 1kg
☐ 주변 환경: 영상 2℃ / 습도 30%
☐ 버닝: 프로밧 5kg
☐ 타입: 반열풍 로스팅기
☐ 풍속: 슬라이드게이트(댐퍼) 1.93mbar 고정

시간 (분)	원두 온도 (℃)	가스 압력(mmH₂O)	댐퍼(1~10)	현상
1:30	96		1.93mbar(고정)	
3:00	116			
4:00	132			
5:00	145			
6:00	156			
7:00	167			
8:00	177			
9:00	187			
9:10	189	Gas 15%		
10:00	197			
10:20	199			팝핑
10:32	200			
10:40	201			
10:56	202			
11:15	203			
11:35	204			
11:50	205			
12:12	206			
12:35	207			
12:55	208			
13:10	209			
13:25	210			배출

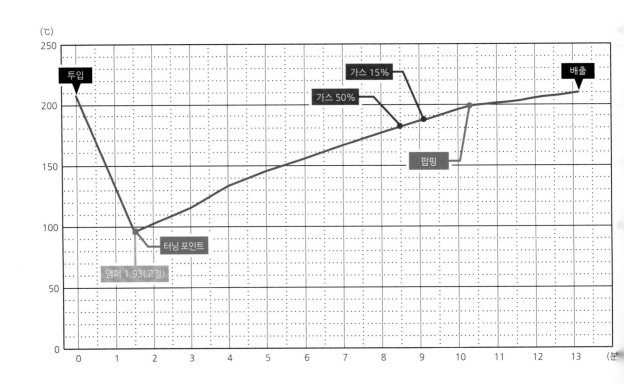

Colombia 3kg

□ 산지: Acevedo, Huila
□ 농장: La Florida
□ 프로듀서: Cesar A, Yanten
□ 품종: Pink Bourbon

□ 가공: Washed
□ 고도: 1,700m
□ 발효: 40시간
□ 건조: 20일, Sun Dry

시간 (분)	원두 온도 (℃)	가스	댐퍼(1~10)	현상
투입	170	40%	1.93mbar(고정)	
1:25	94			터닝 포인트
3:00	116			
4:00	132			
5:00	145			
6:00	157			
7:00	167			
8:00	177			
8:10	179	55%		
9:00	187			
9:12	189	15%		
10:00	196			
10:27	199			팝핑
10:27	200			
10:49	201			
11:02	202			
11:21	203			
11:44	204			
12:05	205			
12:15	205			배출

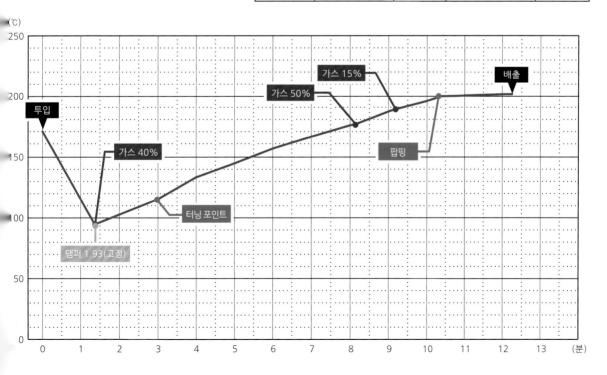

털보의 커피놀이터

Tulbo Coffee Playground

- -

광주광역시 동구 동명동

주소: 광주광역시 동구 필문대로 242-7, 2층(동명동)
전화: 062)233-2228
영업 시간: 11:00~21:00
홈페이지: https://www.coffeebm.co.kr

60대 나이, 새로운 무언가를 시작하기에 늦은 나이라고 생각할지도 모른다. ㈜털보의 커피놀이터 최영진 대표는 잇따른 사업 실패를 딛고 뒤늦게 광주 핸드드립 전문점 '털보의 커피놀이터'를 열며 인생 제3막을 시작했다. 극심한 취업난과 함께 젊은 세대들의 창업 시장 진입이 활발해지고, 은퇴 후 50~60대의 창업 활동이 움츠러드는 요즘, 털보의 커피놀이터 성공은 많은 시사점을 선사한다.

광주광역시 동명동 푸른길 공원 초입 2층에 자리한 털보의 커피놀이터를 찾았다. 건물 왼편으로 들어서면 왼편으론 담쟁이덩굴로 무성한 한옥이

커피는 음료가 아니다! 커피는 삶이다! 프랜차이즈가 주도하는 시장에서 유행을 주도하는 수단은 '커피의 맛'에 집중하는 것

시선을 끈다. 담장 너머에 우후죽순 자라난 나무와 그 나무들 사이에서 우뚝 솟은 야자수 한 그루가 괴기적이며 야릇한 분위기를 자아낸다. 오른편으로 여느 유럽의 골목에나 있을 법한 카페 입구가 눈에 들어온다. 올라가는 입구에 "커피는 삶이다."라는 슬로건으로 내걸었다. 카페에 들어서자 커피의 진한 향기가 휘몰아친다. 좌측으로 우드 프레임으로 제작한 유리창 너머로 로스팅을 하고, 우측으로는 bar와 휴게 공간이 따뜻하고 아늑한 분위기를 자아낸다.

사진에 잘 나오는 화려한 인테리어는 아니지만 오롯이 커피에 집중하는 깔끔하고 세련된 '내추럴 모던 인테리어' 스타일을 여실히 보여 주고 있다. 지극히 커피 전문점답다. 한편으론, 커피 전문점다운 모습의 인테리어가 유니크하게 여겨지는 요즘의 현실이 아이러니하기도 하다.

털보의 커피놀이터는 화이트칼라로 내벽을 마감하고 톤이 진한 원목으로 인테리어를 완성하였다. 우드 다이닝 테이블로 휴게 공간을 채우고 시멘트 플로어 위에 에폭시를 시공한 바닥이 차분하고 정갈한 휴식 공간으로 만들었다. 짙은 멀바우 원목으로 제작된 바(Bar)에서 핸드드립 커피를 만

들고, 수납공간에는 화려한 커피잔들이 잔뜩 진열되었다. 잠시 무대를 보는 듯한 긴장감이 감돌고 내어 준 커피에서 익숙한 향기가 일순간 머문다.

핸드드립 커피를 맛보다.

'파나마 에스메랄다 게이샤'는 쌉쌀하고 고소하며 새콤하고 달다. 익숙한 맛과 편안한 향이다. 첫 모금을 입에 대는 순간 깔끔하고 세련된 질감이 긴장감을 해제한다. 오렌지 살구의 새콤함과 쌉싸름한 단맛을 겸비한 열대 과일의 맛이 난다. 불편함이나 걱정되는 자극이 없이 산미를 끌어안은 단맛이다. 부드러우면서 거부감 없이 편하게 받아들여지는 맛이다. 여기에 더해지는 시나몬의 알싸한 쓴맛이 실키하게 지나간다. 열감이 있는 매운 향과 장작에 불을 지피고 구울 때 나는 견과류 향이 송진 향에 수렴되어 부드러운 풍미로 전해진다. 싱글 오리진이지만, 고급스럽게 블렌딩 한 커피도 따라오기 힘든 풍요함이 매력적인 커피로 오래 기억될 만하다.

커피 한 잔의 가치

소비자가 커피 전문점에서 커피 한 잔을 마실 때

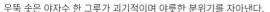

우뚝 솟은 야자수 한 그루가 괴기적이며 야릇한 분위기를 자아낸다.

여느 유럽 골목에나 있을 법한 카페 입구가 눈에 들어온다.

털보의 커피놀이터 숍에는 직접 로스팅한 30여 종의 원두를 비롯하여 드립백, 티백 제품과 선물세트 등 다양한 상품을 갖추고 있다.

치루는 가격은 단지 커피 원두값만이 아닌 그 커피를 마시기까지 발생하는 모든 부가가치를 지급하는 것이다. 좋은 생두를 선별하여 맛있게 볶아내고 정성스럽게 만들어 낸 로스터리 숍의 커피와 대량으로 볶아내어 마케팅으로 알리고 정량화한 커피에 고객이 치루는 금액의 흐름은 뚜렷한 차이가 있다.

로스터리 숍은 그 커피를 생산하는 농민과 소비자 사이를 이어 주는 가교 역할을 맡고, 농민의 노력에 더 나은 가치를 부여하기 위해 로스팅 기술을 향상시킨다. 그와는 다르게 상당 금액이 프렌차이즈 본사로 흘러들어 흩어지는 구조와는 엄연히 다른 가치로 순환되는 것이다.

최영진 대표는 커피 제조와 핸드드립 커피 전문점을 기반으로 도소매를 통한 수익 사업을 하는 한편, 지역 주민 중심의 무료 체험 교육 사회 서비스와 복지기관 후원 활동 등으로 지역사회에 공헌하고 있다. 소비자가 지불한 돈의 가치를 그만의 방식으로 늘려가는 모습이 시사하는 바가 크다.

털보의 커피놀이터 또한, 성장기에 들어설 때 맞이한 코로나-19로 힘든 시기를 보냈다. 그런 와중에도 방역에 최선을 다하는 전남대학교병원과 조선대학교병원의 의료진들에게 각각 1주일에 700잔 분량의 커피 제품을 후원하고 있다. 2020년 3월부터 현재까지 후원하며, 코로나가 종식될 때까지 후원을 약속하고 진행 중이다. 그밖에 지역 내 인재육성 장학금, 재능기부센터, 장애인복지관 등에 기부금 및 후원 활동으로 지역사회에 공헌하고 있다.

지기의 숍에서는 직접 로스팅한 30여 종의 원두를 비롯하여 드립백, 티백 제품과 선물 세트 등 다양한 상품을 갖추고 있다. 또한, 창고형 판매 매장을 두고 커피를 알리고 있다. 이후로는 "복지시설을 갖추고 커피를 누구나 쉽게 즐길 수 있는 사회적기업을 만드는 것이 목표"라고 밝힌다.

다양하게 진열된 상품들이 흥미롭다.

"프랜차이즈가 주도하는 시장에서 개인이 운영하는 커피숍은 아무래도 유행에 뒤처지게 됩니다. 그러나 유행을 선도할 수 있는 수단은 있습니다.

털보의 커피놀이터는 나라별 20여 종의 커머셜 생두와 10여 종의 스페셜티 생두를 월 1톤가량 로스팅하고 있다.

선별한 생두는 직원들과 함께 커핑 테스트를 통해 최적의 로스팅 포인트를 찾아낸다.

그 수단이란 '커피의 맛'에 집중하는 것입니다. 대다수 고객이 마시는 커피가 아메리카노에 머물러 있는 만큼, 베이커리나 그밖에 사이드 메뉴에서 경쟁력이 약해도 '맛있는 커피'라면 순수하게 커피를 즐기는 고객의 발걸음은 이어질 거라 여겼습니다. 어차피 휴게 공간으로 운영하는 커피숍의 한계도 있는 만큼, 직접 볶은 원두를 활용하여 언제 어디서나 손쉽게 즐길 수 있도록 다양한 상품으로 개발하였습니다. 이러한 제품들은 유행을 타지 않고 지속해서 성장할 수 있는 디딤돌이 될 것입니다."

다양한 원두를 선별하여 사용한다.

"좋은 생두를 선별하여 로스팅할 수 있다는 점이 로스터리 숍의 가장 큰 장점입니다. 단연하게 아라비카 생두만을 사용합니다. 국내 유통회사의 cup note를 참고하기도 하지만, 생두의 이력을 확인하고 로스팅하여 핸드드립 방법으로 테스트합니다. 이와 관련한 서적 《커피디자인》이 모티브가

되었습니다.

전통적으로 고지대의 생두를 양질의 커피로 여기는 만큼, 저 또한 선별하는 기준으로 삼고 있습니다. 나라별 20여 종의 커머셜 생두와 10여 종의 스페셜티 생두를 월 1톤 전후로 로스팅합니다. 같은 생두라도 매번 품질의 차이를 보이기 때문에 생두를 입고할 때면 매번 테스트 과정을 거칩니다.

다양한 지역에서 들여오는 생두인 만큼 저마다 밀도의 차이를 보이고, 품종에 따라 생두를 구성하는 세포 조직의 두께 또한 차이가 납니다. 등급을 나누는 기준 또한 제각각 다르기 때문에 테스트에 소홀함이 없도록 진행합니다."

로스팅 프로세스

"선별한 생두는 고유의 향미를 구현하는 적정 포인트를 찾기 위해 적어도 3차례 로스팅을 진행합니다. 밀도의 정도에 따라 크랙을 기준으로 로스팅을 진행하는 방식입니다. 경험적으로 세포 조직

핸드픽 전담 직원이 로스팅 전·후에 결점두를
골라내고 있다.

로스팅실. 로스팅기는 태환자동차산업 반열풍식 프로스타 1kg, 6kg 드럼을 사용한다.

이 얇은 생두는 크랙 이전의 볶음도로 3차례 로스
팅하고, 세포 조직이 두터운 생두는 크랙 이후의
볶음도로 3차례 로스팅합니다.

테스트는 직원들과 함께 진행합니다. 1차로 로
스팅 직후 판단하고, 4~5일 숙성 후에도 다시 한번
핸드드립과 아메리카노로 추출하여 서로의 견해
를 반영하여 최적의 포인트를 찾고 있습니다.”

로스팅기

로스팅기는 태환자동화산업 반열풍식 프로스타
1kg, 6kg 드럼을 사용한다. 무엇보다 안정된 열원
과 댐퍼의 활용이 좋고, 쿨러의 기능이 충족되는
것이 장점이다. 경험적으로 안정된 화력과 원활한
댐퍼의 기능이 밸런스가 좋은 원두를 볶는 데 유리
하다.

핸드픽

핸드픽만을 전담하는 60대 후반 고령자를 고용
하여 결점두 제거 작업을 하고 있다. 로스팅 전에
생두에서 결점두를 제거하는 것과 로스팅 이후에
제거하는 퀘이커 과정은 일관된 원두의 품질과 맛
을 위해서는 꼭 필요한 과정이다.

참고로 털보의 커피놀이터 주력 상품은 달콤, 산

뜻, 묵직 등의 향미를 표현하는 11종의 블렌딩 원
두를 중심으로 원두, 드립백, 티백, 분말스틱커피
등 다양한 제품을 생산하여 자사의 멤버 회원
1,300여 명과 개인 카페를 대상으로, 매장과 홈페
이지 자사 몰에서 판매하고 있다.

로스팅 이해

로스팅 전 생두의 로스팅 프로세스를 예측한다.
생두를 입고할 때 거쳤던 테스트 결과를 토대로
수분 함량을 체크하고, 외부 환경을 점검한다. 이
후 투입량과 배출 시점을 결정하고, 투입 온도와
초반 화력을 예측하여 로스팅을 시작한다.

로스팅 방법은 로스팅기와 로스터에 따라서 다
양한 견해가 있다. 여기서 기술한 핸드드립용 로
스팅은 프로스타 1kg 드럼을 사용하고, 블렌딩용
로스팅은 프로스타 6kg 드럼을 사용하고 있다. 핸
드드립용은 20여 종의 원두를 매일 재고 없이 로
스팅하고, 에스프레소용 원두는 납품처 배송 당일
로스팅해서 발송한다.

털보의 커피놀이터의
커피 로스팅

[예열을 한다]
▼

예열은 불을 지피고 댐퍼를 모두 개방한 상태에서 50%의 화력으로 진행한다. 화력을 유지하며 드럼 온도가 150℃에 도달할 때까지 드럼 내부를 충분히 달궈 주고, 이후에도 화력은 유지한 채 댐퍼를 70%까지 닫아 준다. 이는 드럼 내부에 저장하는 복사열을 최대로 높이기 위해서다. 화력을 유지하며 드럼 온도가 250℃에 도달하면 불을 끄고, 드럼 온도가 150℃에 다다르면 다시 점화한다. 이후 댐퍼는 고정하고 투입량에 따른 최소 화력으로 투입 온도까지 올려준 후 투입 온도에 도달하면 호퍼의 생두를 투입한다. 여전히 최소 화력을 유지하며, 댐퍼는 정상류 최소로 닫아 준 상태로 로스팅을 시작한다.

정상류 범위는 《커피디자인》에서 다룬 지식으로, 댐퍼를 열어 줄 때나 닫을 때 '대류 온도 센서'의 수치가 상승하다가 일정한 범위가 지나면 하락하는 지점을 가리킨다. 너무 닫았을 때 하락하는 지점이 정상류 최소로 불안전 연소가 원인이다. 너무 열었을 때도 하락하는데 이는 외부의 찬 공기가 유입되어 나타나는 반응으로, 정상류 최대 지점을 가리킨다. 처음과 두 번째 로스팅은 드럼 용량의 50% 이내 용량으로 로스팅하고, 품종과 생두의 상태에 따라 투입 온도 200℃ 전후에서 강볶음으로 로스팅을 진행한다.

[투입]
▼

화력을 투입량 대비 최소 화력에 맞추고 드럼 온도 200℃에서 생두를 투입한다. 1분 후 잠시 댐퍼를 오픈하여 먼지나 이물질을 배출한다.

[T/P, 터닝 포인트]
▼

T/P에서 댐퍼 값 30%(정상류 50%) 지점에 맞추고, 화력은 50%로 조정하여, 온도의 변화에 따라서 원두의 색과 향의 변화 추이를 주시한다. 이후 옐로우 포인트 중간에 한 차례 댐퍼를 오픈하여 채프와 이물질을 제거한다.

[Y/P, 옐로우 포인트]
▼

원두의 색과 향이 변하기 시작하는 지점이다. 드럼 온도가 150℃ 전후에 갈변하며 곡물의 단향이 나기 시작한다. 이때 댐퍼 값을 40%(정상류 70%)로 조정하고, 화력은 80%까지 올려 준다. 잠시 댐퍼를 열어 채프와 이물질을 제거한다. 수시로 이물질을 제거하는 행위는 지속해서 배출하는 채프가 댐퍼의 일부분에 쌓여서 불완전 연소의 원인이 작용하기 때문이다.

[팝핑 소리]
▼

대략 190℃가 지나면 점차 짙은 색으로 갈변한다. 195℃를 지나 팝핑이 시작될 즈음, 화력을 유지한 채 댐퍼를 정상류 최대로 열어 주어 원활한 팝핑을 유도한다. 이후 팝핑의 연결음이 잦아들면 댐퍼는 30%에 맞추고, 화력 또한 50%까지 낮추어 원활한 열분해 반응을 유도한다.

[크랙 소리]
▼

크랙 반응을 기준으로 발랄하며 화려하던 원두의 향이 점차 풍요로우며 복합성을 가진 향으로 발현하기 시작한다. 크랙의 연결음이 들리기 시작하면, 미리 댐퍼를 완전 오픈하고, 쿨러를 작동하며 배출한다.

[냉각 및 퀘이커 제거]
▼

원두에서 차가운 냉기가 도는 것을 확인하면 옮겨서 퀘이커 작업을 진행한다.

🫘 파나마 게이샤 리노 산호세

☐ 투입량: 500g
☐ 수분 함량: 10%

시간 (분)	로스팅 온도 (℃)	가스 화력 (℃)	댐퍼 (1~10)	현상
0:00	180	100	10	
0:30	110		2.5	
1:00	100		5	T/P 풋풋, 깔끔
1:30	110	120		
2:00	120			
2:30	129			
3:00	137			
3:30	145			
4:00	151	150	1	Y/P 허니, 녹진한 달콤
4:30	157			
5:00	162		5	
5:30	167			
6:00	171	160		
6:30	174			
7:00	177			시나몬 향
7:30	181			
8:00	185			
8:26	189	70	1	팝핑 생크림 케이크
9:00	193			
9:30	196		3.5	팝핑 끝
10:00	199		5	
10:30	201		10	
11:02	202			배출, 레몬 그라스, 후추, 향신료

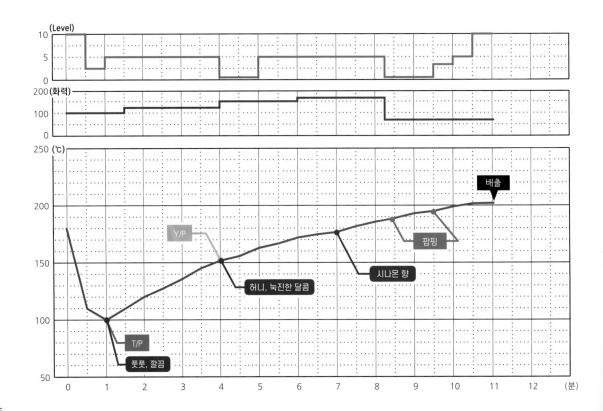

케냐 아이히더 AA Plus

□ 투입량: 500g
□ 수분 함량: 10%

시간 (분)	로스팅 온도 (℃)	가스 화력 (℃)	댐퍼 (1~10)	현상
0:00	185	120	120	
0:30	109			
1:00	100	130	130	T/P 풋풋, 깔끔
1:30	109			
2:00	118			
2:30	127			
3:00	136			
3:30	141			
4:00	146			Y/P 허니, 눅진한 달콤
4:30	151	170	170	
5:00	155			
5:30	160			
6:00	165			
6:30	170			
7:00	174			시나몬 향
7:30	178			
8:00	182			
8:30	187			톡 쏘는 라임의 신향 폭발적
9:00	191	70	70	팝핑 이후 달콤함 상승
9:30	195			
10:00	198			
10:30	202			
11:02	207	100	100	
11:30	211			213 캔디
12:00	215			크랙/배출 다크초콜릿, 구운 아몬드, 브라운 슈가

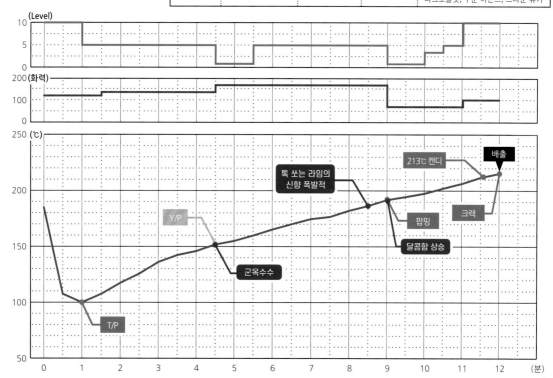

블렌딩 "악마의 유혹"

☐ 투입량: 5kg
☐ 수분 함량: 10%

시간 (분)	로스팅 온도 (℃)	가스 화력 (℃)	댐퍼 (1~10)	현상
0:00	220	700	5	
0:30	93		10	
1:00	79	800	5	T/P 풋풋
1:30	93			
2:00	108			
2:30	121			
3:00	132			
3:30	141			
4:00	149			Y/P 허니, 달콤, 고소
4:30	156	1000	1	
5:00	161			누룩, 효소, 머스티
5:30	165		5	
6:00	170			
6:30	178			
7:00	185			
7:30	191			
8:00	198			
8:30	202	300	1	팝핑, 체리, 오렌지, 헤이즐넛, 구운 아몬드
9:00	206			팝핑 끝
9:30	209		3.5	
10:00	213		10	
10:30	221	0		크랙
10:53	226			배출 다크초콜릿과 견과류 향이 쫀쫀하게 올라올 때

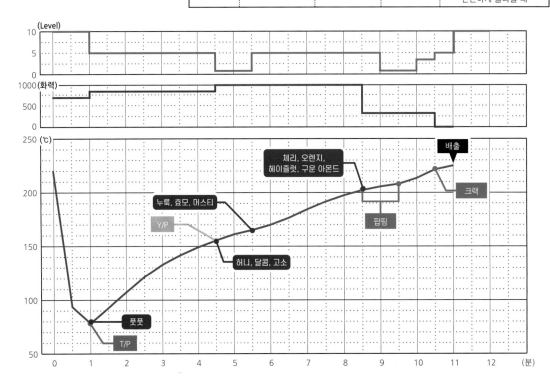

커피에 대해 좀 더 알고 싶다면 …

커피 입문에서 마니아까지 반드시 읽어야 할 책들

Kwangmoonkag coffee books

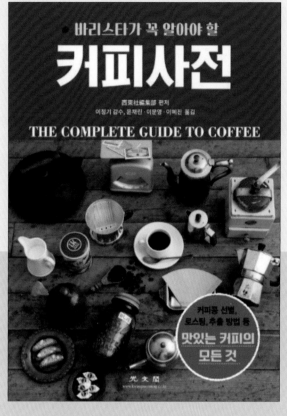

세계 커피기행[1.2권]

최재영 지음

세계 7대 문명과 예술, 자연과 인간, 그리고 커피와 카페를 블렌딩한 아주 특별한 기행을 담은 책이다.

바리스타가 꼭 알아야 할 커피사전

西東社編集部 편 / 이정기 감수 / 윤채린·이문영·이혜진 옮김

이 책은 《커피사전》이란 제목이지만, 일반 사전과는 조금 달라서 매우 실용적이며, 커피에 관한 최신 정보들까지 간결하게 설명하고 있습니다.

커피 로스터를 위한 가이드북
커피디자인

정영진·조용한·차승은 공저

"새로운 것과 객관적인 설명에 목마른 커피 애호가들에게 시원하게 목을 축이도록 도와주는 엄청난 책"

핸드드립의 원리와 테크닉
맛있는 커피의 비밀

정영진, 차승은 지음

이 책에 신 점드립의 노하우를 모두 담았다. 커피를 좋아하고 사랑하는 많은 이들이 신 점드립의 원리와 테크닉을 통해 새로운 맛을 느낄 수 있을 것이다.

커피디딤
Coffee Didim

전주시 덕진구 금암동

주소: 전북 전주시 덕진구 권삼득로 299
연락처: 063-252-3082
영업시간: 08:00~23:30

　　전북대 옛 정문 맞은편 3층 건물에 아날로그 감성 가득한 로스터리 숍이 있다. 오랫동안 계속 운영할 수 있었던 커피숍이 풍기는 중후하고 따뜻한 공간에 커피 향으로 가득 채워진 곳이다.

　　1층은 로스터리 숍과 로스팅 공간으로 꾸미고, 2층과 3층은 '스터디룸'으로 확장하였다. 목조주택을 개조한 카페인 듯 원목으로 바닥과 벽을 완성하고 화이트로 천장을 칠하였다. 디스플레이 선반에는 오래된 여느 로스터리 숍과 같이 벽면을 가득 채운 수백 개의 앤티크 잔과 잘 관리된 로스팅기가 멋을 부린다. 커피로 유혹하고, 손님들에 의해 쓰이는 공

더 맛있는 커피를 추구하면서 끝없는 테스트…
국내와 해외 논문 자료를 통해 완성된 로스팅 메커니즘

간과 그 안에서 이루어지는 다양한 활동이 쉼 없이 훑고 지나갔을 법한 흔적이 곳곳에 묻어난다. 다르다면 심심한 공간을 책으로 가득 채웠다는 것이다.

"향후 리모델링을 계획하고 있습니다. 현재의 틀을 유지하면서 너무 오래된 원목과 기자재들을 요즘 시대에 맞게 모던한 감각으로 바꾸고 싶습니다. 비록 시대의 유행을 좇지는 않으나 손님에 대한 배려와 변화의 노력은 있어야 한다고 여기기 때문입니다."

커피디딤의 강봉호 지기는 커피를 시작하기 전 대기업의 전도유망한 반도체 엔지니어였다. "평소 커피를 좋아했습니다. 비록 에너지 음료를 대체하는 기능으로 접하였지만, 즐겨 마시다 보니 어느새 심미적으로 탐하는 음료가 되었습니다. 반도체 회사의 업무 특성상 하루하루가 전쟁이었습니다. 남들은 좋은 직장이고 돈도 많이 번다고 생각하겠지만, 거대한 시스템의 일부로 하루하루를 긴장과 번아웃 속에 살아가는 자신을 보며 삶의 변화를 절감하게 되었습니다. 주변의 반대를 무릅쓰고 결국 2006년 봄에 8년의 직장 생활을 마치고 커피에 몸을 담게 되었습니다. 어찌 보면 무모하지만, 나름 용감한 결단으로 여겼습니다.

bar의 한편에서 커피 수업을 하고, 로스팅한 원두로 메뉴도 만들고, 판매도 하며 운영할 수 있으면 만족할 만하다 생각하였습니다. 그때는 소소한 마음으로 시작했지만, 돌이켜보면 참 운이 좋았습니다. 손님이 많지는 않았지만, 시간대별로 아르바이트 한 명 두고 부산 떨며 커피를 만들었습니다. 손님은 없어도 늘 바빴던 일과였습니다. 시일이 조금 지나고 작은누나와 함께하면서 안정되고, 카페의 규모 또한 제법 성장하였습니다. 1층 전세로 시작했던 카페는 건물을 인수하여 전체를 사용하고, 2곳의 직영 지점도 함께 운영하고 있습니다.

커피디딤의 디스플레이 선반에는 벽면을 가득 채운 수백 개의 앤티크 잔과 잘 관리된 로스팅기가 멋을 부린다. 커피로 유혹하고, 손님들에 쓰이는 공간과 그 안에서 이루어지는 다양한 활동의 흔적이 곳곳에 묻어난다.

로스팅기도 후지로얄 1kg 드럼으로 시작하여 현재는 후지로얄 직화식 3kg, 5kg 드럼으로 최적화를 할 수 있었습니다."

핸드드립 맛 평가

대화가 무르익을 무렵, 지기가 내려준 커피를 맛보게 되었다. 같은 원두를 다른 방식의 핸드드립으로 내려준 커피 2잔을 비교하며 마시게 되었다. 평소에는 무슨 커피, 무슨 맛과 무슨 향인지 알아맞히거나 평가하는 행위는 지양한다. '그저 어떤 커피일까?', '얼마나 맛있을까?' 잠시 짐작하고, 보통은 즐기는 데 그친다. 간혹 궁금한 커피가 있다면 핸드드립으로 부드럽게 내린 커피와 진하게 내린 커피를 번갈아 가며 마신다. 다소 요란스럽게 입안을 휘저으며, 오랜 경험으로 각인된 다양한 커피들과 다양

어떤 커피는 한 모금 한숨에 맛과 향의 인식이 통합되는 경험을 한다.

한 볶음도의 커피들 속에서 지금 마시는 커피는 어느 위치에 있는지 가늠하고, 주도적 향미는 무엇인지 알아낸다. 이후로 식어가는 동안 부차적인 맛과 향, 뒷맛을 감지하며 마시는 데, 다 마실 즈음에는 식은 커피 한 모금으로 갈무리한다. 맛보는 커피가 알 듯, 모를 듯, 닿을 듯, 먼 듯하면 그나마 따뜻할 때 서두르며 알아내려 애쓰지만, 어떤 커피는 한 모금 한숨에 맛과 향의 인식이 통합되어 여유롭게 음미하며 마신다. 물론 커핑 노트가 있고, 커핑 노트를 복기하는 듯한 소개 글은 조금도 신경 쓰지 않는다. 지기의 커피는 향미의 복합성을 갖추었으되 유난히 맛과 향이 뚜렷하다. 쌉쌀하지만 뭉근한 질감으로 기초를 다졌다. 아몬드의 고소하고 쌉쌀한 단맛이 있고, 핵과류와 보리차의 단맛이 감성을 자극한다. 단 향에 잘 버무려진 신맛은 유순하지만 탄력 있는 신맛이다. 박하의 상쾌한 맛이 더해진 신맛이다. 한 잔은 잘게 쪼개진 신맛이 혀를 튕기며 구르다가 향기에 수렴된다. 다른 한 잔은 혀를 튕기며 구르다 흐트러짐 없이 목을 타고 넘어간다. 두 잔 모두 뭉근한 단맛과 기분 좋은 신맛이 존재감을 뽐내며 고소한 향과 유쾌하게 어우러진 커피 맛으로 갈무리되었

다. 잠시 '무슨 커피일까?' 궁금했지만 이내 지기의 로스팅으로 관심이 이어졌다.

직화식 로스팅기

커피디딤에서 사용하는 로스팅기는 1kg, 3kg, 5kg 후지로얄 직화식을 사용한다. 그중에 1kg 드럼은 가장 초창기 수동 모델이고 가장 애용한다.

"수동 모델인 만큼 변수 통제가 어려워 온도계를 개조해서 쓰고는 있습니다. 하지만 로스팅을 연구하기에는 최적입니다. 직화로 했을 때 커피에 어떤 영향을 주는지를 가장 잘 나타내 줍니다. 지난 16년간 온도계 하나 교체한 것 외에는 특별한 고장 없이 사용하고 있습니다.

흔히 로스팅은 어렵다고 말하고, 그중에도 직화는 더 어렵게 여깁니다. 물론 쉽게 하시는 분들도 봤습니다. 비록 이전 몸담았던 회사에서 반도체 장비와 반도체 프로세스 엔지니어로 일했던 경험으로 남들보단 기계에 대한 이해도가 높다 하여도 아직 직화는 어렵습니다. 특히 1kg 로스팅기는 변수가 유독 많습니다. 외부 변수에 취약하고 볶을 때마다 맛이 달라질 수 있다는 단점이 대표적입니다. 그렇지만 저에게 더 겸손하라고 말을 걸어 주는 것 같아 더욱 애착이 갑니다. 어차피 로스팅 과정에는 다양한 변수가 존재합니다. 그 변수를 얼마나 알고 얼마나 줄여가는지가 좋은 로스팅의 척도라 여기고 있습니다."

직화 상식의 3가지 변수

"직화 로스팅의 변수를 크게 3가지 나눠 수시로 점검합니다. 첫째는 내가 사용하는 로스팅기가 늘 일률적인지 점검합니다. 가스압, 온도 센서의 정확도, 연도의 청소 상태 등 열원과 관련하여 불안전 연소의 요인들을 제거합니다. 온도 센서의 정확도를 높이기 위해 위치를 변경하였고, 추가로 더 설치하여 정확도를 높였습니다. 연소실과 연기가 지나는 통로는 주기적으로 점검하여 항상 최상의 성능을 발휘하도록 준비합니다.

후지로얄 직화식 1kg

후지로얄 직화식 5kg 로스팅기. 흔히 직화식 로스팅은 어렵다고 하지만, 직화로 로스팅했을 때 커피에 어떤 영향을 주는지 가장 잘 나타내 준다.

두 번째는 환경입니다. 실내의 온습도에 영향을 미치는 요인들을 항상 체크합니다. 실내의 온도를 비롯해 유입되는 외부 온도를 확인하고, 한여름이나 한겨울 로스팅기로 유입되는 공기 온도와 습도를 점검해 보면 로스팅기 내부의 공기 흐름이 어찌 될지 유추해 볼 수 있습니다.

그밖에 비 오거나 바람 부는 날 또한 중요한 변수입니다. 실내와 실외의 온도 차가 클 때는 양압과 음압의 문제가 발생하는데 이 또한 로스팅기 내부 공기 흐름에 영향을 미치기 때문입니다. 실내외 온도가 다를 때는 창문을 열어 압력 차를 줄여 줍니다. 그래도 압력 차가 클 때는 댐퍼를 더 열거나 닫아 줍니다. 기온이 낮거나 높은 날에는 실내의 온도를 기준치 이상으로 환기한 다음 로스팅을 시작합니다.

그밖에 로스팅기 내부의 공기 흐름에 중요한 인자로 작용하는 댐퍼의 기능에 역점을 두고 로스팅합니다. 제가 운용하는 댐퍼는 통념적인 기능에 더해서 그 이상의 기능을 부여합니다. 불꽃을 얼마나 드럼 내부로 유입할 것인가를 결정하는 역할입니다. 불꽃은 매우 고온의 연원입니다. 너무 많거나 모자라도 안 되며, 어느 시점에 얼마만큼 불꽃을 드럼 내부로 유입하여 얼마만큼 열화학 반응을 유도할지 결정하는 역할입니다. 궁극적으로 원두 내부와 외부에 고른 열전달을 가능하게 하는 중요한 인자입니다.

세 번째는 생두입니다. 온습도가 유지되는 공간이 아니라면 생산 기간과 보관 조건에 따른 변화는 피할 수 없습니다. 제 경우 고가의 생두는 로스팅 1회분씩 따로 포장합니다. 각각의 생두가 가지는 수분량이 일정할 때 열분해 반응 속도 또한 일정하여 균일하게 로스팅할 수 있기 때문입니다."

고가의 생두를 사용한다.

"좋은 생두는 자가 로스팅의 이점에 가장 큰 비중을 차지합니다. 대량으로 볶아서 유통하는 업체들의 커피보다 정교하게 볶을 수 있다는 것도 큰 장점입니다. 필요한 만큼 제때 볶을 수 있고, 고가의 생

두를 사더라도 원가 부담이 덜합니다. 그런 면에서 커피 전문점을 하는 데 저가의 생두를 쓰는 것은 비즈니스 측면에서도 아쉬운 전략으로 여깁니다.

'커피디딤'의 핸드드립용 원두는 생두 기준 최소 3만 원대 이상을 들이고 있습니다. 물론 일반 사무실이나 대량으로 구매하는 고객을 위해서는 과테말라나 케냐 TOP 등도 있지만, 이들 또한 동급 대비 최고가의 생두를 사용합니다. 경험적으로 가격이 높을수록 좋은 생두일 가능성이 높기 때문입니다.

현재 국내에 들여오는 생두는 수백 가지가 됩니다. 더군다나 매분기 품질이 바뀝니다. 그 모든 생두를 평가할 수 없습니다. 일정 가격대를 기준으로 바디감이 좋고 뒷맛이 좋은 생두로 구매합니다. 고가인 만큼 불량 생두가 소량인 것도 큰 이점입니다. 또한, 내추럴 방식으로 가공한 생두보다는 워시드 방식으로 가공한 생두를 선호하는데, 이는 전주 지역의 특성상 워시드 방식을 더욱 선호한다고 판단되기 때문입니다.

생두는 1년에 50종류를 테스트합니다. 그중 15~20종류를 실제 판매에 적용되고, 나머지 30종

의 커피는 판매까지 이어지지 않습니다.

아메리카노 블렌딩은 보통 8종의 원두로 만듭니다. 물론 여러 종류로 블렌딩한다고 이득은 아니지만, 더 맛있는 아메리카노를 추구하면서 한 종류씩 늘어났습니다. 1년에 블렌딩을 150번 가까이 테스트하니 거의 이틀에 한 번은 하게 됩니다. 3~4개월 단위로 새로운 생두가 들어오기 때문에 블렌딩 테스트는 새로운 콩을 가지고 하는 것과 기존 생두의 배합 비율대로 하는 두 형태로 이루어집니다. 기존의 블렌딩에 적용하기 위한 것이 있고, 다양한 핸드드립용 원두를 블렌딩에 혼합하여 블렌딩에 따른 맛의 변화를 꾀하는 목적이기도 합니다. 사실 위와 같이 3가지가 안정되었다면 원두의 맛과 향은 담보되었다고 볼 수 있고, 로스팅은 확인하는 과정에 지나지 않습니다."

로스터와 로스터의 만남

로스터가 로스터를 만나 같은 생두를 두고도 서로 다른 로스팅기를 사용하고, 다르게 볶아 낸다면 그만의 방식이라고 당연하다 여겼다. 그런대로 평가는 해보지만 그렇게 궁금하진 않았다. 아마도 자만심에 따라 무의식적으로 그렇게 작동하였을 것이다. 지기와의 만남 또한 로스터와 로스터와의 만남이지만 여느 때와는 다르게 느껴진다. 서로 공감할 수 있는 이야기로 소통하고, 생각을 가다듬어 고찰할 수 있다는 것을 새삼 일깨우는 시간이다.

평소 직화 방식의 로스팅기를 접할 기회가 많지 않았다. 더구나 직접 시연하는 모습을 보는 경우는 더욱 드물다. 대화가 무르익은 만큼 청하여 로스팅하는 모습을 보게 되었다.

준비한 생두는 수분량과 열에 대한 반응 속도를 점검하여 로스팅 과정에서 어떻게 반영해야 원두를 균일하게 로스팅할 수 있는지, 모든 파악을 끝낸 상태다.

"후지로얄 로스팅기는 반열풍 로스팅기와는 다르게 예열의 효용성이 떨어지는 구조입니다. 따라서 낮

은 온도에서 생두를 투입하여 로스팅 초반 원두에 가해지는 열에너지를 최소화하여 서서히 진행합니다. 이렇게 생두에 가해지는 열 충격을 최소화하고 캐러멜화 반응 구간에서는 최대한 빠르게 열을 가하는 방법으로 진행합니다. 화력은 갈변을 기점으로 점진적으로 올려 주다 내려 주고 댐퍼는 진행될수록 조금씩 열어 주는 방식입니다. 팝핑이 시작되면 좀 더 화력을 줄여 이미 약해진 원두 외부에 과도한 열이 가해지지 않도록 유도하며, 로스팅을 마치기 직전까지는 최소한의 화력만을 유지합니다.

특히 팝핑이 시작되는 시점부터 크랙이 시작하는 구간을 초 단위로 구분하여 화력의 세기를 조정하며 종료 시점을 결정합니다. 물론 시시각각 변하는 원두의 색을 관찰하며 미미하게 조정하지만, 무엇보다 팝핑 소리를 기점으로 변화를 줍니다."

지기는 자신의 로스팅을 설명하는 중에도 몸에 밴 습관처럼 익숙하게 화력과 댐퍼를 조절하여 계획한 로스팅을 갈무리하였다. 전문가의 영역에서나 극복 가능한 상황이다.

호화 과정

지기의 로스팅 메커니즘이 여느 로스터와 다른 점이라면 시간일 것이다. 로스팅 초반 원두 외부로 강하게 전달되는 열원의 비중을 상쇄하기 위해 길게 진행하였다. 총 로스팅 시간은 25분이지만, 팝핑 종료까지 20분 가까이 할애하였다. 사실 로스팅 과정에서 팝핑 이전은 열화학 반응과는 다르게 원두에 함유한 고형물의 물리적 변화가 일어난다. 이는 분자량이 큰 원두의 고형물에 열이 가해지면, 고형물에 함유한 수분의 열운동으로 향미의 원천인 고형물 입자의 배열이 바뀌어 콜로이드 상태가 되는 비가역성 과정 구간이다. 비록 향미가 만들어지는 단계는 아니지만, 고형물의 열화학 반응으로 맛과 향이 풍부하게 만들어질 수 있도록 도모하는 단계로 여길 수 있다. 식품영양학에선 위의 과장을 '호화'라고 설명하며, 호화 과정이 충분할수록 커피의 맛과 향은 풍부하다.

로스팅 메커니즘

지기의 로스팅 메커니즘은 국내나 해외의 논문 자료를 통해 완성되었다. 지금도 시간이 나면 국내외 새로운 논문 자료를 본다. 다양한 연구 논문들에서 다룬 여러 가지 실험 결과들을 커피에 적용하는 과정에서 성장할 수 있었다고 말한다.

"로스터리 숍을 열고 3년이 지난 즈음 발전하지 않고 고착화한 저를 바라보게 되었습니다. 로스팅 프로파일에만 집중하여 재연하는 로스팅을 하고 있었습니다. 그때 이후로 로스팅기 내부 구조와 그에 따른 열과 공기의 흐름에 대한 지식이 부족함을 자각하고, 내부 구조에 대한 이해와 열의 흐름이 어떻게 생두에 미치는지, 그 영향에 대해 집중적으로 실험하였습니다. 맛 평가 또한 게을리하지 않았습니다. 내 커피를 객관적으로 평가할 때 로스팅이 발전하고 고객의 기호도와 선호도를 충족하기 때문입니다."

지기는 위와 같은 과정을 거치면서 당연하게 생두의 중요성을 깨우쳤다고 말한다. 좋은 생두를 사용하면서 머신과 바리스타의 편차를 줄일 수 있었고, 독일과 일본에서 마셨던 커피 맛에 근접할 수 있었다고 한다.

인터뷰를 마칠 무렵 커피로 미래를 설계하는 입문자를 위한 조언을 구하여 3가지 당부의 말을 들을 수 있었다. "첫째는 '맛있다'라는 단어의 정의가 필요합니다. 제 경우 그 커피가 가진 본연의 맛과 향이 나면서 불편한 맛이 없어야 합니다. 맛에 대한 본인만의 절대 기준치를 가져야 실험할 수 있습니다. 그래야만 연구하고 고민해서 내놓은 결과물에 대해서 평가할 수 있고 개선할 수 있습니다. 둘째는 꼭 좋은 생두를 사용하라는 것입니다. 자가 로스팅의 경험이 쌓이면 고가의 생두 중에서도 제 값을 하는 생두를 고를 수 있는 안목이 생겨납니다. 마지막으로 끊임없이 고민하고 결과를 도출하길 바라며, 내가 커피를 하는 이유와 자기 철학을 바로 세우기를 당부드립니다."

Roasting @ 커피디딤

경쟁 로스터리 숍과의 차별화를 뛰어넘는
깊은 맛과 특별함을 선사하여 고객의 발걸
음을 끌어당기는 데 일조한다.

🫘 하우스 블렌딩 for 에스프레소 3kg

☐ 로스팅 일지: 2022년 2월 15일
☐ 생두: 하우스 블렌딩 for 에스프레소
☐ 로스팅기: FUJIROYAL 3kg LPG (직화식)
☐ 볶음도: 크랙 후 1분
☐ 생두 종류: 케냐, 브라질, 과테말라,
　　　　　수프리모 외 4종(총 8종)
☐ 수확: 2021년
☐ 고도: 1,500m 이상
☐ 가공: Fully Washed(Only brazil natural)
☐ Blending: 선 블렌딩

시간 (분)	원두 온도 (℃)	가스 압력(Kpa)	댐퍼(1~10)	현상
0	200	0	0	투입
7	91	0.25		가스 ON
18	129	0.5	1	Yellow 단계
20	132	1.2	1~2	갈변 초기 단계
24	165	0.8	1~2	
25	174	0.5	4	팝핑
32	186	0.3	4	팝핑 후 1분 20초
33	198	0.2	5	OUT (크랙 후 5~7초)
34	203	0	5	OUT (크랙 후 1분)

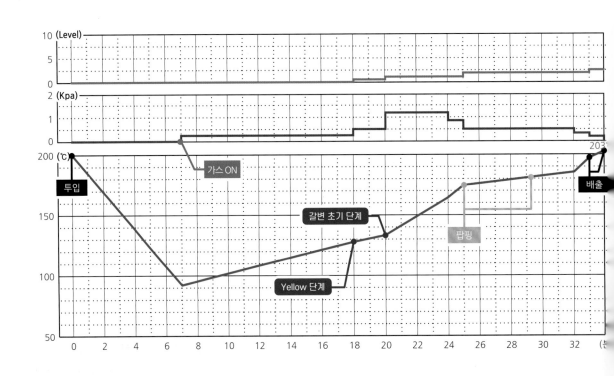

풍부한 여운이 인상적이다. 꽉 찬 풍부함의 끝은 단맛의 여운으로 남아 달콤한 라테를 베리에이션으로 하는 모든 메뉴에 환상의 궁합을 약속하다.

하우스 블랜딩 for 에스프레소 5kg

- ☐ 로스팅 일지: 2022년 2월 13일
- ☐ 생두: 하우스 블랜딩 for 에스프레소
- ☐ 로스팅기: FUJIROYAL 5kg LPG (직화식)
- ☐ 볶음도: 크랙 후 1분 30초
- ☐ 생두 투입량: 4,500g
- ☐ 수확: 2021년
- ☐ 고도: 1,500m 이상
- ☐ 가공: Fully Washed(Only brazil natural)
- ☐ Blending: 선 블렌딩
- ☐ 품종: SL28, SL34, Ruiru11, Batian
- ☐ 가공: Fully Washed
- ☐ 밀도: 786

시간 (분)	원두 온도 (℃)	가스 압력(Kpa)	댐퍼(1~10)	현상
0	2200	0	0	투입
7	80	1.2		가스 On
19	131	1.5	1	Yellow 단계
21	136	2.2	1~2	갈변 초기 단계
26	160	1.5	1~2	
28	177	1.2	4	팝핑
29	183	1	4	팝핑 후 1분 20초
34	199	1	4	크랙 후 40초
35	204	0	5	Out (크랙 후 1분 30초)

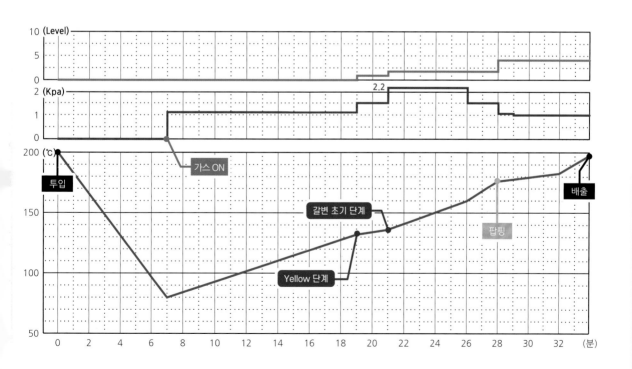

Roasting @ 커피디딤

맛있는 커피에 빠져들게 하고 싶다. 그 맛과
향을 기억하고 언제든 떠올릴 수 있는 커피
로 각인되어 고정된 일과가 되면 좋겠다.

🫘 하우스 블랜딩 for 에스프레소 1kg

☐ 로스팅 일지: 2022년 2월 19일
☐ 생두: 하우스 블랜딩 for 에스프레소
☐ 로스팅기: FUJIROYAL 1kg LPG (직화식)
☐ 볶음도: 크랙 후 60초
☐ 생두 투입량 : 700g
☐ 생두 종류: 케냐, 브라질, 과테말라, 수프리모 외 4종
　　　　　　(총8종)
☐ 수확: 2021면
☐ 고도: 1,500m
☐ 가공: Fully Washed(Only brazil natural)
☐ Blending: 선 블렌딩

시간 (분)	원두 온도 (℃)	가스 압력(Kpa)	댐퍼(1~10)	현상
0	190	0	0	투입
7	109	0.4		가스 ON
15	138	0.5	1	Yellow 단계
16	160	0.6	1~2	갈변 초기 단계
18	171	0.5	4	팝핑
20	176	0.4	4	
21	190	0.3	4	팝핑 후 1분 20초
23	195		4	OUT (크랙 후 5~7초)
25	199	0	10	OUT (크랙 후 5~8초)

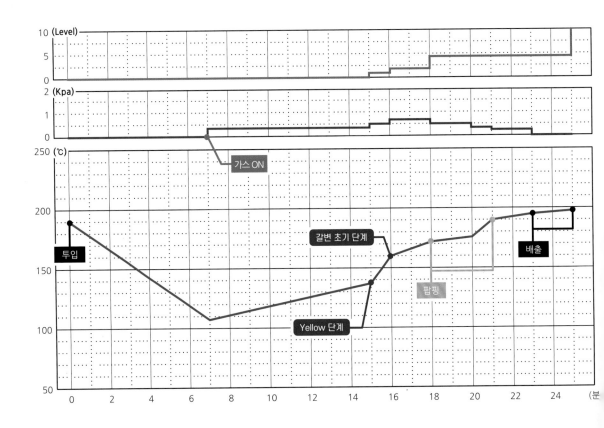

맛있는 커피에 대한 갈증이 해소되는 감
동을 선사한다. 세련된 라임프 스타일을
추구하는 그대의 목마름에 진짜 맛있는
커피로 자리한다.

🅸 케냐 AA Top

- ☐ 로스팅 일지: 2022년 2월 19일
- ☐ 생두: 케냐 AA Top
- ☐ 로스팅기: FUJIROYAL 1kg LPG (직화식)
- ☐ 볶음도: 크랙 후 10초(싱글오리진)
- ☐ 생두 투입량: 700g
- ☐ 농장: KIAMUGUMO
- ☐ 지역: Kirinyaga County
- ☐ 수확: 2021년
- ☐ 고도: 1,500m
- ☐ 품종: SL28, SL34, Ruiru11, Batian
- ☐ 가공: Fully Washed
- ☐ 밀도: 786

시간 (분)	원두 온도 (℃)	가스 압력(mmH2O)	댐퍼(1~10)	현상
0	150	0	0	투입
7	100	0.4		가스 ON
15	138	0.5	1	Yellow 단계
16	141	0.6	1~2	갈변 초기 단계
18	155	0.5	1~2	
19	168	0.4	4	팝핑
21	176	0.3	4	팝핑 후 1분 20초
23	187	0.2		OUT (크랙 후 5~7초)

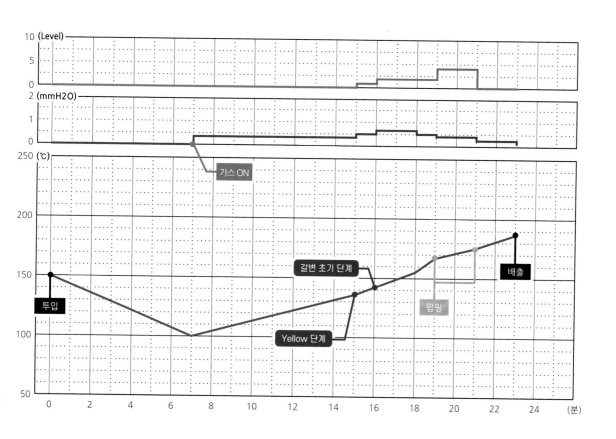

웨일즈빈(Whales Bean)

‖‖

주소: 인천광역시 연수구 송도동 송도미래로 30
스마트밸리 A동 110호
Mobile: 010-7738 9599
Tel: 032-719 7884
www.whalesbean.com

대중적으로 널리 쓰는 유행어에 "답이 없다."라는 말이 있다. 아마도 '안 되니까 혹은 모르니까 답이 없는 거 같다'란 의미로 둘러대는 말일 듯싶다. 지금은 각종 서적과 인터넷의 영향으로 누구나 로스팅 관련 전문지식을 손쉽게 접할 수 있다. 아쉽게도 정보의 접근성은 용이해진 만큼 불분명한 원리와 많은 오류가 여과되지 않은 채로 범람하고 있는 것도 사실이다. 물론 유행하는 말처럼 "로스팅에 절대적인 정답은 없다."라는 말에 동의하기도 한다. 그러나 분명 좋고 나쁨은 있는 것이다. 좋은 로스팅이란 과학적 사실과 원리에 기반하는 공학적 사고로 풀어낸 지식일 때 논리적 사고를 통해 문제를 해결하는 과정에서 성장한다. 다음에 다루는 '로스팅 상식'은 객관성을 담보하기 위하여 연역적으로 합의된 지식을 웨일즈빈(Whales Bean)의 경험을 통해 담아내었다.

자가 로스팅 커피점에 요구되는 로스팅 기술이란

일부 전문가들 사이에서 양적 성장이 주도하는 커피 시장 트렌드 변화를 '물결'이라고 표현한다. 커피 소비량이 급격히 증가하던 초기 시장을 '제1의 물결', 이후 대형 프랜차이즈 업체가 주도하는 '제2의 물결'을 지나, 지금은 좋은 커피의 진가를 소비자가 알아보는 '제3의 물결'로 진입한 과도기이다.

로스터리 숍은 리허설이 아닌 진짜 실력을 무대에서 보여 주고 평가받는 완성형의 커피숍일 것이다. 전문적인 지식이나 기술은 물론 트렌드 상식이 기틀을 다지고, 소비자와의 공감 능력, 표현 능력이 발휘되어 보다 견고해지는 커피숍의 최종형이다.

커피에 빠져 이제 관심을 가지기 시작한 일반인의 시선에서 '로스팅'이라고 하면 저마다 해설이 난해하여 뭔가 어렵다. 막연히 전문가의 영역으로만 여긴다. 그러나 쉽게 생각하면 단지 커피를 볶는 것에 지나지 않는다. 망설이거나 두려워할 필요가 없는 영역이다. 커피 마니아라면 시작해 보고, 전문가라면 참고하여 보다 진화한 커피의 맛과 향을 보여 주길 기대한다.

커피 본연의 맛

경험 많은 로스터라면 누구나 선호하는 볶음도가 있다. 그 선호하는 볶음도에서 최적의 로스팅 포인트를 찾는 것이 그 로스터의 최대 과제라고 해도 틀린 말은 아니다. 그러나 아무리 경험 많은 로스터라도 한 번쯤 고민해 봤을 것이다. 선호하는 볶음도 이전에 공통적으로 인정하는 최적의 볶음도는 어느 지점일까? 하는 의문이다. 이는 고객이 가장 좋아하는 볶음도와 맞닿은 궁금증이다.

한편 '커피 본연의 맛'으로 여기고 누구나 인정하는 커피 맛이 있었다. 맛과 향이 풍부하고, 치우침이 없어야 하며, 여운까지 길어 식어도 맛있는 커피를 일컫는다. 지금은 그런 커피 맛을 찾기 어렵다. 고객의 입맛은 그대로인데, 유행하는 커피 맛이 변한 것이다.

웨일즈빈은 특정한 맛과 향을 지향하는 스페셜티 커피를 포함하여 원산지에서 매겨진 생두의 등급은 참고하여 고형물 함량이 풍부하고 밀도가 높은 생두를 양질의 생두로 인식하여 균형 잡힌 로스팅을 한다.

최적의 로스팅 포인트

볶음도에서 맛과 향이 균형 잡힌 이상적인 지점을 가리킨다. 마시기 전에 후각으로 느끼는 향과 입을 통하여 비강으로 전달되는 향이 풍부하여 그 강도와 질이 높고, 단맛을 중심으로 신맛과 쓴맛이 조화로우며 부드러움과 진함이 공존하는 커피일 때 최적의 로스팅 포인트라 할 만하다.

웨일즈빈은 모든 원두에서 공통으로 가리키는 최적의 로스팅 포인트를 팝핑 이후에 나타나는 크랙을 기준으로 설정하고 있다. 이 지점을 로스팅의 pak point, 즉 최적화 지점의 Optimal Point를 줄여서 O.P로 지칭한다. 팝핑으로 자유수가 증발하고, 이후 공동의 고형물은 건열 가열되어 고형물의 분해·탈수·축합·연소 등의 반응이 일어난다. 이러한 가용 성분의 화학적 분해 반응으로 우리가 아는 커피의 맛과 향이 점층적으로 발달하는 것이다. 이와 같은 반응을 거치는 동안 지속해서 발생하는 수증기(자유수)와 이산화탄소를 포함한 기체 성분은 공동 내부에 압력으로 작용하여 원두의 표면 조직이 균열하는 크랙을 발생시킨다. O.P란 원두 내부에 쌓이는 압력으로 표면 조직이 균열하는 지점,

즉 균열과 균열이 아님을 분간할 수 없는 임계 상태인 지점을 일컫는다.

생두의 밀도에 따른 볶음도

O.P는 생두의 밀도에 따라 볶음도를 판단하는 기준이 된다. 밀도가 낮다면 고형물의 함량이 낮고, 원두의 세포조직이 치밀하지 못하여 O.P 이전에 배출한다. 반면에 밀도가 높다면 고형물 함량이 풍부하고 세포 조직 또한 치밀한 걸 의미한다. 이는 고형물과 세포 조직이 단단하게 결합한 원두이며 충분한 열화학 반응을 유도할 때 커피 본연의 맛을 발현한다. 따라서 O.P 이후에 배출하는 것이 맛과 향을 개발하기 유리하다.

한 배치(Batch)의 원두 고찰

앞서 원두 1알을 특정하는 O.P에 관하여 살펴보았다. 하지만 한 배치는 원두 1알의 O.P와는 다르게 정의한다. 같은 품종의 원두라도 모두 같은 크

웨일즈빈은 특정한 맛과 향을 지향하는 스페셜티 커피를 포함하여 원산지에서 매겨진 생두의 등급을 참고하여 고형물 함량이 풍부하고 밀도가 높은 생두를 양질의 생두로 인식하여 균형 잡힌 로스팅을 한다.

기, 같은 밀도일 수 없다. 따라서 일순간에 크랙이 동시에 발생하는 것은 사실상 불가능하다. 웨일즈빈은 어느 한 지점을 특정하지 않고 특정 범위를 설정하였다. 즉 한 배치에서 O.P는 특정 지점이 아닌 특정 범위로 설정한다.

크랙의 시작 음이 들리고 이후 연결음이 들리는 지점까지를 O.P(Optimal Point)로 명명하고, 평균 시간을 15초로 정하였다. O.P 구간에서 배출한 한 배치의 원두는 O.P 구간에 진입한 소량의 원두와 그 이전의 원두로 구성되었다.

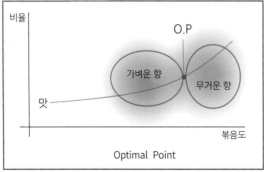

탈수 축합 반응으로 문자가 큰 향이 만들어진다.

생두와 로스팅의 관계

맛있는 한 잔의 커피는 양질의 생두를 선별하여 생두의 특성에 따른 적절한 로스팅 과정을 거칠 때 비로소 완성된다. 그런 만큼 생두와 로스팅의 관계는 유기적 관계에 놓여 있다.

커피 생두는 원산지별로 그 고유한 등급제를 따르고 있다. 콜롬비아나 케냐는 크기를 기준으로 선별하고, 과테말라나 코스타리카, 니카라과 등은 재배 고도에 따른 등급을 채택하며, 에티오피아나 브라질 등은 결점두를 기준으로 선별하는 등 각각의 지역에 따라 객관적인 기준으로 등급을 나눈다. 여기에 감별사의 '커핑(Cupping)'이라는 관능적 평가를 통해 유통되는 생두까지 더해진다.

물론 지역의 특성을 고려하기 때문에 무엇이 좋거나 나쁘다고 말할 순 없다. 그러나 경험 많은 로스터라면 있는 그대로 신뢰하지 않고 주관적인 평가나 관능검사에 의존하지 않는다. 그저 참고만 할 뿐 저마다 경험을 바탕으로 평가하고 있다. 자신의 기준에 맞춰 평가했을 때 비로소 적절한 로스팅 메커니즘이 적용되는 것이다.

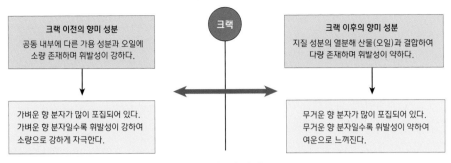

크랙 전후의 향미 성분

생두의 평가

단단한 생두, 즉 일교차가 큰 고지대에서 재배되어 고형물 함량이 풍부하고 밀도가 높아 경도가 높은 생두를 양질의 생두로 판단한다. 양질의 생두는 색도계나 밀도 특정기 등을 이용하여 색의 선명도와 탄성, 소성, 점성, 점탄성 등의 변형 및 흐름의 특성으로 판단할 수 있다. 그밖에 비중을 이용한 평가 또한 유용한 방법이다.

단단한 생두와 무른 생두

저마다 배출하는 포인트는 다르지만, 기본 로스팅 메커니즘은 같다. 차이라면 시간일 것이다. 단단한 생두일수록 좀 더 긴 시간 열화학 반응을 유도하고, 무른 생두일수록 적당한 시간 동안 열에너지를 공급하여 열분해한다.

조직이 얇은 생두

품종의 영향으로 조직이 얇은 생두는 생두를 구성하는 세포 조직의 폭이 좁아 열전달 효율이 높다. 그러나 낮은 임계점에서 반응하는 부풀음이나 팝핑과 크랙으로 인해 열분해 반응을 충분하게 유도하기 어렵다. 부풀음이나 팝핑과 크랙을 과하게 유도한 원두는 원두의 보관 수명에 치명적이다.

댐퍼의 운용으로 부풀음을 줄여 주어 세포 조직을 견고하게 만드는 스킬이 요구된다. 댐퍼를 좀 더 닫은 형태로 팝핑이나 크랙이 일어나는 지점까지 유도하다 미리 댐퍼를 열어 주는 방법으로 팝핑과 크랙의 임계점을 낮출 수 있다.

고형물 함량(밀도)이 높은 생두

밀도가 높은 생두는 충분하게 열에너지를 공급하여 열화학 반응을 유도할 때 원하는 결과물을 얻게 된다. 재배 고도가 높아 불용성 섬유소 형성

단단한 생두로 밀도가 높다.

무른 생두로 밀도가 낮다.

이 불리하지만, 향미의 원천인 아미노산과 유기 화합물을 많이 생성한다. 충분한 예열과 낮은 단계에서의 화력으로 로스팅 시간을 늘려 주는 방법이 유용하다. 그밖에 팝핑과 크랙의 임계점을 높게 할 때 원두의 고형물과 치밀하게 결합한 수분을 효율적으로 분리할 수 있다. 그렇듯 고형물의 충분한 열화학 반응을 유도하고 팝핑과 크랙의 임계점을 높여 주는 방법이 효율적이다. 댐퍼의 운용을 좀 더 닫아 주는 형태로 진행하며 팝핑과 크랙의 연결음이 본격적으로 들릴 때 댐퍼를 열어 주는 방법이 효과적이다.

고형물 함량(밀도)이 낮은 생두

고형물 함량이 낮은 생두는 향미가 부족하다. 재배 고도가 낮아 세포 조직의 형성이 용이하지만 부족한 유기 화합물과 유기 화합물 주위로 분포한 수분의 비율이 높다. 낮은 단계에서 점진적인 화력 조절과 한 템포 빠르게 댐퍼를 열어 주는 방법으로 원두의 부풀음을 최소화한다.

밀도가 높고 세포 조직이 두터운 생두

콜롬비아나 케냐 생두가 대표적이다. 향미 성분의 재료가 되는 고형물의 함량은 풍부하고 세포 조직이 두터워 열에 대한 내구성이 높다. 충분하게 예열하고 보다 높은 온도에서 생두를 투입하여 충분하게 열에너지를 공급한다. 팝핑을 기준으로 로스팅 초반의 댐퍼 값은 좀 더 닫아 주는 형태로 운용하지만, 이후에는 좀 더 열어 주는 형태로 운용하며 원활하게 크랙을 유도한다.

밀도가 높고 세포 조직이 얇은 생두

에티오피아나 코스타리카 생두가 대표적이다. 충분하게 예열하고 좀 더 낮은 온도에서 생두를 투입하여 로스팅을 진행한다. 댐퍼를 좀 더 닫은 형태로 팝핑이나 크랙까지 진행하며 미리 댐퍼를 열어 주는 방법으로 팝핑과 크랙을 유도한다.

크기가 제각각 다른 생두

기본적인 로스팅 메커니즘은 같다. 작다고 과하게 열분해되거나 크다고 더디게 진행되진 않는다. 차이라면 팝핑이나 크랙의 진행 시간이 좀 더 길다는 데 있다. 팝핑과 크랙의 연결음이 들리고 한 템포 늦춰 댐퍼를 열어 주는 방법으로 팝핑과 크랙의 지속 시간을 줄여 줄 수 있다. 반하여 일정한 크기의 생두라면 팝핑과 크랙이 비교적 같은 시간대에 발생하여 진행 시간이 짧다.

산지 고도

우수한 품종의 '아라비카'종은 전 세계 커피 생산량의 70%를 차지하고, 그중에서도 보다 고지대에서 좋은 품질의 아라비카종이 생산된다. 고도가 높을수록 평균 기온의 하강으로 일교차가 크게 나타나 커피 씨앗에 고형물이 서서히 축적한다. 통상적으로 토양은 풍화 작용이 활발하여 화산재, 부엽토 등에 함유된 무기 미네랄이 풍부하고 통기성이 우수하여 커피나무가 웃자라지 않고 양질의 커피 열매가 맺히기에 적당한 환경이다. 단단한 생두, 즉 일교차가 큰 고지대에서 재배되어 고형물 함량이 풍부하고 밀도가 높아 경도가 높은 생두를 양질의 생두로 판단한다. 양질의 생두는 색도계나 밀도 특정기 등을 이용하여 색의 선명도와 탄성, 소성, 점성, 점탄성 등의 변형 및 흐름의 특성으로 판단할 수 있다. 그밖에 비중을 이용한 평가 또한 유용한 방법이다.

수분량

고형물 함량이 풍부하고 수분 함수량이 적당하면 녹색으로 짙고 밝은 빛이 나며, 반하여 고형물 함량이 부족하고 수분 함수량이 많을수록 청색으로 어둡

고 짙다. 수세식 방식으로 건조한 생두는 녹색이나 청색을 띠며, 내추럴 방식으로 건조한 생두는 상대적으로 색이 옅고 갈색을 띠게 된다.

결점두

생두는 원산지별로 그 고유한 등급제를 따르고 있다. 생두의 크기나 재배 고도로 평가하거나 결점두를 포함한 이물질의 혼입 등으로 각각 평가하지만, 공통적으로 결점두 제거에는 충분히 공을 들인다. 아무리 평가가 높고 점수가 높은 커피콩이라도 결점두의 혼입 정도가 등급에 영향을 미치기 때문이다. 아울러 고객의 신뢰를 잃게 한다. 그러므로 품질 이상의 가치를 위해서는 핸드픽이 불가피하다고 할 수 있다. 한편으론, 결점두의 영향을 지나치게 과장하는 표현은 지양한다. 로스팅을 하는 동안 고온에 노출된 결점두는 열분해되어 그 특성을 상실한다. 물론 미미하게 나타날 수 있다. 그러나 알려주거나 실제로 확인하기 전에는 맛으로 감지하기 어렵다. 한 잔의 커피에서 나타나는 잡맛은 대부분 그 커피를 만드는 사람에게 있다. 멀쩡한 원두라도 제대로 볶지 못하거나, 보관에 문제가 있고, 제대로 추출하지 못하면 한 잔의 커피에 깃든 모든 원두에서 잡맛이 발현하기 때문이다.

미성숙두

아직 여물지 않은 생두를 미성숙두라 일컫는다. 생두인 상태에서 연한 녹색을 띠며, 로스팅 이후에 노란색을 띤다. 별다른 맛이 없거나 미미한 잡맛이 나며, 생두의 등급에 영향을 미친다.

발효두

건조 과정이나 보관할 때 오염된 생두이다. 생두인 상태에서 잘 드러나며, 로스팅 이후에는 식별하기 어렵다. 한 잔의 커피에서 그 영향이 미미하지만, 커피에 대한 기대감을 낮게 만든다.

검은콩

지나치게 성숙하여 발효한 생두이거나, 건조 과정에서 심하게 오염된 생두이다. 진하게 갈변하거나 검은색에 가까워 발견하기 쉽다. 생두의 등급을 낮추고 커피 맛에 영향을 준다.

곰팡이 냄새

건조 과정에서 오염되었지만, 쉽게 구분되지 않은 상태로 유동되는 생두이다.

셀빈

약한 로스팅에서는 산미가 강하게 나타나고 강한 로스팅에서는 보다 다크한 맛으로 나타난다. 비록 잡맛으로 분류하진 않지만, 품질에 대한 기대감은 떨어지게 만든다.

웨일즈빈의
커피 로스팅

[투입]
▼

로스팅이 이루어지는 드럼과 그 외부를 감싼 틀(housing)이 있다. 드럼의 소재에 따라 열적 관성이 차이를 보이며, 열적 관성이 낮다면 원두 내부로 전해지는 복사열에 비하여 원두 표면으로 가해지는 전도열의 영향이 크다. 반하여 열적 관성이 높을수록 전도열과 복사열이 원두에 고르게 전해진다. 또한, 드럼과 housing을 충분하게 데워서 로스팅하는 동안 외부의 housing으로 빼앗기는 열을 최소화하여 열효율을 높여 준다.

예열은 투입량에 따라 어느 정도의 화력 세기로 어느 정도의 온도까지 진행할지, 반복은 몇 번으로 할지 등으로 결정된다. 예열 시간을 단축하기 위한 목적으로 처음부터 높은 화력으로 가열하면 마모나 고장의 원인이다. 따라서 비교적 낮은 온도에서 충분한 시간을 들여가며 온도를 높여, 1차 로스팅이 끝난 이후에도 드럼의 열적 관성이 일정하게 유지될 수 있도록 한다.

[투입 온도]
▼

열적 관성과 투입 온도는 비례하여 로스팅 시간에 영향을 미친다. 충분하게 예열하거나 높은 온도에서 투입할수록 로스팅 시간은 짧아지고 반하여 열적 관성이 낮거나 투입량이 줄어들수록 로스팅 시간은 빨라진다.

[생두의 투입량]
▼

같은 로스팅기를 동일한 화력으로 로스팅한 경우, 생두의 투입량에 따라 온도 상승 추이가 달라진다. 생두의 양이 많으면 온도의 상승은 완만해지고, 적으면 빠르게 높아지는 식이다. 만약 지나치게 완만하여 로스팅 시간이 길어지면 댐퍼의 역할을 충분히 고려해야 하며, 지나치게 짧은 경우는 열화학 반응의 부족으로 맛과 향이 부족하다.

일반적으로 생두의 투입량은 드럼의 용량에 기준한다. 1kg용이라면 1kg이 기준이 되는 식이다. 당연히 적정 용량을 초과하지 않도록 하며 드럼 용량의 30% 이하는 원두 표면에 열에너지가 과중되어 고형물의 열화학 반응과는 무관하게 표면의 갈변 변화가 빠르게 진행한다.

[중점]
▼

실온의 생두를 투입하는 것으로 가마 내부의 온도는 낮아진다. 완전히 내려간 드럼의 온도를 중점이라고 한다. 긴 시간 예열할수록 열적 관성이 높게 쌓여 중점은 높게 나타나고, 반대로 예열 시간이 짧을수록 열적 관성이 낮아 중점 또한 낮은 온도를 가리킨다. 맛의 재현성을 계획할 때 기준으로 삼기 때문에 예열 시간은 일정한 시간 동안 진행해야 한다. 이전 로스팅 데이터와의 차이를 중점에서 확인하고, 차이가 발생하면 무리하지 않게 화력과 댐퍼를 조정한다.

[원두와 수분]
▼

성숙한 생두 내부는 흡습 또는 방습되는 형태로 저장 기간에 영향을 미치는 자유수와, 전분 형태로 탄수화물이나 단백질 분자와 견고하게 수소 결합한 결합수가 존재한다. 팝핑 구간까지 발생하는 수분은 자유수이고 이후에 발생하는 수분은 결합수이다.

생두를 투입하고 고온에 노출된 원두는 흡열 반응이 진행되어 내부 온도의 상승과 표면의 증발이 발생한다. 댐퍼의 개폐를 최소화하는 방법으로 증발하는 수분을 가두어 원두 표면에 수분 보호막을 형성하여 표면의 탄화를 방지하는 상태로 원두 내부에까지 고른 열전달을 유도할 수 있다.

[열전달 매개체]
▼

지질 성분은 높은 온도에도 쉽게 변하지 않는 비가역적인 고분자 물질이며, 200℃에 가까운 높은 발연점이 특징이다. 이는 생두를 구성하는 세포 조직의 구성 물질로 생두 내부에 다량 함유되어 열전달 매개체로 작용하여 로스팅을 하는 동안 물리적 화학적 반응을 유도한다. 또한, 크랙을 전후로 원 표면에 드러나는 오일은 맛과 향기 물질을 포집하는 기능을 한다.

[오일과 수분의 상관관계]
▼

오일과 수분은 생두의 구성 물질로 로스팅 과정에서 중요하게 다뤄진다. 로스팅 메커니즘에서 비중의 변화 없이 열전달 매개체로 작용하는 오일과, 기화하는 수분의 역할을 이해하고 대응할 때 원하는 변화와 결과를 끌어낼 수 있다. 오일의 발연점은 200℃에 가깝지만, 수분의 끓는점은 100℃에 머무른다. 수분의 역할을 운행하는 자동차에서 냉각수의 역할로 이해할 수 있다. 로스팅 후반 급격한 열화학 반응은 냉각수 역할을 하는 수분의 소실에 기인한다.

[갈변 수축]
▼

원두가 노랗게 갈변하는 지점에서는 원두 표면의 온도와 원두 내부의 온도가 열적 평형을 지나 역전하는 때이다. 갈변하는 지점에서 원두 내부의 온도가 외부의 온도에 비해 높아지는 때이며 이후 원두는 응축에 의한 수축 현상이 발생한다.

[팝핑]
▼

응축에 의한 수축 현상은 팝핑 이전까지 진행되고, 원두의 세포 조직이 임계점에 다다르면 움츠러들었던 세포 조직이 팽창하여 팝핑이 발생한다.
응축에 의한 수축과 반대되는 물리적 현상이 부풀음이다. 부풀음의 정도는 응축과 비례하여 나타나고, 원두의 세포 조직과 고형물의 조성과 관련 깊다. 팝핑이 끝나는 단계가 소위 미디엄 로스팅이며, 이후로 고형물의 열화학 반응이 본격적으로 진행한다. 열화학 반응으로 발생하는 이산화탄소를 비롯한 다량의 기체가 원두의 부풀음을 만든다.

[팝핑→크랙]
▼

팝핑 이전은 원두에 열을 가하여 발생하는 비가역적 반응으로 화학적 분해 이전의 반응이다. 팝핑으로 원두 내부의 자유수가 증발하면 본격적인 화학 반응이 일어나며 복합적인 산물이라 할 수 있는 맛과 향이 만들어진다.
자유수가 원두 내부에 압력으로 작용하여 팝핑이 발생했다면, 크랙은 공동 내부 고형물의 열분해로 발생한다. 고형물과 단단하게 결합한 결합수와 고형물의 열화학 반응으로 발생하는 이산화탄소가 각각의 공동 내부에 팽창 압력으로 작용하여 임계점을 넘길 때 표면 조직이 균열하여 나는 소리이다. 자유수에 이어 결합수까지 빠져나간 원두 내부는 수분 활성도 이하가 되어 더욱 빠르게 열화학 반응이 진행된다.

[크랙 이후]
▼

자유수에 이어 결합수까지 빠져나간 원두 내부는 수분 활성도 이하 건열 가열로 메일라드 반응과 당류 단일 물질에 의한 캐러멜 반응을 촉진한다. 그로 인해 점조한 형태로 갈색은 짙게 하고 독특한 맛과 달콤한 특징의 향이 원두의 풍미에 더해진다. 하지만 연소물이 발생하여 쓴맛 또한 가중된다.

[로스팅 종료]
▼

커피 맛의 재현성을 높이기 위해서는 가장 중요한 포인트이다. 예정된 볶음도까지 진행되면 원두를 배출하여 로스팅을 종료한다.
순간적인 판단이 필요하다. 크랙 이후 로스팅이 진행될수록 물리 화학적인 반응량과 속도가 비례하여 가중되기 때문이다.
통상적으로 로스팅의 진행 상황이나 볶음도의 판단을 온도, 시간, 색, 모양, 향기, 소리, 오일, 연기 등을 통해 판단한다. 큰 틀에서 물리적인 요소인 온도, 시간, 모양, 소리를 기준으로 설정하고 화학적인 요소인 색, 향기, 오일, 연기 등을 판단하지만, 크랙 이후로는 초 단위로 변화하는 반응에 이 모든 요소를 고려하기는 불가능하다. 선택하여 집중할 때 역량이 키워진다.

[냉각&종료]
▼

배출과 동시에 냉각에 최선을 다하자. 냉각 시간이 길어질수록 잔존한 열에 의해 고형물의 열분해가 지속하여 원하는 결과물을 얻기 힘들다. 쿨러의 성능에 따라 냉각 시간이 가변적이다. 비록 배출하며 로스팅을 마쳤다지만 냉각 시간만큼 열분해되기 때문에 엄격하게 냉각까지 마쳤을 때가 로스팅 마무리다.
냉각 시간이 줄어드는 만큼 열분해로 소실되는 향기가 적어진다는 것이 무엇보다 중요한 사실이다.

댐퍼를 지나치게 닫으면 병목 현상에 의해 불완전 연소가 발생하고 지나치게 개방하면 주위의 찬 공기 유입으로 온도의 손실을 보게 된다.

댐퍼

강제 배기 장치가 부착된 반열풍식 로스팅기는 열원으로부터 뜨거워진 공기가 드럼 내부를 지나 댐퍼를 통과하여 외부로 배출되는 시스템이다.

온도 상승과 댐퍼

- 열원이 완전 연소에 가깝다면 그만큼 드럼의 온도 상승은 완만하다.
- 불꽃으로 데워진 공기가 드럼을 통과하여 댐퍼를 통해 흐를 때 온도 상승이 완만하기 위해서는 완전 연소가 되어야 하며, 완전 연소에 필요한 적정 산소가 유입되어야 한다.
- 산소의 유입은 댐퍼로 조절한다.

댐퍼의 역할

드럼 내부의 풍량과 열량을 조절하고 외부로 연기나 채프 등을 내보낸다. 하지만 상용 로스팅기의 배기관은 채프나 점성을 띄는 연기로부터 막히게 되는 것을 우려하여 지나치게 넓게 설계되었다. 배기관의 크기가 정상적인 댐퍼를 조절할 때, 지나치게 닫으면 병목 현상에 의해 불완전 연소가 발생하고 지나치게 개방하면 주위의 찬 공기의 유입으로 온도의 손실을 보게 된다. 따라서 완전 연소에 근접하고 대류의 흐름이 가장 이상적인 구간을 '정상류 범위'로 설정하고, 정상류 범위 내에서 댐퍼를 조절한다.

댐퍼의 정상류 범위

공기의 흐름이 완전 연소에 근접하는 이상적인 구간을 '정상류 범위'로 정의한다. 댐퍼를 열어 놓고 조금씩 닫을 때 대류 온도센서(air temp sensor)의 온도가 상승하다가 정점을 지나면 하락하게 된다. 진공청소기의 흡입구를 지나치게 막았을 때와 같다. 이때는 로스팅기의 연소실에 산소의 유입이 원활하지 않아 '불완전 연소' 현상이 발생한 것이다. 이때 열원의 불을 확인하면 붉은색의 불꽃이 보이거나 불꽃이 흔들리며 점차 작아진다. 이처럼 온도 하락 이전 센서의 온도가 최고점을 가리키는 지점이 '정상류 최소 개방' 지점이다. 반대로 정상류 최소 개방에서 댐퍼를 열다 보면 적정 온도를 유지하다 급격하게 하락하는 지점을 확인할 수 있다. 정상류 최대 지점을 가리킨다. 외부의 찬 공기

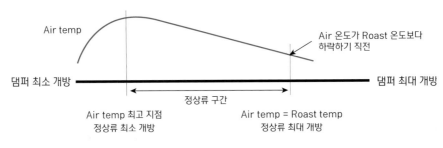

정상류 범위

가 급격하게 유입되는 지점으로 불완전 연소가 발생하는 지점이다.

댐퍼	정상류 최소 개방	정상류 최대 개방
온도	온도 상승	온도 하락
압력	높은 압력	낮은 압력

수분 제거

댐퍼를 통해 대류열의 흐름이 증가하면 드럼 내부에 전존하는 수분은 감소하고, 대류열의 흐름이 느려지면 잔존하는 수분의 증가로 나타나는 상관관계에 놓인다. 한편 "댐퍼를 열거나 닫는다고 원두에 잔존한 수분을 직접 제거할 수 있다."라는 발상은 잠시 접어두자. 사실 대류열과 수분의 컨트롤은 대척점에 있다. 원두에서 이탈하여 드럼 내부에 갇힌 수분은 원두 표면에 가해지는 전도열과 대류열에 부하로 작용한다. 부하로 작용하는 수분량은 대류의 흐름으로 통제할 수 있다.

팝핑과 크랙 시의 댐퍼 운용

팝핑 직후 원두는 다량의 수분이 배출된 만큼 고온의 열에 빠르게 반응한다. 그로 인해 이전보다 닫아 주는 형태로 댐퍼를 운용할 한 가지 이유가 되었다. 그러나 팝핑 이후 원두의 부풀음이 드럼 내부에서 부피의 증가로 이어져 댐퍼의 흐름을 방해하기 때문에 열어주는 이유도 한 가지 발생했다.

정상류 범위 내에서 닫을수록 산미를 살리는 것에 유리하고, 열수록 쓴맛이 증가하는 원리를 고려하지만 이전에 생두 투입량을 우선하여 고려한다.

짧은 시간 & 약한 로스팅

짧은 시간에 로스팅을 마치는 경우 산미의 윤곽이 뚜렷한 강한 맛이 특징이다. 하지만 가용 성분의 화학적 분해가 충분하지 않다는 것을 의미한다. 열분해로 맛 성분이 만들어지고, 맛 성분의 열분해로 향기 성분이 만들어지는 과정에서 맛 성분이 만들어지는 시기에 로스팅을 마친 원두의 특성을 보인다. 이는 맛 성분과 비교하여 향 성분이 부족하다는 것을 의미한다.

긴 시간 & 강한 로스팅

예열이나 투입 온도를 낮게 하지 않고 화력만을 억제해서 긴 시간 강하게 로스팅하는 경우 쓴맛이 뚜렷하다. 크랙 이후로는 맛 성분의 열분해로 향기 성분이 만들어지는 과정으로 인식한다. 로스팅을 지속한 만큼 맛 성분의 열분해로 향기 성분이 발달하고 일부는 오일에 포집되며, 일부는 휘발한다.

로스팅기 타입

로스팅기는 크게 직화식, 반열풍식, 열풍식 3가지 타입으로 나뉜다.

직화식

직접 숯을 열원으로 사용하지 않은 이상 반열풍식에 가깝다. 드럼에 무수한 구멍으로 화염이나 데워진 공기가 원두에 직접 닿는다. 이때 로스팅기의 열원과 드럼이 가까우면 드럼은 복사열(불꽃)의 비중이 높고 반대로 드럼과 열원의 거리가 멀다면 드럼과 열원 사이에 공기의 대류가 증가한다. 한편 과도하게 원두 표면으로 열에너지가 집중되어 타기 쉬우며 원두 내부의 열분해 반응을 가늠하기 어렵다.

반열풍식

화염이 드럼을 직접 데우고, 데워진 공기가 드럼을 통과하여 나가는 시스템이다. 직화식과 비교하여 비교적 안정적으로 로스팅할 수 있다.

열풍식

드럼에 직접 열을 가하지 않고 지속해서 데운 공기를 드럼 안으로 보내는 방식이다. 원두 내부로 고른 열전달이 불리하지만 안정된 로스팅에 유리하다.

드럼 용량

통상적으로 드럼 용량 1~1.5kg을 소형 로스팅기, 3~15kg을 중형 로스팅기, 15kg 이상을 대형 로스팅기로 분류하고, 1kg 이하는 샘플 로스팅기 또는 가정용 로스팅기로 분류한다. 로스터리 숍을 계획할 때 필요에 따라 적정 드럼 용량을 선택한다. 자가 소비라면 소형 로터팅기로 충분하고, 소매나 납품을 겸한다면 중형 로스팅기를 추천하며, 납품이 목적이라면 대형 로스팅기가 유리하다. 그밖에 로스터리 숍의 규모도 가늠하여 선택한다.

날씨나 계절, 로스팅 환경과의 관계

커피 로스팅은 계절이나 날씨에 따라 기온과 습도의 변화로 열원의 연소율 차이가 발생한다. 또한, 실온 보관한 생두 온도가 차이를 보인다. 따라서 연소율을 가늠하고 열량과 댐퍼의 보정이 수반된다.

로스팅실의 환경 조성

로스터리 숍을 계획한다면 로스팅기를 선택하기 이전에 영업 방식을 결정하고 로스팅실을 고려하여 인테리어를 설계한다. 물론 자가 소비만 계획하면 별도로 로스팅실을 강제하지 않는다. 그러나 판매나 납품을 겸한다면 로스팅실은 필수로 갖춰야 한다. 만일 영업 형태로 온라인 판매와 소매를 겸한다면 '즉석식품가공업'에 해당하여 별도의 출입문이 필요하지 않지만, 납품까지 겸하는 '식품제조가공업'은 외부로 통하는 별도의 출입문이 필요하다.

로스팅실은 고온의 열원을 다루는 작업이다. 안전을 최우선하고 방음과 원활한 환풍 시스템을 갖추어 시야를 확보하는 구조로 설계한다.

덕트 설비

상용 로스팅기는 별도로 제연기를 설치하기 때문에 일정한 배기 흐름이 유지된다. 만약 덕트의 길이가 너무 길거나 중간에 여러 번 꺾어가며 설치한 경우에는 별도로 팬 모터를 설치하여 원활한 흐름을 유도한다.

로스팅 맛 평가

로스터리 숍이라면 객관적인 맛 평가로 고객의 기대를 충족한다. 평소에 많이 마셔 보고 맛과 향을 기억하며 감각을 단련한다. 맛을 평가할 때는 별도의 공간에서 한다. 장시간 카페의 커피 향에 노출된 평가자는 후각이 피로하고 무뎌져 객관적으로 판별하기 어렵다. 표현은 서툴지만, 오히려 후각이 피로하지 않은 고객의 평가가 신뢰할 수 있는 평가이고 이는 영업 결과로 이어진다.

매캐한 맛

혀끝을 조이는 듯한, 싹 튼 감자의 아린 맛이나 오이의 쓴맛이 날카롭게 느껴진다. 대체로 빠른 진행이나 과한 열량으로 로스팅할 때, 맛과 향이 충분하지 않거나 과하게 열분해 되었을 때 감지된다.

떫음

신맛이 끊임없이 이어지며 계속해서 아래턱에 남은 듯한 맛이 난다. 불쾌하고 지독한 산미, 밤이나 호두의 속껍질을 씹을 때 물을 마셔도 가시지 않는 떫은맛, 덜 익은 멜론의 비린맛 등이다. 이러한 커피는 단맛이 부족한 커피이다. 단맛이 견고하지 않으면 맛의 균형이 무너진 커피이다. 무너진 균형은 신맛이나 쓴맛이 유쾌하지 않은 자극으로 전해진다. 대개 원두 내부 고형물의 열분해가 충분하게 진행되지 않은 상태이다.

수망 로스팅

로스팅이 꼭 전문가의 영역이라고 단정 지을 수 없다. 로스팅에 관심이 있다면 고가의 로스팅기를 구매할 필요 없이, 누구라도 쉽게 도전하여 자신이 볶은 원두를 맛보는 다양한 방법들이 있다. 그중에 접근성, 편리성, 실용성에 앞서는 수망을 이용하는 로스팅을 소개한다. 더하여, 수망에 약간의 공정을 더하면 상업용 로스팅기 못지않은 결과물을 만들 수 있다는 걸 알리고 싶다.

수망 로스팅

1. 준비물

- 생두 200g
- 수망 로스팅기 (대, 뚜껑이 있는 제품을 추천한다)
- 선풍기, 드라이어 (로스팅이 끝나고 냉각 과정을 위한 것이다)
- 열원: 버너 또는 가스레인지
- 타이머
- 자 (열원과의 높이 측정)
- 장갑 (일반적인 면장갑도 가능하다)
- 알루미늄 포일 또는 알루미늄 테이프 (알루미늄 재질 – 알루미늄은 방수성, 내열
  성, 반사력이 우수하다)
- 고정용 클립

아마도 수망은 커피 애호가층에서 가장 선호하는 기구일 것이다. 팬층이 두터운 만큼, 로스팅 전용으로
제작된 수망을 온라인에서 저렴한 가격에 구매할 수 있다. 종
류나 크기에 따라 다양하지만 보통 1만 원 초반에서 대략 4만
원대까지 다양한 가격대가 형성되었다. 주의할 점은 뚜껑이
있고 가벼우며 용량이 큰 제품을 구매하는 것이 효용성 있다.
생두는 근처 로스터리 숍이나 온라인 쇼핑몰에서 1kg에 1만
~3만 원대 중후반까지 본인의 취향에 따라 자유롭게 선택한
다. 경험상 비싸거나 특별한 등급의 생두라 해서 품질이 우수
한 생두로 담보하는 건 아니다.

[그림 1-1] 수망 로스팅기

2. 본격적으로 시작하기 전 준비 작업

가장 기본적인 원리는 생두가 담긴 수망을 불 위에서 흔드는 것이다. 여기에 생두가 볶아지는 메커니즘
을 수망 로스팅 과정에 적용한다면 예상하지 못한 훌륭한 결과물을 얻을 수 있다. 아쉽게도 수망을 있는
그대로 사용하여 로스팅을 진행할 경우 생두는 화염에 직접 노출되어 원두 내부보다 외부가 먼저 열분해
하기 쉬운 구조이다.

원두의 세포 조직은 섬유소로 이루어진 절연체로 열전도율이 지극히 낮은 조직이다. 그 자체로 표면으

로부터 전달되는 화염과 대류에 의해 열의 균형이 무너져, 표면 조직이 약화하거나 탄화 등의 문제점들이 발생하는 것이다. 이러한 문제를 해결하기 위하여 수망에 포일을 감싸는 것이다.

[그림 1-2] 포일을 감싼 수망 로스팅기

[그림 1-2]와 같이 포일(foil)을 수망 뚜껑과 옆면을 감싸고 은박 테이프로 고정한다.

포일 또는 알루미늄 테이프를 감싸면 다음과 같은 효과를 얻는다.

1. 증발하는 수분이 쉽게 공중으로 분산되지 않고 수망 내부에 갇히게 되어 화염과 대류열에 원두 표면을 보호하는 보호막 역할을 한다.[그림 1-3]

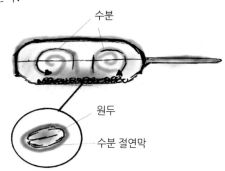

[그림 1-3] 수분의 효과

2. 포일(foil)이 반사체로 작용하여 화염에서 나오는 복사 웨이브를 원두로 반사하여 복사열이 극대화된다.[그림 1-4]

3. 휘저음을 위해 흔들 때, 수망의 일부분이 열원에서 벗어나더라도 반사체(포일)에 의해 열전도가 안정되며 내열성이 우수하여 고온의 로스팅에 유용하다.[그림 1-4]

4. 열효율이 높아져 좀 더 많은 양의 생두를 볶을 수 있다. 포일을 감싸주어 수분에 의한 냉각 효과로 원두가 보호되고, 반사체의 이점으로 균일하게 열이 전달되어 안정된 로스팅을 진행할 수 있다.

[그림 1-4] 알루미늄에 의한 복사효과

포일을 감싼 수망은 직화와 반열풍 방식의 장점을 차용하여 원하는 향미의 구현이 가능하다.
원활한 교반을 위해 수망 하단을 손으로 눌러서 돔 형태로 만들어 주자. 돔형 구조같이 포일을 감싸기 전에 수망을 약간 변형시켜야 그 기능이 좋아진다.

재료와 수망이 준비되었다면 적당한 로스팅 장소를 찾는다.
적당한 장소로 주방의 가스레인지를 추천한다. 로스팅 중 발생할 수 있는 연기나 가스를 배출하는 후드가 있기 때문이다. 가스레인지 위에 배기 장치가 없다면, 휴대용 버너를 준비하여 마당이나 아파트 베란다에서 하는 것도 좋다.

3. 로스팅 과정

수망 로스팅의 전반적인 과정을 자세히 들여다보며 원리를 파헤쳐 보자.

[그림 1-6] 포일을 감싼 수망 로스팅기

1. 수망에 생두를 넣고 포일을 감싼 뚜껑을 고정시킨다.

2. 가스 불을 점화한다.

3. 웍 작업

장갑을 끼고, 불과 수망의 높이를 20cm 거리를 두고 흔들어 준다. [그림 1-7]

수망은 오픈된 형태이기 때문에 예열 과정은 의미가 없다. 예열 과정을 생략하기 때문에 총 로스팅 시간을 늘려 준다. 20cm 높이에서 수망으로 전해지는 불의 온도는 260℃에 가까운 고온이다. 이때 포일의 위력이 발휘된다. 증발하는 수분 때문에 원두 표면이 보호받아 안정적인 로스팅이 가능하여 결과물에 커다란 차이를 불러올 수 있는 원리이다.

로스팅 시간을 늦추거나 앞당기는 것은 불의 가감이나, 수망과 열원 사이의 간격, 즉 높낮이로 조절한다. 포일을 감싼 형태는 약하거나 강한 화력에서 수망의 높낮이에 변화를 주더라도 일정한 열원을 담보할 수 있다.

포일을 감싸지 않고, 수망 그대로 로스팅을 진행하는 경우 버너의 열이 원두에 직접 전달된다. 그로 인해 원두 표면에 얼룩이나 타는 현상이 발생하기 쉬우며, 흔들 때 발생하는 불안정한 열전달이 결과물에 영향을 미친다.

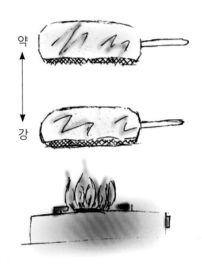

[그림 1-7] 열 조절 높이와 화력

4. 갈변 반응

원두의 갈변을 신호로 수망의 높이를 5cm 낮추어 원두의 열분해 반응을 안정적으로 촉진한다.

채프가 날리기 시작하고 얼마 후 노란색으로 갈변하는 것을 확인할 수 있다. 수망 윗부분과 옆면을 포일로 감쌌기 때문에 수망을 뒤집어야 확인되는 번거로움은 있다.

로스팅이 진행될수록 원두는 더욱 많은 칼로리가 필요하다. 갈변하는 지점에서 수망 높이를 5cm 낮추어 원두의 열화학 반응을 안정적으로 유도한다. 역시 포일의 영향으로 타지 않는다.

5. 팝핑 소리

파열음이 들리는 '팝핑'이 발생하고 연결음과 동시에 높이를 5cm 낮춰서 열효율을 극대화한다. (불과 수망의 거리는 대략 10cm) 팝핑이 진행될 때 분출되는 수증기(자유수)는 원두에 가해지는 열효율을 감소시킨다. 그러므로 연결음과 동시에 수망의 높이를 5cm 낮추어서 열효율을 높여 주고 팝핑이 진행되는 시간을 단축하여 고른 결과물을 유도한다. 이후 팝핑이 잦아들면 다시 수망의 높이를 15cm로 유지하여 고형물의 원활한 열화학 반응을 유도한다. 이때 수망의 높이가 높을수록 '크랙'에 도달하는 시간이 늦어진다는 것을 유념한다.

6. 크랙 소리

크랙은 원두의 표면 조직에 균열하는 소리이다. 크랙 소리가 나면 수망의 높이를 5cm 높여 준다. 크랙이 발생할 때 고형물과 결합한 결합수의 증발로 원두의 구조는 약화되고 연소하기 쉬운 상태에 높이게 된다. 수분에 의한 냉각 효과 또한 결합수의 기화로 작용하기 힘든 상태이다. 이러한 이유로 수망의 높이를 높여 주는 방법으로 열효율을 낮추어 안정된 로스팅을 가능하게 한다.

7. 크랙이 시작하고, 목표 지점에서 배출한다.

8. 냉각

배출과 동시에 준비해 놓은 냉각용 채반에 옮겨 담고 선풍기나 드라이어를 이용하여 냉각한다. 빠른 냉각은 냉각하는 동안 휘발하는 향을 최소화하고, 원두의 수축을 유도하여 밀도와 경도가 견고해진다.

* 수망 로스팅을 하는 동안 채프는 하단의 망 사이로 자연스럽게 배출된다. 평소 상용 로스팅기로 로스팅하는 로스터라도 꼭 시도해 보길 권유한다. 묵시적으로 드러나던 원두의 반응을 직관적으로 관찰할 수 있는 유용한 방법이다. 샘플 로스팅기를 대체할 수 있을 만큼 결과물도 훌륭하다.

일본과 한국의
커피 장인들을 만나다

커피가 맛있는 카페의 로스팅 비밀

초판 1쇄 인쇄   2022년 6월 22일
초판 1쇄 발행   2022년 7월   1일

편저   아사히야출판(旭屋出版) 편집부
역자   정영진
펴낸이   박정태
편집이사   이명수   출판기획 정하경
편집부   김동서, 전상은
마케팅   박명준   온라인마케팅 박용대
경영지원   최윤숙, 박두리
펴낸곳   광문각
출판등록   1991.05.31 제12-484호
주소   파주시 파주출판문화도시 광인사길 161 광문각 B/D
전화   031-955-8787
팩스   031-955-3730
E-mail   kwangmk7@hanmail.net
홈페이지   www.kwangmoonkag.co.kr
ISBN   978-89-7093-535-5   93590
가격   29,000원